云计算与虚拟化技术丛书

U0125402

GitOps and Kubernetes

使用GitOps
实现Kubernetes
的持续部署

模式、流程及工具

比利·袁（Billy Yuen）

[美] 亚历山大·马秋申采夫（Alexander Matyushentsev） 著

托德·埃肯斯坦（Todd Ekenstam）

杰西·孙（Jesse Suen）

张 扬 黄亚铭 译

机械工业出版社
China Machine Press

图书在版编目（CIP）数据

使用 GitOps 实现 Kubernetes 的持续部署：模式、流程及工具 /（美）比利·袁（Billy Yuen）等著；张扬，黄亚铭译 . -- 北京：机械工业出版社，2022.9
（云计算与虚拟化技术丛书）
书名原文：GitOps and Kubernetes
ISBN 978-7-111-71715-7

Ⅰ. ①使… Ⅱ. ①比… ②张… ③黄… Ⅲ. ①云计算 Ⅳ. ① TP393.027

中国版本图书馆 CIP 数据核字（2022）第 201875 号

北京市版权局著作权合同登记　图字：01-2021-3005 号。

使用 GitOps 实现 Kubernetes 的持续部署
模式、流程及工具

出版发行：机械工业出版社（北京市西城区百万庄大街 22 号　邮政编码：100037）
责任编辑：张秀华　　　　　　　　　　　责任校对：李小宝　　张 薇
印　　刷：三河市宏达印刷有限公司　　　版　　次：2023 年 1 月第 1 版第 1 次印刷
开　　本：186mm×240mm　1/16　　　　印　　张：18.25
书　　号：ISBN 978-7-111-71715-7　　　定　　价：119.00 元

客服电话：（010）88361066　68326294

十年前，我在一个大型的复杂项目中担任项目经理。彼时，敏捷软件开发方法并没有像今天这样广为人知。整个软件项目的开发周期分为六个大的交付里程碑，我和团队一起遵循需求分析、软件设计、本地开发、构建、测试、发布、部署、运维的全流程。然而与许多大型研发项目类似，每次上线前都会面临"煎熬"：部署代码需要更多时间；一旦出现生产问题，开发人员无法访问基础设施，且基础设施问题可能需要很长时间才能解决，依赖多团队、跨组织合作。

这就是"最后一公里"的问题，即如何让软件从"完成开发"迅速实现"上线发布"，以及如何让软件工程师拥有一种通用语言，通过软件交付自动化和架构、流程的变更，使软件的构建、测试和发布更加快捷、频繁和可靠。

要想在数字时代真正繁荣发展，我们都需要像"软件人"一样思考。软件人是那些透过软件视角看世界的人。我们无限乐观，因为我们相信，任何业务问题一旦进入软件领域，都可以得到解决。把越来越多的问题带入软件领域，正是我们这些软件从业者在过去数十年里一直在做的事情。在这个过程中，我们改造 CI/CD 流水线并采用 GitOps 流程，于是有了像 Kubernetes 和 Docker 这样的标准，所有工程师就可以在基础设施和部署方面使用一种通用语言。

本书为我们打开了一扇门。全书第一部分系统讲述了 GitOps 的演进过程，以及 Kubernetes 与 GitOps 的关系。第二部分深入浅出地讲解了环境管理、流水线、部署策略、访问控制等，这些模式与流程对于我们并不陌生。作为读者，我们常常会问：软件为什么、以及如何解决这些问题，该部分给出了答案。第三部分从工具层面展开，引入工具并实现自动化，它们是持续部署落地的关键环节。

我与本书的译者张扬老师相知多年，我非常敬重他在中国推进 DevOps 落地的责任与担当。DevOps 的理念最早在十多年前出现，它代表着一种尝试，通过让开发人员处理所有的步骤来提高开发效率。我们希望将 DevOps 的三大原则"流动、反馈和持续学习"拓展到整个业务领域，这并不容易。但正如《人月神话》中提到的：软件工作充满乐趣，这是因为我们能够创造出于他人有益的东西，享受随之而来的快乐情绪；我们能够制造类似"九连环"和拼图这样环环相扣的复杂装置，并且观看它们精巧地运转。

数字化转型有一个非常重要的目的，即让客户和最终的生产者距离更近，从而降低客户和企业内部的交易成本，最终降低全社会的交易成本。数字化转型的关键在于拉通客户端的需求和企业内部生产运营，这就需要企业内部各个部门的快速协作与灵活变通，这些工作是最难的。作为数字化转型顾问和大型研发团队的领导者，我很庆幸看到本书的问世，书中的很多实践和工具能帮助我们推进数字化转型。

建议大家静下心来，阅读这样一本好书，理解书中讲述的模式、流程、工具以及软件设计的艺术。开卷有益，祝阅读愉快！

万学凡，凯捷咨询全球副总裁，中国区数字化团队负责人随着 Intuit 踏上从私有化部署到云原生的旅程，我们重塑构建和部署流程又有了新的机会。与许多大型企业类似，旧的部署流程以数据中心为中心，拥有独立的 QA、Ops 和基础设施团队。部署代码可能需要数周时间，而且当出现生产问题时，开发人员无法访问基础设施。基础设施问题可能需要很长时间才能解决，并且需要许多团队的合作。

由于 Marianna Tessel（Intuit 首席技术官）和 Jeff Brewer（Intuit SBSEG 首席架构师）决定在 Kubernetes 和 Docker 上豪赌，我们有幸成为第一个通过 Kubernetes 和 Docker 完全迁移生产应用程序的团队。在此过程中，我们必须彻底改造 CI/CD 流水线并采用 GitOps 流程。Jesse 和 Alexander 创建了 Argo CD（CNCF 孵化器项目）来满足企业对 GitOps 的需求。Todd 和他的团队创建了世界一流的集群管理工具，因此我们可以轻松地扩展到数百个集群。

有了像 Kubernetes 和 Docker 这样的标准，所有工程师就可以在基础设施和部署方面使用一种通用语言。他们可以轻松地为多个其他项目做出贡献，并在开发过程完成后进行部署。GitOps 还使我们能够准确了解环境中发生了哪些变化，这在你需要遵守合规性要求时尤其重要。我们无法想象回到以前的部署方式，希望本书可以帮助你快速上手 GitOps！

目标读者

本书适合希望使用 GitOps 过程，通过声明式模型在 Kubernetes 上部署应用程序的 Kubernetes 基础设施和运维工程师以及软件开发人员阅读。任何希望提高 Kubernetes 集群的稳定性、可靠性、安全性和可审计性，并通过自动化持续软件部署来降低运营成本的人，都将从本书中获益。

本书读者应具备 Kubernetes（例如 Deployment、Pod、Service 和 Ingress 资源）的应用知识，并且了解现代软件开发实践，包括持续集成/持续部署（CI/CD）、版本控制系统（例如 Git）以及部署/基础设施自动化。

非目标读者

对于那些已经成功实施成熟的 GitOps 系统的高级用户，建议阅读与已选工具相关的书籍。

本书并不打算深入探讨 Kubernetes 的所有方面。虽然本书涵盖了许多与 GitOps 相关的 Kubernetes 概念，但对于寻求 Kubernetes 综合性指南的读者，建议查阅有关该主题的其他优秀书籍和在线资源。

内容组织

本书描述了 GitOps 在 Kubernetes 上的优势，包括灵活的配置管理、监控、健壮性、多环境支持和安全性。

你将学习有关最佳实践、技术和工具，让企业能够使用 Kubernetes 加速应用程序开发，同时不会影响稳定性、可靠性和安全性。你还将深入了解以下主题：

❑ 有关分支、命名空间和配置的多环境管理。

❑ 使用 Git、Kubernetes 和流水线进行访问控制。

❑ 与流水线中 CI/CD、环境晋级、代码推送 / 拉取和发布 / 回滚相关的注意事项。

❑ 可观测性和漂移探测。

❑ 机密管理。

❑ 滚动更新、蓝绿、金丝雀、渐进式交付等部署策略之间的选择。

本书通过教程和练习来培养你使用 Kubernetes 部署 GitOps 所需的技能。阅读本书后，你将了解如何为 Kubernetes 上运行的应用程序实现声明式的持续交付系统。相关的教程有：

❑ 管理 Kubernetes 应用程序部署。

❑ 使用 Kustomize 进行配置和环境管理。

❑ 编写基础的 Kubernetes 持续交付 Operator。

❑ 使用 Argo CD[一]、Jenkins X[二]和 Flux[三]实现 CI/CD。

命令式和声明式　Kubernetes 上的部署有两种基本方法：命令式使用许多 `kubectl` 命令行；声明式编写清单并使用 `kubectl apply`。前者对学习和交互式试验很有用，后者适合可重用的部署和更改的跟踪。

本书旨在让你能够跟着学，并使用自己的 Kubernetes 测试集群完成教程的实操部分。附录 A 描述了用于创建测试集群的几个选项。

[一] https://argoproj.github.io/argo-cd

[二] https://jenkins-x.io

[三] https://github.com/fluxcd/flux

书中包含了许多代码清单。所有的代码清单和其他支持材料都可以在能公开访问的 GitHub 代码仓库（https://github.com/gitopsbook/resources）中找到。

我们鼓励你克隆或复刻这个代码仓库，并在你完成本书中的教程和练习时使用它。

你的工作站上应安装以下工具和实用程序：

❏ kubectl（v1.16 或更新）。

❏ minikube（v1.4 或更新）。

❏ bash 或 Windows Subsystem for Linux（WSL）。

大多数教程和练习都可以使用你工作站上运行的 minikube 完成。如果不行，我们会提示"是否需要云提供商上运行的集群"，你可以参考附录 A 了解创建集群的详细信息。

注 在云提供商上运行 Kubernetes 测试集群可能会产生额外费用。虽然我们已尝试尽可能降低所推荐的测试配置的成本，但请记住你需要承担这些成本。我们建议在完成每个教程或练习后删除你的测试集群。

本书分为 3 部分，共 11 章。

第一部分涵盖背景以及 GitOps 和 Kubernetes 的介绍：

❏ 第 1 章带你了解软件部署的演进旅程以及 GitOps 如何成为最新实践。该章还涵盖了 GitOps 的许多关键概念和优势。

❏ 第 2 章给出了 Kubernetes 的关键概念以及为什么它原生的"声明式"风格非常适合 GitOps。该章还涵盖了核心的 Operator 概念以及如何实现一个简单的 GitOps Operator。

第二部分介绍采纳 GitOps 过程的模式和流程：

❏ 第 3 章讨论了环境的定义以及如何很好地将 Kubernetes 命名空间映射为环境。该章还涵盖了环境实施的分支策略和配置管理。

❏ 第 4 章深入介绍了 GitOps CI/CD 流水线，全面描述了完整流水线所需的所有阶段。该章还包括代码、镜像和环境晋级以及回滚机制。

❏ 第 5 章介绍了各种部署策略，包括滚动更新、蓝绿部署、金丝雀部署和渐进式交付。该章还涵盖了如何使用原生 Kubernetes 资源和其他开源工具来实现各个策略。

❏ 第 6 章讨论了 GitOps 驱动部署的攻击面以及如何缓解各个领域的攻击。该章还回顾了 Jsonnet、Kustomize 和 Helm，以及如何根据使用场景选择正确的配置管理模式。

❏ 第 7 章讨论了管理 GitOps Secret 的各种策略。该章还涵盖了几个 Secret 管理工具以及 Kubernetes 原生的 Secret。

❏ 第 8 章解释了可观测性的核心概念以及为什么它对 GitOps 很重要。该章还描述了使用 GitOps 和 Kubernetes 实现可观测性的各种方法。

第三部分介绍几个企业级的 GitOps 工具：

❑ 第 9 章讨论了 Argo CD 的目的和架构。该章还包括如何使用 Argo CD 配置应用程序部署，以及如何在生产中安全加固 Argo CD。

❑ 第 10 章讨论了 Jenkins X 的目的和架构。该章还涵盖了如何配置应用程序部署和晋级到各种环境。

❑ 第 11 章讨论了 Flux 的目的和动机。该章还包括如何使用 Flux 配置应用程序部署和多租户。

可以按顺序阅读本书所有章节。但是如果你想跳转到某个感兴趣的特定领域，我们仍建议你先按顺序阅读基础章节。例如，如果你想立即开始学习使用 Argo CD，我们建议你在阅读第 9 章之前先阅读第 1、2、3 和 5 章，如图 0.1 所示。

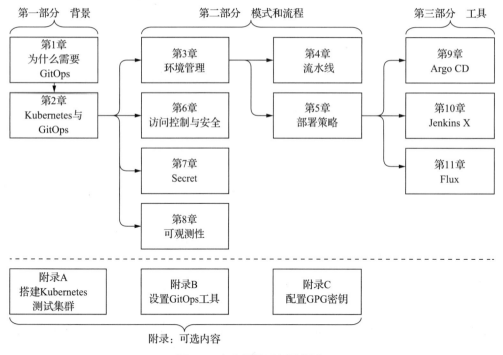

图 0.1　本书结构及阅读顺序

关于本书代码

本书包含许多源代码示例，有时会以粗体突出显示与前面的步骤不同的代码，例如当有新功能添加到现有代码行时。

书中示例的源代码可从 https://github.com/gitopsbook/resources 下载。

Acknowledgements 致　谢

本书历时 18 个月完成。我们相信，对于任何想要采用 GitOps 和 Kubernetes 的人来说，本书一定会是一本好书。

感谢在本书出版过程中帮助过我们的所有人。感谢 Manning 出版社的策划编辑 Dustin Archibald、项目编辑 Deirdre Hiam、校对员 Katie Tennant 和审阅编辑 Aleks Dragosavljevic。

感谢 Marianna Tessel 和 Jeff Brewer 为我们提供了使用 GitOps 和 Kubernetes 进行转型和试验的机会与自由。感谢 Pratik Wadher、Saradhi Sreegiriaju、Mukulika Kupas 和 Edward Lee 在整个过程中的指导。感谢 Viktor Farcic 和 Oscar Medina 对第 10 章的出色贡献。

感谢以下所有审阅者：Andres Damian Sacco、Angelo Simone Scotto、Björn Neuhaus、Chris Viner、Clifford Thurber、Conor Redmond、Diego Casella、James Liu、Jaume López、Jeremy Bryan、Jerome Meyer、John Guthrie、Marco Massenzio、Matthieu Evrin、Mike Ensor、Mike Jensen、Roman Zhuzha、Samuel Brown、Satej Kumar Sahu、Sean T. Booker、Wendell Beckwith 和 Zorodzayi Mukuya。他们的建议让本书变得更好。

再次感谢 Jeff Brewer，是他激励我们所有人开启了这次精彩的转型之旅！

关于作者 About the Authors

　　Billy Yuen 是 Intuit 平台团队的首席工程师，他专注于 AWS 和 Kubernetes 的部署、系统弹性和监控。此前，Billy 在 Netflix 的 Edge Services 团队工作，负责构建下一代边缘服务基础设施，通过高可扩展性、故障恢复能力和快速创新能力支持数百万客户的访问（每天超过 30 亿个请求）。Billy 在 JavaOne 2016 和 Velocity NY 2016 大会上发表了题为"Operational Excellence with Netflix Hystrix"的演讲，在 KubeCon 2018 大会上发表了题为"CI/CD at Lightspeed"的演讲，并在 Container World 2019 大会上发表了题为"Automated Canary Release"的演讲。

　　Alexander Matyushentsev 是 Intuit 平台团队的首席工程师，他专注于构建使 Kubernetes 更易于使用的工具。Alexander 热衷于开源、云原生基础设施和提高开发人员生产力的工具。他是开源项目 Argo Workflows 和 Argo CD 的核心贡献者之一，还是 KubeCon 2019 大会上"How Intuit Does Canary and Blue-Green Deployments with a K8s Controller"主题的演讲者。

　　Todd Ekenstam 是 Intuit 平台团队的首席工程师，他通过构建安全的多租户 Kubernetes 基础设施平台，为 Intuit 服务于约 5000 万客户的应用程序提供支撑。Todd 在其超过 25 年的职业生涯中从事过各种大规模分布式系统项目，包括分层存储管理、对等数据库复制、企业存储虚拟化和双因子身份验证 SaaS。Todd 曾在大学、政府和行业的会议上发表演讲，并在 KubeCon 2018 大会上作为嘉宾发表"Introduction to Open Policy Agent"主题演讲。

　　Jesse Suen 是 Intuit 平台团队的首席工程师，为 Kubernetes 开发基于微服务的分布式应用程序。他曾是 Applatix（被 Intuit 收购）的早期工程师，通过构建平台帮助用户在公共云中运行容器化的工作负载。在此之前他是 Tintri 和 Data Domain 工程团队的一员，致力于虚拟化基础设施、存储、工具化和自动化。Jesse 是开源项目 Argo Workflows 和 Argo CD 的核心贡献者之一。

Contents 目 录

第一部分 *Part 1*

背 景

本部分包含背景知识，以及 GitOps 和 Kubernetes的介绍。

第 1 章

为什么需要 GitOps

本章包括：

❑ 什么是 GitOps

❑ 为什么 GitOps 很重要

❑ GitOps 与其他方法的对比

❑ GitOps 的好处

Kubernetes 是一个非常流行的开源平台，它用于编排和自动化操作。尽管 Kubernetes 改进了基础设施和应用程序的管理和伸缩，但在管理应用发布的复杂度方面经常面临挑战。

Git 是当今软件行业使用最广泛的版本控制系统。GitOps 是一组过程，它使用 Git 的强大功能在 Kubernetes 平台内对修改和变更提供控制。在帮助团队快速且轻松地管理其服务的环境创建、晋级和运维方面，GitOps 策略发挥着重要的作用。

将 GitOps 与 Kubernetes 结合使用是一种很自然的选择——Kubernetes 声明式清单文件的部署由常见的 Git 操作来控制。GitOps 引入基础设施即代码和不可变基础设施的核心优势，以直观、易懂的方式进行 Kubernetes 应用程序的部署、监控和生命周期管理。

1.1 GitOps 的演进

基础设施配置和软件部署是管理和运维计算机系统的两项日常任务。基础设施配置用于准备供软件应用程序正确运行的计算资源（例如服务器、存储和负载均衡器）。软件部署是采用特定版本的软件应用程序，并使其准备好在计算基础设施上运行的过程。管理这两个过程是 GitOps 的核心。然而，在我们深入研究如何在 GitOps 中实行这种管理之前，了解导致行业迈向 DevOps 的那些挑战以及 GitOps 的不可变、声明式基础设施是非常有用的。

1.1.1　传统 Ops

在传统的信息技术运维模型（见图 1.1）中，开发团队负责定期将软件应用程序的新版本交付给质量保证（QA）团队，该团队测试新版本，然后将其交付给运维团队进行部署。新版本的软件可能每年发布一次，每季度发布一次，或者以更短的时间间隔发布。如今传统的运维模式越来越难以支撑日益压缩的发布周期。

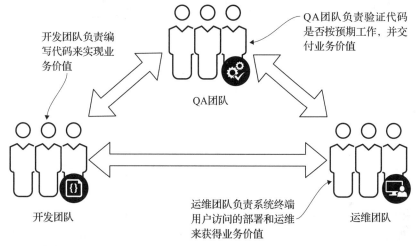

开发团队负责编写代码来实现业务价值

QA 团队负责验证代码是否按预期工作，并交付业务价值

QA 团队

开发团队

运维团队负责系统终端用户访问的部署和运维来获得业务价值

运维团队

图 1.1　传统 IT 团队通常由独立的开发团队、QA 团队和运维团队组成，每个团队专注于应用程序开发过程的不同方面

运维团队负责基础设施配置和新版本软件应用程序到该基础设施的部署。团队的工作重点是确保运行软件的系统的可靠性、弹性和安全性。如果没有精细的管理框架，基础设施管理可能是一项艰巨的任务，它需要大量的专业知识。

IT 运维　IT 运维是所有流程和服务的集合，这些流程和服务均由 IT 人员向内部或外部客户提供，以满足业务的技术需求。运维工作包括维护工单或客户问题的响应。[⊖]

由于涉及三个团队，通常会伴有不同的管理汇报结构（见图 1.2），因此需要详细的移交过程和完整的应用程序变更文档，以此来确保对应用程序进行充分的测试、对基础设施进行恰当的更改，以及对应用程序进行正确的安装。然而这些要求导致部署时间很长并且降低了部署的频率。此外，随着团队之间的每次交接，必要的细节未被传达的可能性会增加，这可能导致测试中的偏差或不正确的部署。

⊖　https://en.wikipedia.org/wiki/Data_center_management#Operations

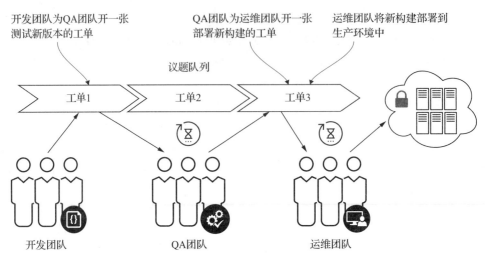

图 1.2 在传统的部署流程中，开发团队为 QA 团队开一张工单来测试新的产品版本。测试成功后，QA 团队会为运维团队开一张工单，以便将最新版本部署到生产中

幸运的是，大多数开发团队使用自动化构建系统和称为持续集成（CI）的过程来编译、测试和生成可部署的制品。但新代码的部署往往靠运维团队手动实施，涉及冗长的手动过程，或者通过部署脚本实现部分自动化。在最坏的情况下，运维工程师会手动将可执行的二进制文件复制到多台服务器，并手动重新启动应用程序使新的二进制版本生效。此过程容易出错，并且可供的控制选项极少，例如检查、审批、审计和回滚。

持续集成 CI 涉及软件应用程序的自动化构建、测试和打包。在典型的开发工作流程中，软件工程师进行代码更改，然后将其签入中央代码仓库。这些更改必须经过测试，并与计划部署到生产环境的主代码分支集成。CI 系统有助于代码的审查、构建和测试，以便代码在合并到主干分支之前确保其质量。

随着云计算基础设施的兴起，管理计算和网络资源的交互越来越多地基于应用程序编程接口（API），这样便于实现更多的自动化，但也需要更多的编程技能。这一既成事实，加上许多组织希望优化运营，缩短部署时间，提高部署频率，以及提升计算系统的可靠性、稳定性和性能，导致了一个新的行业趋势：DevOps。

1.1.2 DevOps

DevOps 强调自动化的组织架构和思维方式的转变。运维团队不再负责部署和运维，而是转由应用程序的开发团队承担这些责任。

DevOps DevOps 是一套软件开发实践，它将软件开发（Dev）和 IT 运维（Ops）结合在一起，在缩短系统开发生命周期的同时，频繁交付与业务目标密切相关的功能、补丁和更新。⊖

⊖ https://en.wikipedia.org/wiki/DevOps

图 1.3 显示了在传统的运维模式中，组织是如何按职能边界划分不同的开发、QA 和运维团队的。在 DevOps 模型中，团队按产品或组件划分并且是跨领域的，团队中包含具有跨所有职能技能集的团队成员。尽管图 1.3 显示了具有特定角色的团队成员，但实践 DevOps 的高素质团队中的所有成员都能跨职能做出贡献——每个成员都能够编码、测试、部署和运维其产品或组件。

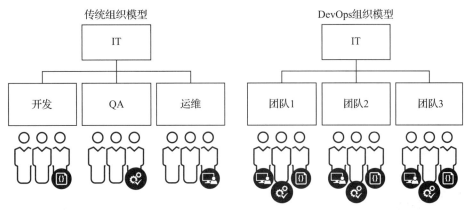

图 1.3　传统组织模型具有独立的开发、QA 和运维团队。DevOps 组织模型允许以特定产品或组件为中心的跨领域团队。每个 DevOps 团队自给自足，包含具备开发、测试和部署应用程序技能的成员

DevOps 带来的好处包括：

❑ 开发和运维之间更好的协作。
❑ 提升产品质量。
❑ 更频繁的发布。
❑ 缩短新功能的面市时间。
❑ 降低设计、开发和运维的成本。

案例研究：Netflix

Netflix 是 DevOps 过程的早期采用者之一，其每个工程师都负责功能的编码、测试、部署和支持。Netflix 的文化提倡"自由和责任"，这意味着每个工程师都可以独立推送版本，但必须确保该版本的正常运行。所有部署过程都是完全自动化的，因此工程师只需按一下按钮即可部署和回滚。在功能完成的那一刻，所有的新特性就已在最终用户手中。

1.1.3　GitOps

GitOps 一词于 2017 年 8 月由 Weaveworks的联合创始人兼首席执行官 Alexis Richardson 在一系列博客中创造出来。从那时开始，该术语在整个云原生社区，尤其是 Kubernetes 社

　　○　https://www.weave.works/blog/gitops-operations-by-pull-request

区中引起了广泛的关注。GitOps 是一个 DevOps 中的过程（见图 1.4），其特点是：

- 部署、管理和监控容器化应用程序的最佳实践。
- 以开发人员为中心的应用程序管理体验，使用 Git 进行开发和运维的全自动化流水线 /工作流。
- 使用 Git 版本控制系统跟踪和审批对应用程序的基础设施和运行时环境的变更。

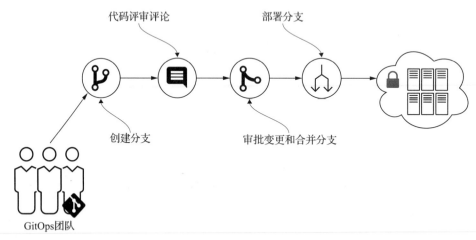

图 1.4　GitOps 发布工作流从创建代码仓库的分支开始，其中包含对系统所需状态的定义的更改

GitHub 以及 GitLab、Bitbucket 等是现代软件开发生命周期的核心，因此将它们用于系统运维和管理似乎也理所当然。

在 GitOps 模型中，系统的期望配置存储在版本控制系统中，例如 Git。工程师不是通过 UI 或 CLI 直接对系统进行更改，而是对代表期望状态的配置文件进行更改。Git 中存储的期望状态与系统实际状态之间的差异表明并非所有变更都已部署。这些变更可以通过标准的版本控制流程（例如拉取请求、代码审查、合并到主干）来审查和批准。当变更被批准并合并到主干分支时，一个 Operator 软件进程负责根据存储在 Git 中的配置将系统的当前状态更改为期望状态。

在理想的 GitOps 实现中，手动更改系统是不被允许的，所有配置更改都必须对存储在 Git 中的文件施行。在极端情况下，更改系统的许可仅授予 Operator 软件进程。基础设施和运维工程师在 GitOps 模型中的角色从执行基础设施变更和应用程序部署转变为开发和维护 GitOps 自动化，并通过使用 Git 帮助团队审查和批准变更。

Git 有许多特性和技术能力，是与 GitOps 一起使用的理想选择：

- Git 存储每个提交。通过适当的访问控制和安全配置（见第 6 章），所有的变更都是可审计和防篡改的。
- Git 中的每个提交都表示到该时间点为止系统的完整配置。
- Git 中的每个提交对象都与其父提交相关联，以便在创建和合并分支时，提交的历史记录在需要时可用。

注　GitOps 很重要，因为它可以跟踪对环境所做的变更，并支持使用 Git（大多数开发人员已经熟悉的工具）实现轻松回滚、可恢复性和自我修复。

Git 提供了验证和审计部署的基础。尽管可以使用 Git 以外的版本控制系统来实现 GitOps，但 Git 的分布式特性、分支和合并策略以及应用的广泛性使其成为理想的选择。

GitOps 不需要特定的工具集，但这些工具必须提供以下标准功能：

- 对存储在 Git 中的系统的期望状态进行操作。
- 检测期望状态和实际状态之间的差异。
- 在基础设施上执行所需的操作，将实际状态与期望状态同步。

尽管本书重点介绍了与 Kubernetes 相关的 GitOps，但 GitOps 的许多原则是可以独立于 Kubernetes 实现的。

1.2　GitOps 带给开发者的好处

GitOps 为开发人员提供了许多好处，因为它允许开发者使用与管理软件开发过程大体相同的方式来处理基础设施配置和代码部署，并且使用的是熟悉的工具：Git。

1.2.1　基础设施即代码

基础设施即代码（IaC）是 GitOps 的基本范式。运行应用程序的基础设施的配置是通过自动化过程而非手动步骤来完成的⊖。在实践中，IaC 意味着通过编码进行基础设施的变更，并将基础设施的源代码存储在版本控制系统中。让我们来看看 IaC 的显著好处：

- **可重复性**：所有有过手动配置基础设施经验的人都同意该过程既耗时又容易出错。IaC 不会忘记同一过程必须得重复多次，因为应用程序通常会部署到多个环境中。如果发现问题，也可以通过可重复的过程更轻松地回滚到较早的工作配置，从而加快恢复。
- **可靠性**：自动化过程显著降低了发生不可避免的人为错误的可能性，进而降低了中断的可能性。当过程被编码后，基础设施的质量不再取决于执行部署的特定工程师的知识和技能。另外，基础设施配置的自动化程度也能稳步提高。
- **效率**：IaC 提高了团队的生产力。借助 IaC，工程师的工作效率更高，因为他们使用熟悉的工具，例如 API、软件开发工具包（SDK）、版本控制系统和文本编辑器。工程师可以使用熟悉的流程，并利用代码审查和自动化测试带来的优势。
- **节省**：IaC 的初始实施需要投入大量精力和时间。然而，尽管初始成本较高，但从长远来看，它更具成本效益。后续环境的基础设施置备将不再需要工程师把宝贵的时间浪费在手动配置上。由于资源置备速度快且成本低，因此无须保持未使用的环境

⊖　https://www.hashicorp.com/resources/what-is-infrastructure-as-code

运行。相反，每个环境都可以按需创建，并在不再需要时销毁。

❑ 可见性：当你定义 IaC 时，代码本身就记录了基础设施该有的样子。

IaC 使开发人员能够生产更高质量的软件，同时节省时间和金钱。为单一环境手动配置基础设施可能更容易，但维护该环境以及应用程序的其他数十个环境将变得越来越有挑战。使用自动化基础设施配置并遵循 IaC 原则，能够实现可重复的部署，并防止由配置漂移或缺少依赖项引起的运行时问题。

1.2.2　自服务

如前所述，在传统的运维模式中，基础设施管理由专门的团队甚至公司内的一个独立组织来负责。

然而，这种方法存在一个问题：无法规模化。无论有多少成员，这个专用团队很快就会成为瓶颈。在该方法下，应用开发人员无法自己变更基础设施，取而代之的是必须提交工单、发送电子邮件、安排会议，然后就是等待。无论过程如何都存在障碍，这将导致许多延迟，并阻碍团队主动提出基础设施变更。GitOps 旨在通过自动化过程，并使其成为自服务来打破这一障碍。

相较于提交工单，当使用 GitOps 模型时，开发人员有一个可独立工作的解决方案，并对仓库提交基础设施声明式配置的更改（见图 1.5）。基础设施的变更不再需要跨团队的沟通，这使得应用开发团队能够更快地向前推进，并有更多的自由进行试验。快速且独立地变更基础设施的能力鼓励开发人员对其应用程序基础设施拥有所有权。开发人员可以试验和发展一种能够有效解决业务需求的设计，而无须向集中式运维团队寻求解决方案。

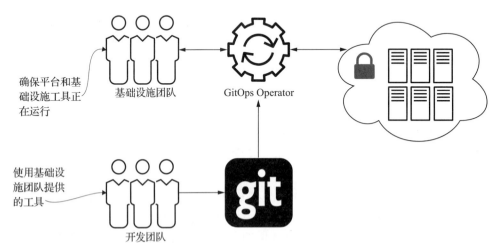

图 1.5　开发团队可以通过更新存储在 Git 仓库中的文件来更改系统的期望状态。这些变更由其他团队成员进行代码审查，并在批准后合并到主干分支。主干分支中的内容由部署集群期望配置的 GitOps Operator 来处理

开发人员在做他们想做的事情时不会被完全管控，然而，这也可能会对安全性或可靠性带来损害。因此需要对每个变更都创建一个拉取请求，拉取请求可由应用开发团队的其他成员审核。接下来会进行说明。

GitOps 的优势在于它允许自服务式的基础设施变更，并在管控和开发速度之间提供合理的平衡。

1.2.3　代码审查

代码审查是一种软件开发实践，在该实践里，会有第二双眼睛主动检查代码的更改是否存在错误或遗漏，从而减少可预防的中断。执行代码审查是软件开发生命周期中的一个自然过程，从事 DevOps/GitOps 的软件工程师应该熟悉这个过程。当 DevOps 工程师可以将基础设施视为代码时，符合逻辑的下一步是在部署之前对基础设施更改执行代码审查。当 GitOps 与 Kubernetes 一起使用时，被审查的"代码"可能主要是 Kubernetes YAML 清单或其他声明式配置文件，而不是用编程语言编写的传统代码。

除了防止错误外，代码审查还提供以下好处：

❑ 教授和分享知识：在审查更改时，审查者不仅有机会提供反馈，而且有机会学到一些东西。

❑ 设计和实现的一致性：在审查期间，团队可以确保更改与整体代码结构保持一致，并遵循公司的代码风格指南。

❑ 团队凝聚力：代码审查不仅仅是为了批评和请求更改，这也是团队成员相互称赞、拉近距离，并确保人人充分参与的绝佳方式。

在合理的代码审查过程中，只有经过验证和批准的基础设施变更才会提交给主干分支，以此防止错误和对运行环境的不正确修改。代码审查不一定需要完全由人来完成，该过程还可以运行自动化工具，例如代码 linter[⊖]、静态代码分析和安全工具。

注　一些用于代码和漏洞分析的自动化工具在第 4 章中介绍。

代码审查长久以来就被认为是软件开发最佳实践的关键部分。GitOps 的核心前提是：用于应用程序代码的代码审查方式，也应该同样严格地用于应用程序运行环境的变更。

1.2.4　Git 拉取请求

Git 版本控制系统提供了一种机制，在这种机制中，建议的更改可以提交到分支或复刻（fork），然后通过拉取请求与主干分支合并。2005 年，Git 引入了 `request-pull` 命令，此命令生成所有更改的可读摘要，该摘要可以人为地以邮件形式发送给项目维护人员。拉取请求收集对仓库文件的所有更改，并通过差异的展示供代码审查和批准。

　⊖　https://en.wikipedia.org/wiki/Lint_(software)

拉取请求可用于强制执行合并前的代码审查。在拉取请求合并到主干分支之前，可以设置控制以要求特定的测试或审批。与代码审查一样，拉取请求是软件开发生命周期中一个软件工程师早已熟练使用的过程。

图 1.6 展示了典型的拉取请求生命周期：

1. 开发人员创建一个新分支并开始处理更改。

2. 当更改准备就绪后，开发人员会发送拉取请求以进行代码审查。

3. 团队成员审查拉取请求并在必要时进一步提出更多的更改请求。

4. 开发人员不断在分支中进行更改，直到拉取请求获得批准。

5. 项目维护者将拉取请求合并到主干分支中。在合并后，用于拉取请求的分支可能会被删除。

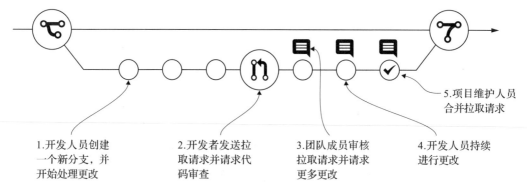

图 1.6 拉取请求生命周期允许多轮代码审查和修订，直到更改获得批准。之后可以将更改合并到主干分支，并删除拉取请求的分支

当用于基础设施的变更审查时，该审查步骤会特别有趣。创建拉取请求后，项目维护人员会收到通知并审查提议的更改。因此，审阅者提出问题、获得答案，并可能要求进行更多更改。这些信息通常被存储以供将来参考，因此，拉取请求现在是基础设施变更的活文档。一旦发生事故，就能直接找出谁进行了变更以及为何应用变更。

1.3 GitOps 带给运维的好处

将 GitOps 方法与 Kubernetes 的声明式配置和主动协商模型相结合，可以提供许多运维优势，进而提供更可预测和更可靠的系统。

1.3.1 声明式

DevOps 中出现的最突出的范式之一是声明式系统和配置模型。简而言之，使用声明式模型，你可以描述想要实现的目标，而不是如何实现目标。相比之下，在命令式模型中，你描述了一系列用于操控系统以达到期望状态的指令。

为了说明这种差异，想象一下两种样式的电视遥控器（见图 1.7）：命令式遥控器和声明式遥控器。两种遥控器都可以控制电视的电源、音量和频道。为便于讨论，假设电视只有三个音量设置（响亮、柔和、静音）和三个频道（1、2、3）。

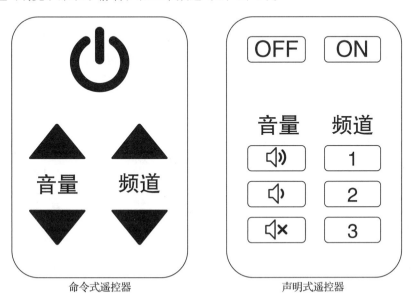

命令式遥控器　　　　　　　　　声明式遥控器

图 1.7　此图说明了命令式遥控器和声明式遥控器之间的区别。命令式遥控器可让你执行"将频道增加 1"和"切换电源状态"等操作。相比之下，声明式遥控器可让你执行诸如"调谐至频道 2"或"将电源状态设置为关闭"等操作

命令式遥控器示例

假设你有一个简单的任务——使用两个遥控器切换到频道 3。要使用命令式遥控器完成此任务，你可以使用"频道调高"按钮，它会向电视机发出信号，将当前频道增加 1。要切换到频道 3，你需要多次按下"频道调高"按钮，直到切换到期望的频道。

声明式遥控器示例

相比前者，声明式遥控器提供了直接跳转到特定频道的单独按钮。在这种情况下，要切换到频道 3，你只需按一下"频道 3"按钮，电视机就会切换到正确的频道——你正在声明期望的结果状态（希望将电视机调到频道 3）。使用命令式遥控器，你描述的是实现期望状态所需要执行的操作（一直按"频道调高"按钮，直到电视机调至频道 3）。

你可能已经注意到，在切换频道的命令式方法中，用户必须考虑是否继续按下"频道调高"按钮，这具体取决于电视机当前已调谐到的频道。但是，在声明式方法中，你可以毫不犹豫地按下"频道 3"按钮，因为声明式遥控器上的该按钮被认为是幂等的（命令式遥控器上的"频道调高"按钮不是）。

幂等性　幂等性是操作的一种属性，该类操作可以执行任意次数并产生相同的结果。

换句话说，如果你执行任意次数的操作，并且系统处于与你只执行一次操作的相同状态，则称该操作是幂等的。幂等性是区分声明式系统和命令式系统的特性之一。声明式系统是幂等的，命令式系统不是。

1.3.2 可观测性

可观测性是检查和描述系统当前运行状态并在发生意外情况时发出告警的能力（见图1.8）。部署的环境应该是可观测的，换句话说，你应该始终能够检查环境，以查看当前正在运行的内容以及是如何配置的。为此，服务本身和云服务商提供了大量方式来提高可观测性（包括CLI、API、GUI、仪表板、告警和通知），使用户尽可能方便地了解环境的当前状态。

尽管这些可观测性机制有助于回答"我的环境中当前运行的是什么？"这个问题，但是无法回答"对于环境中当前配置和运行的资源，它们是否应当以这种方式配置和运行？"。如果你曾担任过系统管理员或操作人员，你可能对这个问题非常熟悉。在某一时刻（通常是在对环境进行故障排除时），你会遇到可疑的配置，觉得它们似乎不太正确。是否有人（可能是你自己）意外或错误地更改了此设置，或者此设置是特意更改的？

有可能你已经在实践GitOps的一个基本原则：在源码控制中存储应用程序配置的副本，并将其用作应用程序期望状态的真实来源。你可能没有将此配置存储在Git中来驱动持续部署，而只是在某处有一个副本，以便能够重现环境，例如灾难恢复场景。该副本可以被认为是期望的应用程序状态，除了灾难恢复使用场景外，它还有另一个有用的目的：让操作员能够在任何时间点将实际运行状态与源码控制中保持的期望状态进行比较，以验证状态是否匹配（见图1.9）。

环境验证能力是GitOps的核心信条，它已经正式成为一种实践。通过将

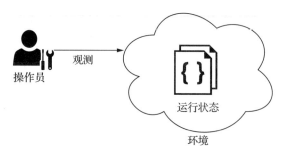

图1.8 可观测性是操作员（可能是人工的或自动化的）确定环境运行状态的能力。只有环境当前的运行状态是已知的，操作员才能做出需要对环境进行哪些相关变更的明智决定。环境的合理管控需要可观测性

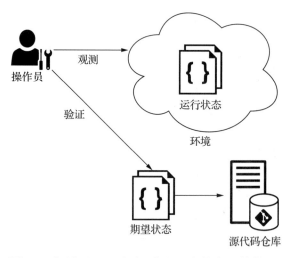

图1.9 如果可以观测到环境的运行状态，并在Git中定义了环境的期望状态，那么就可以通过比较两种状态来验证环境

期望状态存储在一个系统（例如 Git）中，并定期将期望状态与运行状态进行比较，可以解锁可观测性的新维度。你不仅拥有了提供商提供的标准可观测性机制，而且还能够检测当前状态与期望状态的偏离。

发生与期望状态的偏离（也称为配置漂移）的原因可能有多种，常见例子包括操作人员犯错、自动化导致意外的副作用以及错误的场景。甚至有可被预期的配置漂移，例如由过渡期（例如维护模式）引起的临时状态。

但造成配置差异的最重要原因可能是恶意的。在最坏的情况下，危险分子可能会破坏环境并重新配置系统以运行恶意的镜像。因此，可观测性和可验证性对于系统的安全性至关重要。除非你拥有期望状态的可信来源，并且还有一个机制来验证该可信来源的一致性，否则就不可能知道你的环境是否真正安全。

1.3.3　可审计性和合规性

对于在法律法规影响信息管理和合规性评估框架的国家（当今大多数国家 / 地区）开展业务的组织而言，可审计性和合规性是必须考虑的。有些行业比其他行业受到的监管力度更强，但几乎所有公司都需要遵守基本的隐私和数据安全法。许多组织必须在其流程和系统上进行大量投资才能实现合规性和可审计性。使用 GitOps 和 Kubernetes，可以轻松满足大部分合规性和可审计性要求。

合规性是指验证组织的信息系统是否符合一组特定的行业标准，这些标准通常侧重于客户数据安全，并遵守组织关于有权访问该客户数据的人员和系统的成文政策。第 6 章将深入介绍访问控制，第 4 章将介绍定义和实施部署流程以实现合规性的流水线。

可审计性是一个系统被验证为符合一组标准的能力。如果系统无法向内部或外部审计人员证明其合规性，则无法对该系统做出关于合规性的任何声明。第 8 章将介绍可观测性，包括使用 Git 提交历史记录和 Kubernetes 事件实现可审计性。

> **案例研究：Facebook 和 Cambridge Analytica**
> 美国前总统特朗普 2016 年竞选活动聘用的政治数据公司 Cambridge Analytica 获得了对超过 5000 万 Facebook 用户私人信息的不当访问权。该数据用于为每个用户生成个性评分，并将该用户与美国选民记录相匹配。Cambridge Analytica 将这些信息用于其选民分析和有针对性的广告服务。Facebook 也被发现没有采取适当控制措施以实施强制性数据隐私政策，最终因违规而被联邦贸易委员会罚款 50 亿美元。⊖

可审计性还指审计人员对组织的内部控制进行全面检查的能力。在典型的审计（见图 1.10）中，审计人员要求提供证据以确保相应规则和政策的执行。证据可能包括限制访问

⊖　https://www.ftc.gov/news-events/press-releases/2019/07/ftc-imposes-5-billion-penalty-sweeping-new-privacyrestrictions

用户数据的过程、个人身份信息（PII）的处理以及软件发布过程的完整性。

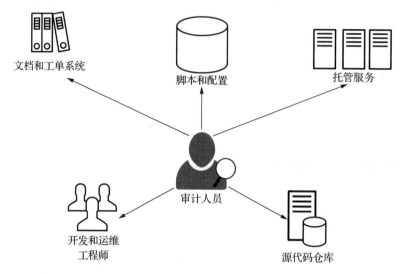

图 1.10　在传统的审计过程中，通常很难确定系统的期望状态。审计人员可能需要查
　　　　看此信息的各种来源，包括文档、变更请求和部署脚本

案例研究：支付卡行业数据安全标准

支付卡行业数据安全标准（PCI DSS）是一种信息安全标准，适用于卡支付网络中涉及的品牌信用卡组织。违反 PCI DSS 可能会导致巨额罚款，在最坏的情况下，会导致信用卡业务暂停。PCI DSS 规定"访问控制系统需要配置为强制基于工作分类和职能来分配不同的权限"。在审计期间，组织需要提供证据证明访问控制系统已到位，以符合 PCI 合规性要求。⊖

这一切与 GitOps 有什么关系？ Git 是版本控制软件，可帮助组织管理对其代码的更改和访问控制。Git 在一种特殊类型的数据库中跟踪代码的每次修改，该数据库旨在保持托管源代码的完整性。Git 仓库中的文件内容以及文件与目录、版本、标签和提交之间的真实关系使用安全哈希算法（SHA）进行保护。该算法保护代码和更改历史免受意外和恶意更改，并确保历史记录完全可追溯。

Git 的历史跟踪还包括作者、日期和每次更改目的的书面注释。有了写得很好的提交注释，你就知道为什么要进行特定的提交。Git 还可以与项目管理和缺陷跟踪软件集成，允许对所有更改进行全面跟踪，并支持根因分析和其他取证。

如前所述，Git 支持拉取请求机制，它可以防止任何人在未经第二人批准的情况下更改

⊖　https://en.wikipedia.org/wiki/Payment_Card_Industry_Data_Security_Standard

系统。拉取请求获得批准后，更改会记录在安全的 Git 更改历史记录中。Git 在变更控制、可追溯性和变更历史真实性方面的优势，加上 Kubernetes 的声明式配置，自然满足了可审计性和合规性所需的安全性、可用性和过程完整性原则（见图 1.11）。

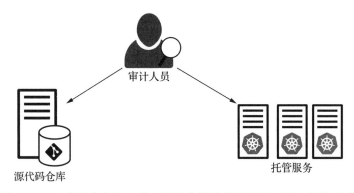

审计人员

源代码仓库　　　　　　　　　　　　　托管服务

图 1.11　使用 GitOps 可以简化审计过程，因为审计人员可以通过检查源代码仓库来确定系统的期望状态。系统的当前状态可以通过查看托管的服务和 Kubernetes 对象来确定

1.3.4　灾难恢复

灾难的发生有多种原因，也有多种形式。灾难可能是自然发生的（地震袭击数据中心），由设备故障（存储阵列中的硬盘驱动器丢失）引起的，意外发生的（破坏关键数据库表的软件错误），甚至是恶意造成的（网络攻击导致数据丢失）。

GitOps 通过在源代码控制中存储环境的声明式规格配置，作为一个可信来源来帮助恢复基础设施环境。它对"环境应该是什么样"有一个完整的定义，这有助于在发生灾难时重建环境。灾难恢复成为一个应用或重复应用存储在 Git 仓库中所有配置的简单练习，你可能会察觉到灾难期间遵循的过程与日常升级部署中使用的过程之间没有太大区别。使用 GitOps 实际上是在定期练习灾难恢复程序，从而为在真正的灾难发生时做好充分的准备。

数据备份的重要性　尽管 GitOps 有助于简化计算和网络基础设施的灾难恢复，但持久性和有状态应用程序的恢复需要以不同方式处理。备份、快照和副本等存储相关基础设施的传统灾难恢复解决方案不可替代。

1.4　总结

❑ GitOps 是 DevOps 中的一个部署过程，它使用 Git 作为记录系统来管理复杂系统的部署。

❑ 传统运维需要一个单独的团队进行部署，并且新版本可能需要数天（或数周）才能部署。

❑ DevOps 使工程师能够在代码完成后立即部署新版本，而无须等待集中的运维团队。

❑ GitOps 提供完整的可追溯性和发布控制。

❑ 声明式模型描述了你想要实现的目标，而不是实现它所需的步骤。

❑ 幂等性是操作的一种属性，指的是操作执行任意次都会产生相同的结果。

❑ GitOps 的其他优势包括：

- 基于拉取请求的代码质量和发布控制。
- 可观测的运行状态和期望状态。
- 使用真实和可追溯的历史记录来简化合规性和可审计性流程。
- 简化灾难恢复和回滚过程，与熟悉的部署体验一致。

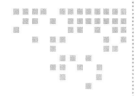

第 2 章 *Chapter 2*

Kubernetes 与 GitOps

本章包括：
- ❏ 使用 Kubernetes 解决问题
- ❏ 本地运行和管理 Kubernetes
- ❏ 理解 GitOps 的基本要素
- ❏ 实现一个简单的 Kubernetes GitOps Operator

在第 1 章中，你了解了 Kubernetes 以及为什么它的声明式模型使得它特别适合使用 GitOps 进行管理。本章将简要介绍 Kubernetes 架构和对象，以及声明式和命令式对象管理之间的区别。在本章结束时，你将实现一个用于部署的基础 GitOps Kubernetes Operator。

2.1 Kubernetes 介绍

在深入探讨为何 Kubernetes 和 GitOps 能如此出色地协同工作之前，我们先聊一下 Kubernetes 本身。本节包含 Kubernetes 的高阶概述、与其他容器编排系统的对比及其架构。我们还会用一个练习来演示如何在本地运行 Kubernetes，本书中的其他练习也会用到它。本节只是对 Kubernetes 的简要介绍和复习。有一些有趣且不乏丰富内容的 Kubernetes 概述，推荐查看云原生计算基金会（Cloud Native Computing Foundation）的 "The Illustrated Children's Guide to Kubernetes" 和 "Phippy Goes to the Zoo"[一]。如果你完全不熟悉 Kubernetes，推荐阅

　　㊀ https://www.cncf.io/phippy

读由 Marko Lukša 撰写的 *Kubernetes in Action*，*Second Edition*（Manning，2020），然后再回到本书。如果你已经熟悉 Kubernetes 并已运行 minikube，可以直接跳到 2.1.4 节的练习。

2.1.1 Kubernetes 是什么

Kubernetes 是 2014 年发布的开源容器编排系统。那么，什么是容器？为什么需要编排它们？

容器提供了一种将应用程序的代码、配置和依赖项打包到单个资源中的标准化方式。这使得开发人员能够确保应用程序能在其他任意的机器上正常运行，而无须操心该机器是否包含任何与编码和测试机器不相同的自定义设置。Docker 简化并普及了容器化，容器化在如今已被公认为构建分布式系统的基础技术。

Chroot UNIX 操作系统中的一种操作，它更改当前运行的进程及其子进程表面上的根目录。Chroot 提供了一种将进程及其子进程与系统其余部分隔离的方法，它是容器化和 Docker 的前身。[⊖]

在 Docker 解决了单个应用的打包和隔离问题的同时，如何将多个应用编排成一个可工作的分布式系统仍面临很多问题：

❑ 容器如何通信？

❑ 容器之间的流量如何路由？

❑ 如何扩容容器以处理额外的应用负载？

❑ 集群的底层基础设施如何扩容以运行所需的容器？

以上所有操作都是容器编排系统的职责，由 Kubernetes 提供。Kubernetes 利用容器来帮助实现应用程序的自动部署、扩缩容和管理。

注 Borg 是 Google 内部的容器集群管理系统，用于支持 Google 搜索、Gmail 和 YouTube 等在线服务。Kubernetes 利用 Borg 的创新性和经验总结打造，这也解释了为什么它能比竞争对手更稳定且发展更快。[⊖]

Kubernetes 最初由谷歌开发并开源，基于谷歌十多年使用专有集群管理系统 Borg 进行容器编排的经验。正因如此，对于一个如此复杂的系统来说，Kubernetes 是相对稳定和成熟的。Kubernetes 围绕其开放的 API 和可扩展架构发展了一个广大的社区，这进一步推动了它的成功。Kubernetes 是顶级 GitHub 项目之一（以星级衡量），提供出色的文档，并拥有重要的 Slack 和 Stack Overflow 社区。社区成员通过无数博客和演示文稿分享了他们使用 Kubernetes 的知识和经验。尽管由 Google 创立，但 Kubernetes 不受单一供应商的影响，这使得社区足够开放、协作和创新。

⊖ https://en.wikipedia.org/wiki/Chroot

⊖ https://kubernetes.io/blog/2015/04/borg-predecessor-to-kubernetes

2.1.2　其他容器编排系统

自 2016 年末以来，Kubernetes 已被公认为容器编排系统事实上的行业标准，就像 Docker 成为容器的标准一样。但是，也有几个替代方案能解决 Kubernetes 能解决的容器编排问题。Docker Swarm 是 Docker 于 2015 年发布的原生容器编排引擎，它与 Docker API 紧密集成，并使用称为 Docker Compose 的一个基于 YAML 的部署模型。Apache Mesos 于 2016 年正式发布（尽管它在此之前已有很长的历史），它支持大型集群，可扩展到数千个节点。

虽然 GitOps 也可能应用其他容器编排系统来部署应用程序，但本书侧重于 Kubernetes。

2.1.3　Kubernetes 架构

在本章结束时，你将完成一个练习——为 Kubernetes 实现一个基础的 GitOps 持续部署 Operator。但是在了解 GitOps Operator 功能之前，你必须先了解一些 Kubernetes 的核心概念，并知道它是如何在上层进行组织的。

Kubernetes 是一个庞大且健壮的系统，它具有许多不同类型的资源以及围绕这些资源的操作。Kubernetes 在基础设施上提供了一个抽象层，并引入了以下能表示期望集群状态的基本对象集合：

- ❏ Pod：在同一主机上一起部署的一组容器。Pod 是节点上最小的可部署单元，它提供了一种挂载存储、设置环境变量以及供其他容器配置信息的方法。当 Pod 中的所有容器退出时，Pod 也会消亡。
- ❏ Service：定义一组逻辑 Pod 及其访问策略的抽象。
- ❏ Volume：可供 Pod 中运行的容器访问的目录。

Kubernetes 架构使用基础资源作为一组更高级资源的基本层。高级资源实现了实际生产使用场景所需的功能，这些功能利用 / 扩展了基础资源的功能。在图 2.1 中，你可以看到 ReplicaSet 资源控制着一个或多个 Pod 资源的创建。其他的一些高级资源的示例包括：

- ❏ ReplicaSet：定义相同配置 Pod 运行的期望数量。如果 ReplicaSet 中的一个 Pod 终止，则会启动一个新的 Pod，从而将运行中的 Pod 数量恢复到期望数量。
- ❏ Deployment：为 Pod 和 ReplicaSet 赋予声明式更新的能力。
- ❏ Job：创建一个或多个运行完即停止的 Pod。
- ❏ CronJob：基于时间计划来创建 Job。

另一个重要的 Kubernetes 资源是命名空间（Namespace）。大多数 Kubernetes 资源都属于一个（并且只有一个）命名空间。命名空间定义了名称的范围，其中特定命名空间中的资源命名必须唯一。命名空间还提供了一种通过基于角色的访问控制（RBAC）、网络策略和资源配额等将用户和应用程序相互隔离的方法。这些控制允许创建一个多租户 Kubernetes 集群，允许多个用户共享同一个集群并避免相互影响（例如，"近邻干扰"问题）。

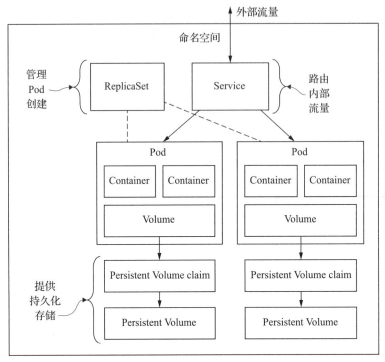

图 2.1　部署在命名空间中的典型 Kubernetes 的情况。ReplicaSet 是管理 Pod 生命周期的更高
级别资源的示例，Pod 是较低级别的基础资源

正如我们即将在第 3 章中看到的，在 GitOps 中命名空间对于定义应用程序的环境也是不可或缺的。

Kubernetes 对象存储在控制平面[⊖]中，该平面监控集群状态、执行更改、调度任务和响应事件（见图 2.2）。为了履行这些职责，每个 Kubernetes 控制平面运行以下三个进程：

- kube-apiserver：集群的入口点，提供 REST API 来评估和更新期望的集群状态。
- kube-controller-manager：守护进程，通过 API 服务器持续监控集群的共享状态，执行更改将当前状态趋向至期望状态。
- kube-scheduler：负责在集群的可用节点之间调度工作负载的组件。
- etcd：一个高可用的键值数据库，通常用作 Kubernetes 所有集群配置数据的后端存储。

实际集群工作负载的运行使用的是 Kubernetes 节点上的计算资源，节点是运行必要软件以被集群管理的工作机器（虚拟机或物理机）。与主节点类似，每个工作节点都运行一组预定义的进程：

- kubelet：基本的"节点代理"（node agent），管理节点上实际的容器。

⊖　https://kubernetes.io/docs/concepts/overview/components/#control-plane-components

❑ `kube-proxy`：一个网络代理，映射每个节点上由 Kubernetes API 定义的 Service，可以做简单的 TCP、UDP 和 SCTP 流转发。

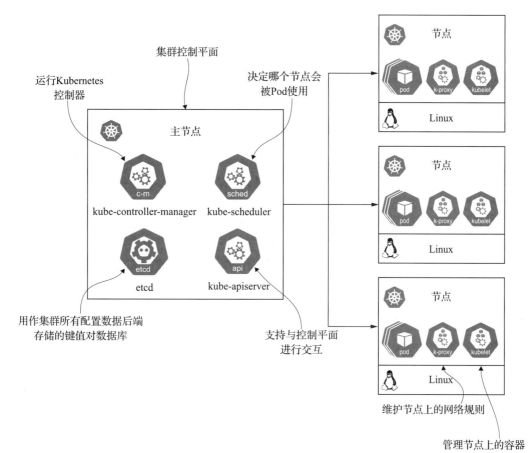

图 2.2　Kubernetes 集群由运行在控制平面主节点和工作节点上的服务组成，这些服务共同提供构成 Kubernetes 集群的基本服务

2.1.4　部署应用到 Kubernetes

在本练习中，你将在 Kubernetes 上使用 NGINX 部署一个网站，借此回顾一些基本的 Kubernetes 操作并熟悉 minikube。minikube 是用于本书大多数练习的一个单节点 Kubernetes 环境。

Kubernetes 测试环境：minikube　参考附录 A，使用 minikube 建立一个 Kubernetes 测试环境来完成此练习。

创建一个 Pod

正如本章前面提到的，Pod 是 Kubernetes 中的最小对象，它代表特定的应用程序工作负载。一个 Pod 表示在同一主机上运行，并具有同样操作需求的一组相关容器。单个 Pod 中所有的容器共享相同的网络地址、端口空间和基于 Kubernetes Volumes 的文件系统（可选）。

　　NGINX　　NGINX 是一款开源的 Web 服务器软件，因其性能和稳定性，许多组织和企业都使用它来托管网站。

　　在本练习中，你将创建一个使用 NGINX 托管网站的 Pod。在 Kubernetes 中，对象由称为"配置清单"（manifest）的 YAML 文本文件定义，该文件给出了 Kubernetes 创建和管理对象需要的所有信息。代码 2.1 是我们 NGINX Pod 的配置清单。

代码 2.1　NGINX Pod 配置清单

欢迎你手工输入此清单的内容并将其保存为 nginx-Pod.yaml 文件。但本书的目的不是提高你的打字技能，我们建议克隆在第 1 章中提到的包含本书所有代码的公共 Git 存储库，并直接使用这些文件：

https://github.com/gitopsbook/resources

让我们继续，使用以下命令启动一个 minikube 集群并创建 NGINX Pod：

```
$ minikube start
(minikube/default)
😄  minikube v1.1.1 on darwin (amd64)
🔥  Creating virtualbox VM (CPUs=2, Memory=2048MB, Disk=20000MB) ...
```

────────────────

⊖　https://en.wikipedia.org/wiki/Cowsay

```
     Configuring environment for Kubernetes v1.14.3 on Docker 18.09.6
     Pulling images ...
     Launching Kubernetes ...
     Verifying: apiserver proxy etcd scheduler controller dns
     Done! kubectl is now configured to use "minikube"
$ kubectl create -f nginx-Pod.yaml
Pod/nginx created
```

图 2.3 显示了 Pod 在 minikube 中运行的样子。

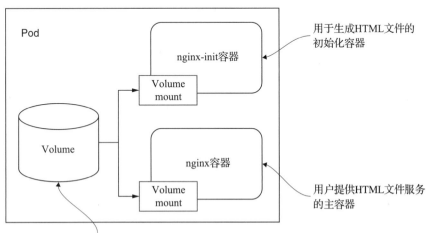

图 2.3　nginx-init 容器将所需的 index、html 文件写入挂载的 Volume。主 NGINX 容器
　　　　还会挂载 Volume 并在接收 HTTP 请求时显示生成的 index.html

获取 Pod 状态

在创建 Pod 后，Kubernetes 会检查 spec 字段，并尝试在集群中适当的节点上运行所配置的容器集，过程相关的信息可在 Pod 清单的状态（status）字段中找到。kubectl 提供了几个访问相关信息的命令，让我们尝试使用 kubectl get Pods 命令获取 Pod 状态：

```
$ kubectl get Pods
NAME     READY    STATUS     RESTARTS    AGE
nginx    1/1      Running    0           36s
```

get Pods 命令列出了在特定命名空间中运行的所有 Pod。在本例中，我们没有指定命名空间，因此它给出了在默认（default）命名空间中运行的 Pod 列表。假设一切顺利，NGINX Pod 应该处于 Running 状态。

要了解有关 Pod 状态的更多信息或调试未能处于运行状态的 Pod，kubectl describe Pod 命令会输出详细的信息，包括相关的 Kubernetes 事件：

```
$ kubectl describe Pod nginx
Name:        nginx
Namespace:   default
Priority:    0
Node:        minikube/192.168.99.101
```

```
Start Time:    Sat, 26 Oct 2019 21:58:43 -0700
Labels:        <none>
Annotations:   kubectl.kubernetes.io/last-applied-configuration:

{"apiVersion":"v1","kind":"Pod","metadata":{"annotations":{},"name":"nginx",
    "Namespace":"default"},"spec":{"containers":[{"image":"nginx:1...
Status:        Running
IP:            172.17.0.4
Init Containers:
  nginx-init:
    Container ID:  docker://
      128c98e40bd6b840313f05435c7590df0eacfc6ce989ec15cb7b484dc60d9bca
    Image:         docker/whalesay
    Image ID:      docker-pullable://docker/
      whalesay@sha256:178598e51a26abbc958b8a2e48825c90bc22e641de3d31e18aaf55f325
      8ba93b
    Port:          <none>
    Host Port:     <none>
    Command:
      sh
      -c
    Args:
      echo "<pre>$(cowsay -b 'Hello Kubernetes')</pre>" > /data/index.html
    State:         Terminated
      Reason:      Completed
      Exit Code:   0
      Started:     Sat, 26 Oct 2019 21:58:45 -0700
      Finished:    Sat, 26 Oct 2019 21:58:45 -0700
    Ready:         True
    Restart Count: 0
    Environment:   <none>
    Mounts:
      /data from data (rw)
      /var/run/secrets/kubernetes.io/serviceaccount from default-token-vbhsd
      (ro)
Containers:
  nginx:
    Container ID:  docker://
      071dd946709580003b728cef12a5d185660d929ebfeb84816dd060167853e245
    Image:         nginx:1.11
    Image ID:      docker-pullable://
      nginx@sha256:e6693c20186f837fc393390135d8a598a96a833917917789d63766cab6c59
      582
    Port:          <none>
    Host Port:     <none>
    State:         Running
      Started:     Sat, 26 Oct 2019 21:58:46 -0700
    Ready:         True
    Restart Count: 0
    Environment:   <none>
    Mounts:
      /usr/share/nginx/html from data (rw)
      /var/run/secrets/kubernetes.io/serviceaccount from default-token-vbhsd (ro)
Conditions:
  Type           Status
  Initialized    True
```

```
Ready              True
ContainersReady    True
PodScheduled       True
Volumes:
  data:
    Type:          EmptyDir (a temporary directory that shares a Pod's lifetime)
    Medium:
    SizeLimit:     <unset>
  default-token-vbhsd:
    Type:          Secret (a volume populated by a Secret)
    SecretName:    default-token-vbhsd
    Optional:      false
QoS Class:         BestEffort
Node-Selectors:    <none>
Tolerations:       node.kubernetes.io/not-ready:NoExecute for 300s
                   node.kubernetes.io/unreachable:NoExecute for 300s
Events:
  Type    Reason     Age    From                Message
  ----    ------     ----   ----                -------
  Normal  Scheduled  37m    default-scheduler   Successfully assigned default/
    nginx to minikube
  Normal  Pulling    37m    kubelet, minikube   Pulling image "docker/whalesay"
  Normal  Pulled     37m    kubelet, minikube   Successfully pulled image
    "docker/whalesay"
  Normal  Created    37m    kubelet, minikube   Created container nginx-init
  Normal  Started    37m    kubelet, minikube   Started container nginx-init
  Normal  Pulled     37m    kubelet, minikube   Container image "nginx:1.11"
    already present on machine
  Normal  Created    37m    kubelet, minikube   Created container nginx
  Normal  Started    37m    kubelet, minikube   Started container nginx
```

通常来说，事件（Events）部分会包含有关为何 Pod 未处于运行状态的线索。

最详尽的信息可通过 `kubectl get Pod nginx -o=yaml` 获得，它以 YAML 格式输出对象在内部的完整呈现。原始 YAML 的输出可读性一般，这些 YAML 通常用于资源控制器的程序化访问。Kubernetes 资源控制器将在本章后面更详细地介绍。

访问 Pod

处于 Running 状态的 Pod 意味着所有容器都已成功启动，该 NGINX Pod 已准备好为请求提供服务。如果集群中的 NGINX Pod 正在运行，我们可以尝试通过访问来证明它在工作。

默认情况下，Pod 无法从集群外部访问。有多种方法可以配置外部访问，包括 Kubernetes Service、Ingress 等。为简单起见，我们将使用命令 `kubectl port-forward` 将连接从本地端口转发至 Pod 上的端口：

```
$ kubectl port-forward nginx 8080:80
Forwarding from 127.0.0.1:8080 -> 80
Forwarding from [::1]:8080 -> 80
```

保持 `kubectl port-forward` 命令运行，并在浏览器中打开 http://localhost:8080/，你应该会看到生成的 HTML 文件（见图 2.4）。

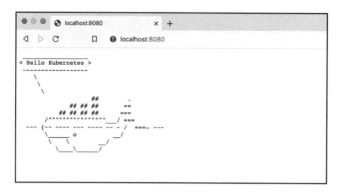

图 2.4 从 docker/whalesay 图像生成的 HTML 文件内容是可爱鲸鱼的 ASCII 渲染，它带有作为命令参数传递的问候语气泡。`port-forward` 命令允许在本地主机的 8080 端口上访问 Pod 的 80 端口

练习 2.1 现在你的 NGINX Pod 正在运行，请使用 `kubectl exec` 命令在正在运行的容器上获得一个 shell。

提示 该命令大致像 `kubectl exec -it <POD_NAME> -- /bin/bash` 这样。在 shell 里面转转，执行 `ls`、`df` 和 `ps -ef` 以及一些其他的 Linux 命令，如果终止 NGINX 进程会发生什么？

作为本练习的最后一步，让我们删除 Pod 以释放集群资源。使用以下命令删除 Pod：

```
$ kubectl delete Pod nginx
Pod "nginx" deleted
```

2.2 声明式对象管理与命令式对象管理

Kubernetes 的 `kubectl` 命令行工具用于创建、更新和管理 Kubernetes 对象，支持命令式指令、命令式对象配置和声明式对象配置⊖。让我们通过一个真实的例子来演示 Kubernetes 中命令式/过程式配置和声明式配置之间的区别。首先，让我们来看看如何命令式地使用 kubectl。

声明式与命令式 请参阅 1.3.1 节以获取有关声明式与命令式的详细说明。

在下面的示例（见代码 2.2）中，让我们创建一个脚本，该脚本将部署一个 NGINX 服务，包含三个副本和一些注解。

代码 2.2 命令式 kubectl 命令（imperative-deployment.sh）

创建一个新的名为nginx-imperative 的Deployment对象

将nginx-imperative Deployment 的Pod扩展为三个副本

```
#!/bin/sh
kubectl create deployment nginx-imperative --image=nginx:latest
kubectl scale deployment/nginx-imperative --replicas 3
```

⊖ http://mng.bz/pVdP

```
kubectl annotate deployment/nginx-imperative environment=prod
kubectl annotate deployment/nginx-imperative organization=sales
```

向nginx-imperative Deployment添加带有
environment键和prod值的注解

向nginx-imperative Deployment添加
带有organization键和sales值的注解

尝试在你的 minikube 集群运行该脚本，并检查 Deployment 是否已成功创建：

```
$ imperative-deployment.sh
deployment.apps/nginx-imperative created
deployment.apps/nginx-imperative scaled
deployment.apps/nginx-imperative annotated
deployment.apps/nginx-imperative annotated
$ kubectl get deployments
NAME               READY     UP-TO-DATE     AVAILABLE     AGE
nginx-imperative   3/3       3              3             27s
```

很棒！该 Deployment 已按预期创建。那么现在让我们编辑 deployment.sh 脚本，将 organization 注解的值从 sales 更改为 marketing，然后重新运行该脚本：

```
$ imperative-deployment-new.sh
Error from server (AlreadyExists): deployments.apps "nginx-imperative"
    already exists
deployment.apps/nginx-imperative scaled
error: --overwrite is false but found the following declared annotation(s):
    'environment' already has a value (prod)
error: --overwrite is false but found the following declared annotation(s):
    'organization' already has a value (sales)
```

如你所见，新的脚本执行失败了，因为 Deployment 和注解已经存在。为了让它工作，我们需要用额外的命令和逻辑来增强脚本，进而处理除了创建场景之外的更新场景。当然，这是可以做到的，但事实上我们不必去做这些工作，因为 kubectl 本身就可以检查系统的当前状态，并使用声明式对象配置做正确的事情。

以下代码 2.3 定义了一个与我们脚本所创建的相同的 Deployment（除了 Deployment 的名称是 nginx-declarative 以外）。

代码 2.3　声明式（http://mng.bz/OEpP）

```
apiVersion: apps/v1
kind: Deployment
metadata:
  name: nginx-declarative
  annotations:
    environment: prod
    organization: sales
spec:
  replicas: 3
  selector:
    matchLabels:
      app: nginx
  template:
    metadata:
      labels:
```

```
      app: nginx
  spec:
    containers:
    - name: nginx
      image: nginx:latest
```

我们可以使用半魔法的 `kubectl apply` 命令来创建 nginx-declarative Deployment：

```
$ kubectl apply -f declarative-deployment.yaml
deployment.apps/nginx-declarative created
$ kubectl get deployments
NAME                READY    UP-TO-DATE    AVAILABLE    AGE
nginx-declarative   3/3      3             3            5m29s
nginx-imperative    3/3      3             3            24m
```

在执行 `apply` 后，我们看到了创建的 nginx-declarative Deployment 资源。但是当我们再次运行 `kubectl apply` 时会发生什么？

```
$ kubectl apply -f declarative-deployment.yaml
deployment.apps/nginx-declarative unchanged
```

注意输出消息的变化。第二次运行 `kubectl apply` 时，程序检测到不需要进行任何更改，随即报告 Deployment 未更改。这是 `kubectl create` 与 `kubectl apply` 之间微妙但关键的区别。如果资源已经存在，`kubectl create` 将失败；而 `kubectl apply` 命令首先检测资源是否存在，如果对象不存在则执行创建操作，如果对象已经存在则执行更新。

与命令式示例一样，如果我们想将 organization 注解的值从 sales 更改为 marketing 该怎么做？让我们编辑 declarative-deployment.yaml 文件并将 `metadata.annotations.organization` 字段从 sales 更改为 marketing。但在我们再次运行 `kubectl apply` 之前，让我们运行 `kubectl diff`：

```
$ kubectl diff -f declarative-deployment.yaml
:
-     organization: sales                                organization标签的值从
+     organization: marketing                            sales更改为marketing
    creationTimestamp: "2019-10-15T00:57:44Z"
-   generation: 1
+   generation: 2                                         在执行kubectl apply时，系统
    name: nginx-declarative                               更改了此资源的代际
    Namespace: default
    resourceVersion: "347771"

$ kubectl apply -f declarative-deployment.yaml
deployment.apps/nginx-declarative configured
```

如你所见，`kubectl diff` 正确识别出 organization 从 sales 更改为 marketing，我们还看到 `kubectl apply` 成功地应用了新的更改。

在本练习中，命令式和声明式示例都以完全相同的方式配置 Deployment 资源。乍一看，命令式的方法似乎要简单得多。与声明式冗长的 Deployment 规格配置（命令式脚本大

小的 5 倍）相比，它仅包含几行代码。但是，命令式涵盖的问题使其在实践中成为一个糟糕的选择：

□ 代码不是幂等的，如果多次执行可能会有不同的结果。如果第二次运行，将会抛出一个错误，报出 NGINX Deployment 已经存在。相比之下，Deployment 规格配置是幂等的，这意味着它可以根据需要多次应用，有利于处理 Deployment 已经存在的情况。

□ 管理资源的变更随着时间的推移更加困难，尤其是当差异是减法时。假设你不再希望在 Deployment 中有 organization 注解，简单地从脚本代码中删除 kubectl annotate 命令无济于事，因为它不会删除现有 Deployment 的注解，你需要额外的单独操作来删除它。另一方面，使用声明式方法，你只需要从规格配置中删除注解行，Kubernetes 会负责删除注解以反映你想要的状态。

□ 变更更难理解。如果团队成员发送了一个拉取请求，修改脚本来做不同的事情，就像任何其他源代码审查一样。审阅者需要仔细检查脚本的逻辑，以验证算法是否达到了预期的结果，脚本中甚至可能存在错误。另一方面，更改声明式 Deployment 规格配置的拉取请求清楚地显示了系统期望状态的更改。审查变得更加简单，因为没有要检查的逻辑，只有配置的更改。

□ 代码非原子化，这意味着如果脚本中的 4 个命令任意之一失败，系统的状态将部分改变，既不会处于原始状态，也不会处于期望状态。使用声明式方法，整个规格配置会作为单个请求接收，系统尝试作为一个整体来实现期望状态的各个方面。

可想而知，最初一个简单的 shell 脚本需要变得越来越复杂才能实现幂等性。Kubernetes Deployment 规格配置中有许多可用选项，而使用脚本化方法，则需要在整个脚本中布满 if/else 检查以了解当前状态并有条件地修改 Deployment。

声明式配置是如何工作的

正如我们在前面的练习中看到的，声明式配置管理由 kubectl apply 命令提供支持。与命令式 kubectl 指令（如 scale 和 annotate）相比，kubectl apply 命令有一个参数，即包含资源配置清单的文件的路径：

```
kubectl apply -f ./resource.yaml
```

该命令负责指出应将哪些更改应用于 Kubernetes 集群中匹配的资源，并使用 Kubernetes API 来更新资源。这是使 Kubernetes 特别适合 GitOps 的关键特性。让我们更多地了解 kubectl apply 背后的逻辑，并了解它可以做什么和不能做什么。想要知道 kubectl apply 能解决哪些问题，让我们使用之前创建的 Deployment 资源来看看不同的场景。

最简单的场景是当 Kubernetes 集群中不存在匹配的资源时。这种情况下，kubectl 会使用存储在指定文件中的配置清单创建一个新资源。

　　如果匹配的资源存在，那么为什么 kubectl 不替换它？如果你使用 kubectl　get 命令查看完整的配置清单资源，答案是显而易见的。以下是示例中创建的 Deployment 资源的部分内容。为清晰起见，配置清单的某些部分已被省略（用省略号表示）：

```
$ kubectl get deployment nginx-declarative -o=yaml
apiVersion: apps/v1
kind: Deployment
metadata:
  annotations:
    deployment.kubernetes.io/revision: "1"
    environment: prod
    kubectl.kubernetes.io/last-applied-configuration: |
      { ... }
    organization: marketing
  creationTimestamp: "2019-10-15T00:57:44Z"
  generation: 2
  name: nginx-declarative
  Namespace: default
  resourceVersion: "349411"
  selfLink: /apis/apps/v1/Namespaces/default/deployments/nginx-declarative
  uid: d41cf3dc-a3e8-40dd-bc81-76afd4a032b1
spec:
  progressDeadlineSeconds: 600
  replicas: 3
  revisionHistoryLimit: 10
  selector:
    matchLabels:
      app: nginx-declarative
  strategy:
    rollingUpdate:
      maxSurge: 25%
      maxUnavailable: 25%
    type: RollingUpdate
  template:
    ...
status:
  ...
```

　　你可能已注意到，实时资源配置清单包括文件中所有已指定的字段以及数十个新字段，例如附加的元数据、status 字段和资源规格配置中的其他字段。所有这些附加字段都由 Deployment 控制器来填充，且包含资源运行状态相关的重要信息。控制器在状态字段中填充资源状态的有关信息，并应用所有未指定的可选字段（例如 revisionHistoryLimit 和 strategy）的默认值。为了保留这些信息，kubectl　apply 会合并来自指定文件的配置清单和实时资源的配置清单。因此，该命令仅更新文件中指定的字段，并保持其他所有内容不变。如果我们决定缩小部署规模，并将 replicas 字段更改为 1，那么 kubectl 只会更改实时资源中的该字段，并使用更新 API 将其保存回 Kubernetes。

　　在真实场景中，我们不想以声明的方式控制所有可能影响资源行为的字段，为命令式留出一些空间并跳过应该动态更改的字段是有意义的。Deployment 资源的 replicas 字段就是一个很好的例子。Horizontal Pod Autoscaler 可根据负载动态扩展或缩减应用程序，而不是硬编码要使用的副本数量。

Horizontal Pod Autoscaler　Horizontal Pod Autoscaler 根据观察到的 CPU 利用率（或根据其他应用程序提供的自定义指标）自动扩展副本控制器、部署或副本集中的 Pod 数量。

让我们继续，从 Deployment 配置清单中移除 `replicas` 字段。应用此更改后，`replicas` 字段将重置为一个副本的默认值。可是等等！`kubectl apply` 命令仅更新文件中指定的那些字段并忽略其余字段。它是如何知道 `replicas` 字段已被删除的？支持 kubectl 处理删除场景的附加信息隐藏在活动资源的注解中。每次 `kubectl apply` 命令更新资源时，它都会将输入的配置清单保存在 `kubectl.kubernetes.io/last-applied-configuration` 注解中。因此，当下次执行该命令时，它会从注解中检索最近应用的配置清单，作为新的期望配置清单和实时资源配置清单的共同祖先。这允许 kubectl 执行三路差异 / 合并，并正确处理从资源配置清单中删除某些字段的情况。

三路合并　三路合并是一种合并算法，它自动分析两个文件之间的差异，同时还考虑两个文件的起源或共同祖先。

最后，让我们讨论 `kubectl apply` 可能无法按预期工作的情况，这时应该谨慎使用。

首先，你通常不应将命令式的指令（例如 `kubectl edit` 或 `kubectl scale`）与声明式资源管理混合使用。这将使当前状态与 `last-applied-configuration` 注解不匹配，并且会使 kubectl 用于确定已删除字段的合并算法失效。典型的场景是当你使用 `kubectl edit` 对资源进行配置试验，并希望通过应用存储在文件中的原始配置清单来回滚更改时。不幸的是，它可能不起作用，因为 `kubectl edit` 命令所做的更改没有存储在任何地方。例如，如果你临时将资源限制（`resource limits`）字段添加到部署中，`kubectl apply` 将不会删除它，因为在 `last-applied-configuration` 注解或文件清单中没有涉及 `limits` 字段。`kubectl replace` 命令同样会忽略 `last-applied-configuration` 注解，并在应用更改后完全删除该注解。因此，如果你以命令方式进行任何更改，则在继续进行声明性配置之前，应该准备好使用命令式的指令撤销那些更改。

当你想停止以声明方式管理字段时，也应该小心。此问题的一个典型示例是添加 Horizontal Pod Autoscaler 来管理现有部署的副本数量的扩展。通常，在引入 Horizontal Pod Autoscaler 之前，部署副本的数量是声明式管理的。要将 `replicas` 字段的控制权传递给 Horizontal Pod Autoscaler，必须首先从包含部署配置清单的文件中删除 `replicas` 字段。这是为了下一次 `kubectl apply` 不会覆盖由 Horizontal Pod Autoscaler 设置的 `replicas` 值。但是，不要忘记 `replicas` 字段也可能存储在 `last-applied-configuration` 注解中。如果是这种情况，清单文件中缺少的 `replicas` 字段将被视为字段删除，因此每当 `kubectl apply` 运行时，Horizontal Pod Autoscaler 强制设置的 `replicas` 值将从实时部署中删除，部署将缩小到默认的一个副本。

在本节中，我们介绍了管理 Kubernetes 对象的不同机制：命令式机制和声明式机制。你还了解了 kubectl 的内部结构以及它如何识别运用到活动对象的更改。但此时，你可能想知道这与 GitOps 有什么关系。答案很简单：一切皆有关联！了解 kubectl 和 Kubernetes 如何管理活动对象的更改，对于理解后面章节中讨论的 GitOps 工具如何确定保存 Kubernetes 配置的 Git 存储库是否与活动状态同步，以及它如何跟踪和应用更改至关重要。

2.3　控制器架构

截至目前，我们已经了解了 Kubernetes 的声明式特性及其提供的好处。让我们来谈谈每个 Kubernetes 资源背后的东西：控制器架构。了解控制器的工作原理将帮助我们更有效地使用 Kubernetes 并了解如何对其进行扩展。

控制器（Controller）是大脑，它知晓特定类型的资源清单意味着什么，并执行必要的工作使系统的实际状态与配置清单描述的期望状态相匹配。每个控制器通常只负责一种资源类型。通过侦听与所管理的资源类型相关的 API 服务器事件，控制器持续监视资源配置的变化，并执行必要的工作将当前状态趋向期望状态。Kubernetes 控制器的一个基本特性是能够将工作委派给其他控制器。这种层级架构非常强大，它允许你有效地重用不同资源类型提供的功能。让我们讨论一个具体的例子来更好地理解委派的概念。

2.3.1　控制器委派

Deployment、ReplicaSet 和 Pod 资源完美地展示了委派如何赋能 Kubernetes。Pod 提供了在集群中的节点上运行一个或多个已请求资源的容器的能力。这允许 Pod 控制器只专注于运行应用程序实例，并抽象与基础设施配置、扩展和缩减、网络以及其他复杂细节相关的逻辑，它将这些留给其他控制器。

尽管 Pod 资源提供了许多功能，但它仍然不足以在生产中运行应用程序。我们需要运行同一个应用程序的多个实例（为了弹性和性能），这意味着我们需要多个 Pod。ReplicaSet 控制器解决了这个问题，它不是直接管理多个容器，而是编排多个 Pod 并将容器编排委派给 Pod 资源（见图 2.5）。同样，Deployment 控制器利用 ReplicaSet 提供的功能来实现各种部署策略，例如滚动更新。

控制器委派的优势　通过控制器委派，Kubernetes 功能可以轻松扩展以支持新能力。例如，不向后兼容的服务只能使用蓝 / 绿策略（而不是滚动更新）进行部署。控制器委派允许重写新的控制器以支持蓝 / 绿部署，而且仍通过委派来利用 Deployment 控制器的功能，而无须重新实现 Deployment 控制器的核心功能。

因此，从这个示例中可以看出，控制器委派允许 Kubernetes 从简单的资源为基础逐步构建更复杂的资源。

2.3.2　控制器模式

尽管所有控制器都有不同的职责，但每个控制器的实现都遵循着相同的简单模式。每个控制器都运行一个无限循环，循环中的每次迭代都会协商它所负责集群资源的期望状态和实际状态。在协商期间，控制器会寻找实际状态和期望状态之间的差异，并进行必要的更改将当前状态趋向期望状态。

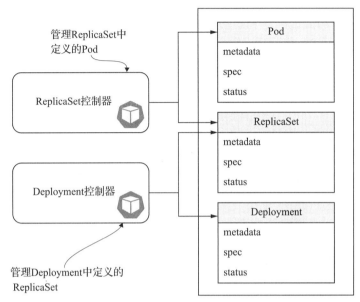

图 2.5　Kubernetes 支持资源层次结构。高级别的资源提供附加的功能（例如 ReplicaSet
和 Deployment）可以管理其他更高级别的资源或基础资源（如 Pod）。这是通过
一系列控制器实现的，每个控制器管理与其控制的资源相关的事件

期望状态由资源清单的规格（spec）字段表示。问题是，控制器如何知道实际状态？此信息在状态（status）字段中可以获得。每次成功协商后，控制器都会更新状态字段。状态字段向最终用户提供有关集群状态的信息，并启用更高级别的控制器的工作。图 2.6 演示了协商循环。

Controller 与 Operator 的对比

Operator 和 Controller 是经常混淆的两个术语。在本书中，使用 GitOps Operator 替代 GitOps Controller 来描述持续交付工具，这样做的原因是我们展示了一种特定类型的 Controller，它是应用程序和领域特定的。

Kubernetes Operator　Kubernetes Operator 是一个应用特定的控制器，它扩展 Kubernetes API 来代表 Kubernetes 的实际用户去创建、配置和管理复杂的有状态应用的实例。它在基础的 Kubernetes 资源和控制器概念之上建立，并包含领域或应用特定的知识来自动化日常任务。

Operator 和 Controller 这两个术语经常混淆，因为它们有时可以互换使用，并且两者之间的界限经常模糊。然而，另外一种思考方式是，术语 Operator 用于描述应用特定的 Controller。

所有 Operator 都使用 Controller 的模式，但并非所有 Controller 都是 Operator。一般而言，Controller 倾向于管理较低级别的、可重用的构建块资源，而 Operator 则在较高级别操作并且应用特定的。Controller 的一些例子如管理 Kubernetes 原生类型（Deployment、Job、Ingress 等）的所有内置控制器，也有一些第三方 Controller，如 cert-manager（它提供和管理 TLS 证书）和 Argo Workflow Controller（它在集群中引入了新的类似作业的工作流资源）。Operator 的一个例子是 Prometheus Operator，它可以管理 Prometheus 的数据库安装。

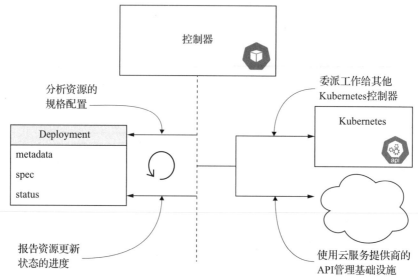

图 2.6　控制器在一个连续的协商循环中运行，它试图将规格中定义的期望状态与当前状态收敛。通过更新资源状态来报告资源的变化和更新。控制器可以将工作委派给其他 Kubernetes 控制器或执行其他操作，例如使用云提供商的 API 管理外部资源

2.3.3　NGINX Operator

在了解了 Controller 基础知识以及 Controller 和 Operator 之间的区别之后，我们准备实现一个 Operator。示例 Operator 将解决实际环境中的任务：管理一组带有预配置静态内容的 NGINX 服务器。该 Operator 支持用户指定 NGINX 服务器列表，并配置安装在每个服务器上的静态文件。此任务并不简单，它揭示了 Kubernetes 的灵活性和强大功能。

设计

正如本章前面提到的，Kubernetes 的架构允许你通过委派来利用现有控制器的功能。我们的 NGINX Operator 将利用 Deployment 资源来委派 NGINX 部署任务。

下一个问题是应该使用哪个资源来配置服务器列表和自定义静态内容。最合适的现有资源是 ConfigMap，根据 Kubernetes 的官方文档，ConfigMap 是"一个 API 对象，用于在键值对中存储非机密数据"⊖。ConfigMap 可以作为环境变量、命令行参数或卷中的配置文件

⊖　http://mng.bz/Yq67

使用。该控制器将为每个 ConfigMap 创建一个 Deployment，并将 ConfigMap 的数据挂载到默认的 NGINX 静态网站目录中。

实现

一旦我们决定了主体构建模块的设计，就该编写一些代码了。大多数与 Kubernetes 相关的项目，包括 Kubernetes 本身，都是使用 Go 实现的。但是，Kubernetes 控制器可以使用任何语言实现，包括 Java、C++ 甚至 JavaScript。为简单起见，我们将使用你可能很熟悉的一种语言：Bash 脚本语言。

在 2.3.2 节中，我们提到每个控制器都维持一个无限循环并不断协商期望状态和实际状态。在我们的示例中，期望状态由 ConfigMap 列表表示（见图 2.7）。循环遍历每个 ConfigMap 变化的最有效方法是使用 Kubernetes 监视（watch）API。Kubernetes API 为大多数资源类型提供监视功能，并允许在创建、修改或删除资源时通知调用者。kubectl 允许使用带有 `--watch` 标志的 `get` 命令监视资源更改。`--output-watch-events` 命令指明 kubectl 输出变化的类型，类型值为以下之一：`ADDED`、`MODIFIED` 和 `DELETED`。

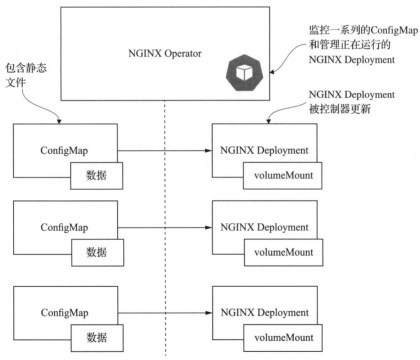

图 2.7　在 NGINX Operator 设计中，一个包含 NGINX 服务数据的 ConfigMap 将被创建。NGINX Operator 为每个 ConfigMap 创建一个 Deployment，通过使用网页数据创建 ConfigMap 来创建其他的 NGINX Deployment

kubectl 版本　确保你在本教程中使用最新版本的 kubectl（1.16 或更高版本），因为 `--output-watch-events` 选项是近期添加的。

代码 2.4 ConfigMap 示例（http://mng.bz/GxRN）

```
apiVersion: v1
kind: ConfigMap
metadata:
  name: sample
data:
  index.html: hello world
```

在一个窗口中，运行以下命令：

```
$ kubectl get --watch --output-watch-events configmap
```

在另一个终端窗口中，运行 `kubectl apply -f sample.yaml` 以创建示例 ConfigMap。请注意运行 `kubectl --watch` 命令的窗口中新的输出。现在运行 `kubectl delete -f sample.yaml`，你应该看到一个 DELETED 事件出现：

```
$ kubectl get --watch --output-watch-events configmap
EVENT      NAME      DATA    AGE
ADDED      sample    1       3m30s
DELETED    sample    1       3m40s
```

在手动运行此实验后，你应该能够知道我们如何将 NGINX Operator 以 Bash 脚本的方式来编写。

每次创建、更改或删除 ConfigMap 资源时，`kubectl get --watch` 命令都会输出一个新行。该脚本将利用 `kubectl get --watch` 的输出，并根据输出的 ConfigMap 事件类型创建一个新的 Deployment 或删除一个 Deployment。完整的 Opertor 实现就在代码 2.5 中。

代码 2.5 NGINX 控制器（http://mng.bz/zxmZ）

```
#!/usr/bin/env bash

kubectl get --watch --output-watch-events configmap \        ◁── 该 kubectl 命令输出
-o=custom-columns=type:type,name:object.metadata.name \           configmap 对象发生
--no-headers | \                                                  的所有事件
while read next; do                              ◁── kubectl 命令的输出由这个无限循环处理

    NAME=$(echo $next | cut -d' ' -f2)           ◁── configmap 的名称（NAME）和事
    EVENT=$(echo $next | cut -d' ' -f1)              件类型（EVENT）是从 kubectl 命
                                                     令的输出中解析出来的
    case $EVENT in
        ADDED|MODIFIED)                   ◁── 如果 configmap 被添加（ADDED）或修
            kubectl apply -f - << EOF         改（MODIFIED），则为该 configmap 应
apiVersion: apps/v1                           用 NGINX Deployment 清单（两个 EOF
kind: Deployment                              标记之间的所有内容）
metadata: { name: $NAME }
spec:
  selector:
    matchLabels: { app: $NAME }
  template:
    metadata:
      labels: { app: $NAME }
```

```
        annotations: { kubectl.kubernetes.io/restartedAt: $(date) }
      spec:
        containers:
        - image: nginx:1.7.9
          name: $NAME
          ports:
          - containerPort: 80
          volumeMounts:
          - { name: data, mountPath: /usr/share/nginx/html }
        volumes:
        - name: data
          configMap:
            name: $NAME
EOF
            ;;
        DELETED)                                    ◁──── 如果configmap已被删除（DELETED），
            kubectl delete deploy $NAME                   则删除该configmap的NGINX部署
            ;;
      esac
done
```

测试

至此实现部分已经完成，测试准备就绪。在真实环境中，控制器会被打包成一个 Docker 镜像并在集群内部运行。出于测试目的，在集群外运行控制器也是可以的，这也是我们正要做的。使用附录 A 中的说明，启动 minikube 集群，将控制器代码保存到名为 controller.sh 的文件中，然后使用以下 Bash 命令启动它：

```
$ bash controller.sh
```

注　本示例需要 kubectl 1.16 或更高版本。

控制器正在运行并等待 ConfigMap。让我们创建一个 ConfigMap，有关 ConfigMap 的配置清单，请参阅代码 2.4。

我们使用 `kubectl apply` 命令创建 ConfigMap：

```
$ kubectl apply -f sample.yaml
configmap/sample created
```

控制器注意到 ConfigMap 的变化并使用 `kubectl apply` 命令创建一个 Deployment 实例：

```
$ bash controller.sh
deployment.apps/sample created
```

练习 2.2　尝试通过在本地转发端口 80 来访问 NGINX 控制器，以确保控制器按预期工作。尝试删除或修改 ConfigMap 并查看控制器如何相应地做出反应。

练习 2.3　创建额外的 ConfigMap 来为你的每个家庭成员启动一个 NGINX 服务器，显示 `Hello <name>!`。另外，也不要忘记给现实生活中的他们打电话、发短信和 Snapchat。

练习 2.4　编写一个 Dockerfile 来打包 NGINX 控制器，并将其部署到你的测试 Kubernetes

集群。提示：你需要为 Operator 创建 RBAC 资源。

2.4　Kubernetes 和 GitOps 的关系

GitOps 假设基础设施的每一部分都能被表现为存储在版本控制系统中的文件，并且有一个自动化过程将变更无缝地运用到应用程序的运行时环境。不幸的是，如果没有像 Kubernetes 这样的系统，这些说起来容易但做起来难。需要操心的事情太多了，而且许多不同的技术不能很好地协同工作。GitOps 的两个假设通常成为一个无法解决的障碍，阻碍高效的基础设施即代码流程的实现。

Kubernetes 极大地改善了这种情况。随着 Kubernetes 被越来越多地采用，基础设施即代码（IaC）的概念不断发展，促使了实现 GitOps 的新工具的创新。那么 Kubernetes 有什么特别之处？它是如何以及为什么会引发 GitOps 兴起的？

Kubernetes 通过彻底地采用声明式 API 作为其主要操作模式，并提供实现这些 API 所需的控制器模式和后端框架来支持 GitOps。该系统从一开始就根据声明式规格配置和最终一致性以及收敛性原则进行设计。

最终一致性　最终一致性是分布式计算中用于实现高可用性的一致性模型，它非正式地保证——如果没有对给定数据项进行新的更新，那么最终对该数据项的所有访问都将返回最后更新的值。

这一决定确立了 GitOps 在 Kubernetes 中的突出地位。与传统系统不同，在 Kubernetes 中几乎没有只修改某些现有资源子集的 API。例如，没有（而且永远不会有）仅更改 Pod 的容器镜像的 API。相反，Kubernetes API 服务器期望所有的 API 请求均向 API 服务器提供资源的完整配置清单。不向用户随意提供方便使用的 API 是有意为之的，结果是 Kubernetes 用户在本质上被迫进入了声明式的操作模式，这导致他们需要将这些声明式规格配置存储在某个地方。Git 成为存储这些规格配置的自然媒介，随之 GitOps 也成为从 Git 部署这些清单的原生交付工具。

2.5　CI/CD入门

现在你已经了解了 Kubernetes 控制器的基本架构和原理，以及 Kubernetes 为何非常适合 GitOps，是时候实现你自己的 GitOps Operator 了。在本节中，我们首先创建一个基础的 GitOps Operator 来驱动持续交付。下面是一个示例，说明如何将持续集成（CI）与基于 GitOps 的持续交付（CD）解决方案集成。

2.5.1　基本的 GitOps Operator

要实现自己的 GitOps Operator，你需要实现一个持续运行的控制循环，该循环执行

图 2.8 中所示的三个步骤。

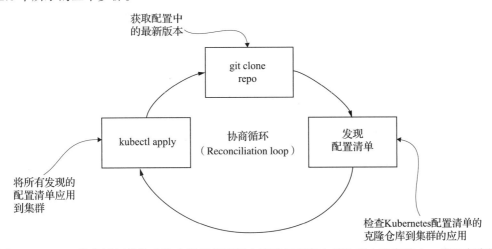

获取配置中
的最新版本

git clone
repo

kubectl apply

协商循环
（Reconciliation loop）

发现
配置清单

将所有发现的
配置清单应用
到集群

检查Kubernetes配置清单的
克隆仓库到集群的应用

图 2.8　GitOps 协商循环首先克隆仓库以将配置仓库的最新版本提取到本地存储中。接下来清单
　　　　发现步骤遍历克隆仓库的文件系统，寻找所有的 Kubernetes 配置清单以应用于集群。最
　　　　后 kubectl apply 步骤通过将所有发现的配置清单应用到集群来实际执行部署

　　尽管此控制循环可以通过多种方式实现，但最简单的是基于 Kubernetes CronJob 实现
（见代码 2.6）。

代码 2.6　CronJob GitOps Operator（http://mng.bz/0myz）

```yaml
apiVersion: batch/v1beta1
kind: CronJob
metadata:
  name: gitops-cron
  Namespace: gitops
spec:
  schedule: "*/5 * * * *"
  concurrencyPolicy: Forbid
  jobTemplate:
    spec:
      backoffLimit: 0
      template:
        spec:
          restartPolicy: Never
          serviceAccountName: gitops-serviceaccount
          containers:
          - name: gitops-operator
            image: gitopsbook/example-operator:v1.0
            command: [sh, -e, -c]
            args:
            - git clone https://github.com/gitopsbook/sample-app-
          deployment.git /tmp/example &&
              find /tmp/example -name '*.yaml' -exec kubectl apply -f {} \;
```

每5分钟执行一次
GitOps协商循环

防止Job的并发执行

不重试失败的Job，因为这是一个
重复的CronJob，重试会自然发生

完成后不重新启动容器

一个具有足够权
限的Kubernetes
服务账户，可以
在集群中创建和
修改对象

预加载了git、find和kubectl
二进制文件的Docker镜像

command和args字段包含GitOps
协商循环的实际逻辑

该任务的模板规格配置包含 Operator 的逻辑。`gitops-cron CronJob` 包含控制循环逻辑，它定期将清单从 Git 部署到集群。`schedule` 字段是 `cron` 的一个表达式，在本例中它将每 5 分钟执行一次作业。将 `concurrencyPolicy` 设置为 `Forbid` 用来防止作业的并发执行，它支持在当前作业执行完成之前不会启动下一个。请注意，只有在单次执行时间超过 5 分钟时才会发生这种情况。

`jobTemplate` 是 Kubernetes Job 模板规格配置。Job 模板规格配置包含一个 Pod 的模板规格配置（`jobTemplate.spec.template.spec`），这与你在为 Deployment、Pod 和 Job 等编写 Kubernetes 清单时熟知的规格配置相同。`backoffLimit` 指定在将作业视为失败之前的重试次数，零值意味着它不会重试。由于这是一个循环的 CronJob，重试会自然发生，所以不需要立即重试。需要一个 `Never` 的 `restartPolicy` 来防止 Job 在完成时重新启动容器，毕竟重启是容器的正常行为。`serviceAccountName` 字段引用了一个 Kubernetes 的服务账户，该账户具有足够的权限来创建和修改集群中的对象。由于此 Operator 可能会部署任何类型的资源，因此 gitops-operator 服务账户应绑定到管理员级别的 ClusterRole。

`command` 和 `args` 字段包含 GitOps 协商循环的实际逻辑。它只包含两个命令：

❑ `git clone`：将最新的仓库克隆到本地存储。

❑ `find`：在 repo 中发现 YAML 文件，并对找到的每个 YAML 文件执行 `kubectl apply` 命令。

只需简单将 CronJob 应用到集群就可以使用它，但注意，你首先需要应用下列支撑性的资源（见代码 2.7）。

代码 2.7　CronJob GitOps 资源（http://mng.bz/KMln）

```
apiVersion: v1               ← 命名空间gitops是CronJob和
kind: Namespace                ServiceAccount所在的地方
metadata:
  name: gitops

---
apiVersion: v1
kind: ServiceAccount         ← ServiceAccount（gitops-serviceaccount）是
metadata:                      有权限部署到集群的Kubernetes服务账户
  name: gitops-serviceaccount
  Namespace: gitops

---
apiVersion: rbac.authorization.k8s.io/v1   ← ClusterRoleBinding（gitops-operator）
kind: ClusterRoleBinding                      将集群管理员级别的权限绑定/授予
metadata:                                     ServiceAccount（gitops-serviceaccount）
  name: gitops-operator
roleRef:
  apiGroup: rbac.authorization.k8s.io
  kind: ClusterRole
  name: admin
subjects:
- kind: ServiceAccount
```

```
name: gitops-serviceaccount
Namespace: gitops
```

多资源 YAML 文件　通过将多个资源在同一个文件中（在 YAML 中用 --- 分隔）分组，可以简化对多个资源的管理。代码 2.7 是单个 YAML 文件中定义多个相关资源的示例。

这个例子很粗糙，旨在说明 GitOps 持续交付 Operator 的基本概念，它不适用于任何实际的生产用途，因为它缺乏实际生产环境中所需的许多功能。例如，它不能删除任何不在 Git 中定义的资源，另一个限制是它不处理连接到 Git 存储库所需的任何凭据。

练习 2.5　修改 CronJob 以指向你自己的 GitHub 仓库，应用新的 CronJob，并将 YAML 文件添加到你的存储库，验证是否创建了相应的 Kubernetes 资源。

2.5.2　持续集成流水线

在上一小节中，我们实现了一个基本的 GitOps CD 机制，该机制持续将 Git 存储库中的配置清单交付到集群。下一步是将此过程与 CI 流水线集成，该流水线发布新的容器镜像，并使用新镜像更新 Kubernetes 配置清单（见图 2.9）。GitOps 与任何 CI 系统都可以很好地集成，因为该 CI 过程或多或少与典型的构建流水线相同。主要区别在于 CI 流水线不是直接与 Kubernetes API 服务器通信，而是将所需的更改提交到 Git 中。在稍后某个时间，新的更改将被 GitOps Operator 检测到并应用。

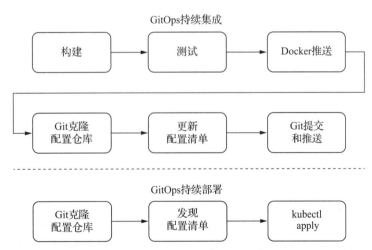

图 2.9　GitOps CI 流水线与典型的 CI 流水线类似。代码被构建和测试，然后制品（一个带标记的 Docker 镜像）被推送到镜像仓库。GitOps CI 流水线额外的步骤，会使用最新的镜像标签更新配置存储库中的配置清单，此更新会触发 GitOps CD 作业以将更新的清单应用到集群

GitOps CI 流水线的目标是：
❑ 构建你的应用程序并根据需要运行单元测试。

❑ 将新的容器镜像发布到镜像仓库。

❑ 更新 Git 中的 Kubernetes 配置清单以对应新镜像。

代码 2.8 是在 CI 流水线中实现此目的执行的一系列典型的命令。

代码 2.8　GitOps CI 示例（http://mng.bz/9M18）

使用当前commit-SHA的前7个字符作为
版本号，来唯一标识此构建中的制品

```
export VERSION=$(git rev-parse HEAD | cut -c1-7)
make build                         像往常一样构建和测试
make test                          应用程序的二进制文件

export NEW_IMAGE="gitopsbook/sample-app:${VERSION}"
docker build -t ${NEW_IMAGE} .
docker push ${NEW_IMAGE}

git clone http://github.com/gitopsbook/sample-app-deployment.git
cd sample-app-deployment

kubectl patch \                    使用新镜像更新清单
  --local \
  -o yaml \
  -f deployment.yaml \
  -p "spec:
        template:
          spec:
            containers:
            - name: sample-app
              image: ${NEW_IMAGE}" \
  > /tmp/newdeployment.yaml
mv /tmp/newdeployment.yaml deployment.yaml

git commit deployment.yaml -m "Update sample-app image to ${NEW_IMAGE}"
git push
```

构建容器镜像，将其推送到
容器镜像仓库，并将唯一版
本号合并为容器镜像标签的
一部分

克隆包含Kubernetes
清单的Git部署存储库

提交清单更改并将其
推送到部署配置仓库

此示例流水线是 GitOps CI 流水线的一种形式。在你想要做出的更匹配你需求的不同选择前，还有一些要点需要强调。

镜像标签和最新标签的陷阱

请注意在示例流水线的前两个步骤中，应用程序 Git 仓库的当前 Git commit-SHA 会被用作版本号变量，随后会将其合并为容器镜像标签的一部分。示例流水线中生成的容器镜像可能类似于 gitopsbook/sample-app:cc52a36，其中 cc52a36 是构建时的 commit-SHA。

在每次构建中都使用不同的唯一版本字符串（如 commit-SHA）很重要，因为该版本号是作为容器镜像标记的一部分合并的。人们常犯的一个错误是使用 latest 作为他们的镜像标签（例如 gitopsbook/sample-app:latest），或在多个构建重复使用相同的镜像标签。一个不成熟的流水线可能会犯以下错误：

```
make build
docker build -t gitopsbook/sample-app:latest
docker push gitopsbook/sample-app:latest
```

出于多种原因，每次的构建都使用重复镜像标签是一种糟糕的做法。

镜像标签不应该被复用的第一个原因是，当容器镜像标签被复用时，Kubernetes 不会将新版本部署到集群中。这是因为第二次尝试应用清单时，Kubernetes 检测不到清单中的任何更改，那么第二次 `kubectl apply` 将不会产生影响。例如，假设构建 #1 发布镜像 `gitopsbook/sample-app:latest`，并将其部署到集群，此 Deployment 配置清单看起来可能是代码 2.9 这样。

代码 2.9　示例应用的 Deployment（http://mng.bz/j4m9）

```
apiVersion: apps/v1
kind: Deployment
metadata:
  name: sample-app
spec:
  replicas: 1
  revisionHistoryLimit: 3
  selector:
    matchLabels:
      app: sample-app
  template:
    metadata:
      labels:
        app: sample-app
    spec:
      containers:
      - image: gitopsbook/sample-app:latest
        name: sample-app
        command:
          - /app/sample-app
        ports:
        - containerPort: 8080
```

当构建 #2 运行时，即使 `gitopsbook/sample-app:latest` 的新容器镜像已推送到容器镜像仓库，应用程序的 Kubernetes 部署 YAML 也与构建 #1 中的相同。从 Kubernetes 的角度来看，Deployment 规格配置是相同的——构建 #1 和构建 #2 中应用的内容没有区别。Kubernetes 将第二个应用程序视为 no-op（无操作）并且什么都不做。要重新部署 Kubernetes，从第一个构建到第二个构建，部署规格配置中的某些内容需要有所不同，而使用唯一的容器镜像标签可确保这些不同。

将唯一版本合并到镜像标签中的另一个原因是它可以实现可追溯性。通过将应用程序的 Git commit-SHA 之类的内容合并到标签中，就不会有任何关于当前在集群中运行的什么软件版本的问题。例如，你可以运行以下 kubectl 命令，它输出命名空间中所有部署的镜像：

```
$ kubectl get deploy -o wide | awk '{print $1,$7}' | column -t
NAME        IMAGES
sample-app  gitopsbook/sample-app:508d3df
```

通过使用容器镜像标签绑定应用程序仓库的 Git commit-SHA 的约定，你可以追溯 `sample-app` 当前运行的版本至提交 `508d3df`，在那里你可以完全了解在集群中运行的应用程序的确切版本。

不重用镜像标签（例如 `latest`）的第三个也可能是最重要的原因是，回滚到旧版本将变得不可能。当你重用镜像标签时，你会覆盖或重写被覆盖镜像的内容。想象以下事件发生顺序：

1. 构建 #1 发布容器镜像 `gitopsbook/sample-app:latest` 并将其部署到集群。

2. 构建 #2 重新发布容器镜像 `gitopsbook/sample-app:latest`，覆盖在构建 #1 中部署的镜像标签，它将此镜像重新部署到集群。

3. 在部署构建 #2 之后的某个时间，发现最新版本的代码中存在严重错误，需要立即回滚到构建 #1 中创建的版本。

没有一个简单的方式可以重新部署在构建 #1 期间创建的 `sample-app` 的版本，因为没有代表该软件版本的镜像标记。第二次构建覆盖了 `latest` 镜像标签，有效地使得原始镜像无法访问（至少在没有极端措施的情况下是无法访问的）。

出于上述原因，至少在生产环境中不建议重复使用镜像标签（如 `latest`）。话虽如此，在开发和测试环境中，不断创建新的和唯一的镜像标签（可能永远不会被清理）可能会导致容器镜像仓库中过多的磁盘使用量，或者仅仅因为大量的镜像标签而变得难以管理。在这些场景中，重用镜像标签可能是合理的，前提是理解 Kubernetes 在两次应用相同规格配置时不会做任何事情的行为就行。

kubectl rollout restart　kubectl 有一个方便的命令 `kubectl rollout restart`，它会将一个部署中所有 Pod 重新启动（即使镜像标签相同），这对镜像标签已被覆盖并需要重新部署的开发和测试场景中很有用。它的工作原理是将任意时间戳注入 Pod 模板元数据注解中，造成 Pod 规格配置与之前的不同，从而促使 Pod 进行常规的滚动更新。

需要注意的一件事是，我们的 CI 示例使用了 Git commit-SHA 作为唯一的镜像标记。但除了 Git commit-SHA，镜像标签可以包含其他任何内容的唯一标识符，例如语义化版本、内部版本号、日期 / 时间字符串，甚至是这些信息的组合。

语义化版本　语义化版本是一种版本控制方法论，它使用三位数约定（MAJOR.MINOR.PATCH）来传达版本的含义（例如 v2.0.1）。当有不兼容的 API 更改时，MAJOR 会增加；当以向后兼容的方式添加新功能时，MINOR 会增加；当存在向后兼容的错误修复时，PATCH 会增加。

2.6　总结

❑ Kubernetes 是用于部署、扩缩和管理容器的编排系统。

❑ Pod、Service 和 Volume 是 Kubernetes 基础对象。

❑ Kubernetes 控制平面由 `kube-apiserver`、`kube-controller-manager` 和 `kube-scheduler` 组成。

❑ `kubelet` 和 `kube-proxy` 在每个 Kubernetes 工作节点运行。

❑ 可以使用 `kubectl port-forward` 从你的计算机访问 Pod 中的运行服务。

❑ 可以使用命令式或声明式语法部署 Pod。命令式部署不是幂等的，声明式部署是幂等的。对于 GitOps，声明式是首选方法。

❑ 控制器是 Kubernetes 中将 `Running` 状态趋向期望状态的大脑。

❑ 通过监视 ConfigMap 的变化来更新 Deployment，可以通过简单的 shell 脚本实现 Kubernetes Operator。

❑ Kubernetes 的配置是声明式的。

❑ GitOps 因 Kubernetes 原生的声明式性质变得突出。

❑ GitOps Operator 根据存储在 Git 中受版本控制的配置文件的变化，来触发对 Kubernetes 集群的部署。

❑ 一个简单的 GitOps Operator 可以通过脚本定期检查 Git 仓库中配置清单的变化来实现。

❑ CI 流水线可以使用脚本实现，其中包含构建 Docker 镜像和使用新镜像标签更新配置清单的步骤。

第二部分 *Part 2*

模式和流程

现在你对 GitOps 和 Kubernetes 有了充分的了解，你已经准备好学习采用 GitOps 所需的模式和流程了。

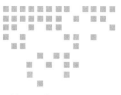

第 3 章

环境管理

本章包括：
- ☐ 理解环境的概念
- ☐ 使用命名空间设计正确的环境
- ☐ 组织 Git 仓库 / 分支策略以支持环境
- ☐ 为环境实施配置管理

在第 2 章中，你学习了 GitOps 如何将应用程序部署到运行时环境中。本章将进一步介绍这些不同的运行时环境，以及 Kubernetes 命名空间是如何定义环境边界的。我们还将了解几个配置管理工具（Helm、Kustomize 和 Jsonnet），以及它们如何帮助在多个环境中统一管理应用程序的配置。

建议你在阅读本章之前阅读第 1 章和第 2 章。

3.1　环境管理简介

在软件部署场景下，环境是代码被部署和执行的地方。在软件开发的生命周期中，不同的环境有不同的作用。例如，本地开发环境（如笔记本电脑）是工程师可以创建、测试和调试新代码的地方。在工程师完成代码开发后，下一步是将修改提交到 Git，并部署到不同的环境进行集成测试和最终的生产发布。这个过程被称为持续集成 / 持续部署（CI/CD），通常由以下环境组成：QA、E2E、Stage 和 Prod。

QA 环境是对新代码进行硬件、数据和其他类似生产环境的依赖测试的地方，以此来确保你服务的正确性。如果所有测试在 QA 环境中通过，新代码将被晋级到 E2E 环境。E2E 环境作为一个稳定的环境，供其他预发布的服务测试 / 集成。QA 和 E2E 环境也被称为非生产 / 生产前（preprod）环境，因为它们不承载生产流量或使用生产数据。

当一个新版本的代码准备在生产环境中发布时，代码通常会先在 Stage 环境中部署（它可以访问真实的生产依赖），以确保在代码在 Prod 环境上线之前所有的生产依赖都已经到位。例如，新的代码可能需要一个新的数据库模式更新，Stage 环境可以用来验证新的模式是否到位。通过配置只把测试流量引向 Stage 环境，这样新代码引入的任何问题都不会影响实际的客户。然而，Stage 环境通常被配置为使用"真正的"生产数据库操作。在 Stage 环境中进行的测试必须被仔细审查，确保它们在生产中可以安全执行。一旦在 Stage 环境中的所有测试通过，新的代码将最终被部署在 Prod 环境，用于实时生产流量。由于 Stage 和 Prod 都可以访问生产数据，因此它们都被认为是生产环境（见图 3.1）。

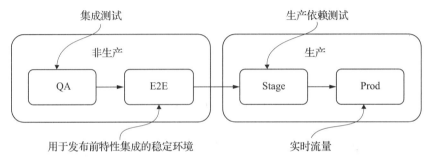

图 3.1　非生产环境包含一个用于集成测试的 QA 环境和一个用于预发布功能集成的 E2E 环境。生产环境可能包含一个用于生产依赖性测试的 Stage 环境和用于实时流量的实际生产环境

3.1.1　环境的组成

一个环境是由三个同样重要的部分组成的：

❑ 代码

❑ 满足先决条件的运行时

❑ 配置

代码是应用程序的机器指令，用于执行特定的任务。为了执行代码，可能还需要有运行时的依赖。例如，Node.js 代码需要 Node.js 二进制文件和其他 npm 包才能成功执行。在 Kubernetes 的例子下，所有的运行时依赖和代码都被打包成一个可部署的单元（又称 Docker 镜像），并通过 Docker 守护进程进行调度（见图 3.2）。从开发者的笔记本电脑到云上运行的生产集群，应用程序的 Docker 镜像可以放心地在任何环境中运行，因为该镜像封装了代码和所有的依赖关系，消除了环境之间潜在的不兼容性。

环境相关的应用程序属性配置通常与代码及运行时依赖一起部署，因此应用程序实例可以按照每个环境进行操作并连接到正确的依赖项。为了隔离数据，每个环境可以包含数据库存储、分布式缓存或消息（如数据）（见图 3.3）。环境也有自己的入站和出站网络策略，用于流量隔离和自定义访问控制。例如，可以配置阻止非生产环境和 Prod 环境之间通信的入站和出站策略以保证安全。访问控制可以配置为只允许一小部分工程师访问生产环境，而非生产环境则可以由整个开发团队访问。

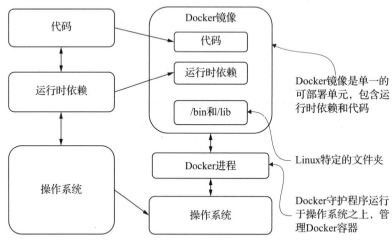

图 3.2　左侧表示基于非容器的部署，在代码部署前需要操作系统和运行时依赖。右边表示的是基于容器的部署，包含代码和运行时依赖

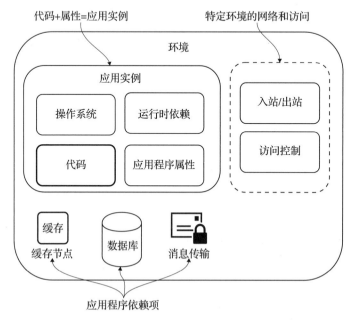

图 3.3　一个环境由应用实例、网络的入站 / 出站、以及保护其资源的访问控制组成。一个环境还包括应用程序的依赖项，如缓存、数据库或消息传输

选择正确的粒度

最终，我们的目标是将所有的新代码部署到生产，以便在通过质量测试后，客户和终端用户可以立即开始使用它。延迟将代码部署到生产，会导致推迟新代码实现中由开发团队创造的商业价值。选择正确的环境颗粒度对于代码的及时部署是至关重要的。需要考虑的因素有：

❏ **发布的独立性**：如果代码需要与其他团队的代码捆绑部署，一个团队的部署周期就会受到其他团队代码准备情况的影响。正确的粒度应该使你的代码能够在不依赖其他团队 / 代码的情况下部署。

❏ **测试边界**：与发布的独立性一样，新代码的测试应该独立于其他代码的发布。如果新代码的测试依赖于其他团队 / 代码，发布周期将受制于其他团队 / 代码的准备情况。

❏ **访问控制**：除了对非生产环境和 Prod 环境进行单独的访问控制外，每个环境都可以将访问控制限制为只有在代码库上活跃工作的团队。

❏ **隔离**：每个环境是一个逻辑工作单元，应该与其他环境隔离，以避免"近邻干扰"问题，并且出于安全原因限制来自不同环境的访问。

3.1.2　命名空间管理

命名空间是 Kubernetes 中一种适合支持环境的原生结构，它们允许在多个团队或项目之间划分集群资源。命名空间为独立的资源命名、资源配额、RBAC、硬件隔离和网络配置提供了一个范围：

Kubernetes 命名空间≈环境

在每个命名空间中，应用程序实例（又称 Pod）是一个或多个 Docker 容器，在部署期间注入了环境特定的应用程序属性。这些应用程序属性定义了环境应如何运行（如功能标志）以及应使用哪些外部依赖（如数据库连接字符串）。

除了应用程序 Pod，命名空间还可能包含用来提供环境所需额外功能的其他 Pod（见图 3.4）。

RBAC 是一种根据企业内独立用户的角色来管理计算机或网络资源访问的方法。在 Kubernetes 中，一个角色包含代表一组权限的规则，权限是纯粹的累加（没有拒绝的规则）。角色可以定义在命名空间内，也可以在整个集群内用 ClusterRole 定义。

命名空间也可以有专门的硬件和网络策略，以根据应用要求优化其配置。例如，CPU 密集型的应用程序可以部署在具有专用多核硬件的命名空间中。另一个需要大量磁盘 I/O 的服务可以部署在另一个带有高速 SSD 的命名空间中。每个命名空间也可以定义其网络策略（入站 / 出站）来限制跨命名空间的流量，或使用未完全限定的 DNS 名称访问集群内的其他命名空间。

将应用部署到不同的两个环境中

在本小节中，你将学习如何使用命名空间来将同一个应用程序部署到两个不同的环境（一个名为 guestbook-qa 的测试环境和一个名为 guestbook-e2e 的非生产端到端环境）中，并进行不同的配置。我们在这个练习中使用的应用程序是 Kubernetes 示例应用程序中的

Guestbook（见图 3.5）[⊖]。

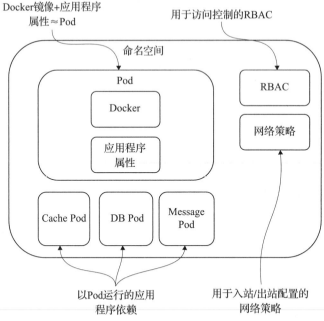

图 3.4 一个命名空间相当于 Kubernetes 中的一个环境。命名空间可以由 Pod（应用实例）、网络策略（入站 / 出站）和 RBAC（访问控制）以及运行在不同 Pod 中的应用依赖组成

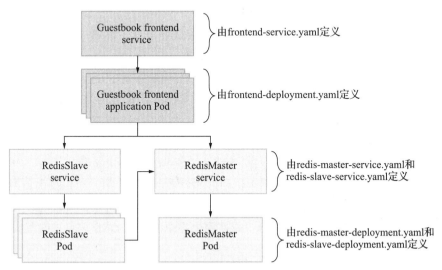

图 3.5 Guestbook 前后端架构将由一个服务用来将 Guestbook 网页前端暴露给实时流量。后台架构由 Redis 主节点和 Redis 从节点组成，用于保存数据

⊖ https://kubernetes.io/docs/tutorials/stateless-application/guestbook

练习概述

1. 创建环境命名空间（guestbook-qa 和 guestbook-e2e）。

2. 将 Guestbook 应用程序部署到 guestbook-qa 环境中。

3. 测试 guestbook-qa 环境。

4. 将 Guestbook 应用程序晋级到 guestbook-e2e 环境。

5. 测试 guestbook-e2e 环境。

验证 Kubernetes 集群连接　在你开始之前，请验证你已经正确配置了 KUBECONFIG 环境变量，以指向所需的 Kubernetes 集群。请参考附录 A 以了解更多信息。

首先，为你的每个 Guestbook 环境创建 guestbook-qa 和 guestbook-e2e 命名空间：

```
$ kubectl create namespace guestbook-qa
namespace/guestbook-qa created
$ kubectl create namespace guestbook-e2e
namespace/guestbook-e2e created
$ kubectl get namespaces
NAME              STATUS    AGE
default           Active    2m27s
guestbook-e2e     Active    9s
guestbook-qa      Active    19s
kube-node-lease   Active    2m30s
kube-public       Active    2m30s
kube-system       Active    2m30s
```

现在你可以使用以下命令将 Guestbook 应用程序部署到 guestbook-qa 环境：

```
$ export K8S_GUESTBOOK_URL=https://k8s.io/examples/application/guestbook
$ kubectl apply -n guestbook-qa -f ${K8S_GUESTBOOK_URL}/redis-master-
    deployment.yaml
deployment.apps/redis-master created
$ kubectl apply -n guestbook-qa -f ${K8S_GUESTBOOK_URL}/redis-master-
    service.yaml
service/redis-master created
$ kubectl apply -n guestbook-qa -f ${K8S_GUESTBOOK_URL}/redis-slave-
    deployment.yaml
deployment.apps/redis-slave created
$ kubectl apply -n guestbook-qa -f ${K8S_GUESTBOOK_URL}/redis-slave-service.yaml
service/redis-slave created
$ kubectl apply -n guestbook-qa -f ${K8S_GUESTBOOK_URL}/frontend-deployment.yaml
deployment.apps/frontend created
$ kubectl apply -n guestbook-qa -f ${K8S_GUESTBOOK_URL}/frontend-service.yaml
service/frontend created
```

在继续之前，让我们测试一下 guestbook-qa 环境是否按预期工作。使用下面的 minikube 命令找到 guestbook-qa 服务的 URL，然后在你的网络浏览器中打开这个 URL：

```
$ minikube -n guestbook-qa service frontend --url
http://192.168.99.100:31671
$ open http://192.168.99.100:31671
```

在 Guestbook 应用程序的信息文本编辑中，输入类似 This is the guestbook-qa environment 的内容，然后按下提交按钮。你的屏幕应该看起来像图 3.6 一样。

图 3.6 当你把你的 Guestbook 应用部署到 QA 时，你可以打开浏览器并提交一个测试信息来验证你的部署

现在我们已经在 guestbook-qa 环境中运行了 Guestbook 应用程序，并测试了它能正常工作，让我们把 guestbook-qa 晋级到 guestbook-e2e 环境。在这种情况下，我们将使用与 guestbook-qa 环境中使用的完全相同的 YAML。该过程类似于你的自动化 CD 流水线的工作方式：

```
$ export K8S_GUESTBOOK_URL=https://k8s.io/examples/application/guestbook
$ kubectl apply -n guestbook-e2e -f ${K8S_GUESTBOOK_URL}/redis-master-
    deployment.yaml
deployment.apps/redis-master created
$ kubectl apply -n guestbook-e2e -f ${K8S_GUESTBOOK_URL}/redis-master-
    service.yaml
service/redis-master created
$ kubectl apply -n guestbook-e2e -f ${K8S_GUESTBOOK_URL}/redis-slave-
    deployment.yaml
deployment.apps/redis-slave created
$ kubectl apply -n guestbook-e2e -f ${K8S_GUESTBOOK_URL}/redis-slave-
    service.yaml
service/redis-slave created
$ kubectl apply -n guestbook-e2e -f ${K8S_GUESTBOOK_URL}/frontend-
    deployment.yaml
deployment.apps/frontend created
$ kubectl apply -n guestbook-e2e -f ${K8S_GUESTBOOK_URL}/frontend-
    service.yaml
service/frontend created
```

非常棒！现在 Guestbook 应用程序已经被部署到 guestbook-e2e 环境中了。现在让我们测试一下 guestbook-e2e 环境是否正常工作：

```
$ minikube -n guestbook-e2e service frontend --url
http://192.168.99.100:31090
$ open http://192.168.99.100:31090
```

与你在 guestbook-qa 环境中所做的类似，在信息文本编辑中输入类似 `This is the guestbook-e2e environment, NOT the guestbook-qa environment!` 的内容，然后按下 Submit 按钮。你的屏幕应该看起来像图 3.7 一样。

这里重要的是意识到，你有完全相同的应用程序运行在由 Kubernetes 命名空间定义的两个不同环境中。需要注意每个应用程序都在维护其数据的独立副本，如果你在 QA Guestbook 中输入一条信息，它不会显示在 E2E Guestbook 中，因为这是两个不同的环境。

图 3.7　当你把 Guestbook 应用部署到 E2E 时，可以打开浏览器并提交一个测试信息来验证你的部署

练习 3.1　现在你已经创建了两个非生产环境：guestbook-qa 和 guestbook-e2e。在一个新的生产集群中创建两个额外的生产环境：guestbook-stage 和 guestbook-prod。

提示　你可以用命令 `minikube start -p production` 创建一个新的 minikube 集群，并使用 `kubectl config use-context <name>` 在它们之间切换。

> **案例研究：Intuit 环境管理**
> 在 Intuit 中，我们在每个 AWS 区域中按照每个服务和每个环境组织命名空间，并将非生产集群和生产集群分开。一个典型的服务将有 6 个命名空间：QA、E2E、Stage/Prod West 和 Stage/Prod East。QA 和 E2E 命名空间将在非生产集群中，对相应的团队开放访问。Stage/Prod West 和 Stage/Prod East 将在生产集群中，有限制的访问。⊖

3.1.3　网络隔离

为部署应用程序去定义环境的一个关键点，目的是确保只有特定的客户可以访问特定的环境。默认情况下，所有的命名空间都可以连接到所有其他命名空间中运行的服务。但是在两个不同环境（比如 QA 和 Prod）的情况下，你不希望这些环境之间出现交叉访问。幸运的是，可以应用命名空间网络策略，限制命名空间之间的网络通信。让我们看看如何将一个应用程序部署到两个不同的命名空间，并使用网络策略控制访问。

我们将了解在两个不同的命名空间中部署服务的步骤，你还将修改网络策略并观察其效果。

⊖　https://www.cncf.io/case-study/intuit

概述

1. 创建环境命名空间（qa 和 prod）。

2. 将 curl 部署到 qa 和 prod 命名空间中。

3. 将 NGINX 部署到 prod 命名空间中。

4. 从 qa 和 prod 命名空间 Curl NGINX（两个都可以）。

5. 阻止从 qa 命名空间进入 prod 命名空间的流量。

6. 从 qa 命名空间 Curl NGINX（被阻止）。

出站 出站流量是指从网络内部开始，通过路由器到达网络外部某个目的地的网络流量。

入站 入站流量是所有来自外部网络的数据通信和网络工作流量组成的网络流量。

验证 Kubernetes 集群连接 在你开始之前，请验证已经正确配置了你的 KUBECONFIG 环境变量，以指向所需的 Kubernetes 集群（见图 3.8）。请参考附录 A 以了解更多信息。

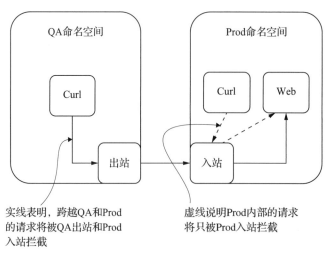

图 3.8 对于 QA 的 Curl Pod 访问 Prod 的 Web Pod，Curl Pod 需要通过 QA 的出站到达 Prod 的入站，然后 Prod 入站处将流量路由到 Prod 的 Web Pod

首先，为你的每个环境创建命名空间：

```
$ kubectl create namespace qa
namespace/qa created
$ kubectl create namespace prod
namespace/prod created
$ kubectl get namespaces
NAME                STATUS    AGE
qa                  Active    2m27s
prod                Active    9s
```

现在我们将在两个命名空间中创建 Pod，在那里可以运行 Linux 命令 curl（curlpod. yaml 见代码 3.1）：

```
$ kubectl -n qa apply -f curlpod.yaml
$ kubectl -n prod apply -f curlpod.yaml
```

代码 3.1 curlpod.yaml

```yaml
apiVersion: v1
kind: Pod
metadata:
  name: curl-pod
spec:
  containers:
  - name: curlpod
    image: radial/busyboxplus:curl
    command:
    - sh
    - -c
    - while true; do sleep 1; done
```

在 prod 命名空间，我们将运行一个 NGINX 服务器，它将接收 curl 发送的 HTTP 请求（web.yaml 见代码 3.2）：

```
$ kubectl -n prod apply -f web.yaml
```

代码 3.2 web.yaml

```yaml
apiVersion: v1
kind: Pod
metadata:
  name: web
spec:
  containers:
  - image: nginx
    imagePullPolicy: Always
    name: nginx
    ports:
    - containerPort: 80
      protocol: TCP
```

默认情况下，在一个命名空间中运行的 Pod 可以往不同命名空间中运行的其他 Pod 发送网络流量。让我们通过从 qa 命名空间的 Pod 到 prod 命名空间的 NGINX Pod 执行一条 curl 命令来证明这一点：

```
                                                      ┌ 获取web Pod
$ kubectl describe pod web -n prod | grep IP     ◄────┤ IP地址         ┌ 返回
                                                                      ┤ HTTP 200
$ kubectl -n qa   exec curl-pod -- curl -I http://<web pod ip>  ◄─────┘
                                                                      ┌ 返回
$ kubectl -n prod  exec curl-pod -- curl -I http://<web pod ip>  ◄────┤ HTTP 200
```

通常情况下，你不希望你的 qa 和 prod 环境之间有依赖关系。如果应用程序的两个实例都配置正确，那么 qa 和 prod 之间就不会有依赖关系，但是如果 qa 的配置中存在一个错误，它意外地将流量发送到 prod 呢？你有可能会破坏生产数据。甚至在生产环境中，如果一个环境运行着你的营销网站，而另一个环境运行着有敏感数据的人力资源应用，那该怎么办？

在这些情况下，阻止命名空间之间的网络流量或只允许特定命名空间之间的网络流量可能是合理的。这些可以通过向命名空间添加 NetworkPolicy 来实现。

让我们在每个命名空间的 Pod 上添加一个 NetworkPolicy：

```
$ kubectl apply -f block-other-namespace.yaml
```

容器网络接口 只有在配置了容器网络接口（CNI）⊖的情况下才能支持网络策略 [minikube 和 Docker Desktop 都不支持（minikube 默认 CNI 为 Kindnet，不支持 NetworkPolicy，可参考 https://minikube.sigs.k8s.ioldocs/handbook/network-policy/ 开启）]。更多信息请参考附录 A，以测试网络策略的配置（见代码 3.3）。

代码 3.3　网络策略（http://mng.bz/WdAX）

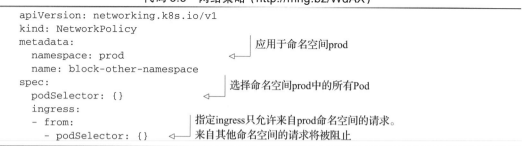

```
apiVersion: networking.k8s.io/v1
kind: NetworkPolicy
metadata:                          应用于命名空间prod
  namespace: prod
  name: block-other-namespace
spec:                              选择命名空间prod中的所有Pod
  podSelector: {}
  ingress:
  - from:                          指定ingress只允许来自prod命名空间的请求。
    - podSelector: {}              来自其他命名空间的请求将被阻止
```

此 NetworkPolicy 应用于 prod 命名空间，只允许来自 prod 命名空间的入站流量（进入的网络流量）。正确地使用 NetworkPolicy 约束是定义环境边界的一个关键点。

随着 NetworkPolicy 的应用，我们可以重新运行我们的 curl 命令，以验证每个命名空间现在与其他命名空间是隔离的：

```
                                                      来自命名空间qa的
$ kubectl -n qa exec curl-pod -- curl -I http://<web pod ip>    Curl被阻止了！
$ kubectl -n prod exec curl-pod -- curl -I http://<web pod ip>
                                                      返回HTTP 200
```

3.1.4　非生产集群和生产集群

现在你知道了如何使用命名空间创建多个环境，使用一个集群并在该单一集群上创建所有你需要的环境似乎是一件轻而易举的事情。例如，你可能需要 QA、E2E、Stage 和 Prod 环境，以满足你的应用程序。然而，根据你的具体使用情况，这可能不是最好的方式。我们的建议是有两个集群来托管你的环境，一个非生产集群用于非生产环境，一个生产集群用于生产环境。

有两个独立的集群来托管你的环境的主要原因是保护你的生产环境不被意外中断，或其他正在非生产环境进行的工作影响。

⊖　http://mng.bz/8N1g

亚马逊网络服务（AWS）中的集群隔离　在 AWS 中，可以为 preprod 和 prod 创建单独的 VPC（虚拟私有云）作为逻辑边界来隔离流量和数据。为了实现更强的隔离和更多对生产凭证和访问的控制，独立的生产 VPC 应该托管在不同的生产 AWS 账户中。

有人可能会问，为什么我们要有这么多的环境，并将非生产和生产集群分开。简单的回答是，在发布到生产集群之前，需要一个非生产集群来测试代码。在 Intuit，我们用 QA 环境进行集成测试，E2E 环境作为稳定环境为其他服务来测试预发布功能。如果你正在做多分支的并行开发，你也可以为每个分支配置额外的预开发测试环境。

Kubernetes 的配置管理的一个关键优势是，由于它使用 Docker 容器，它是不可变的可移植镜像，环境之间部署的唯一区别是命名空间配置、环境特定属性和应用程序的依赖性，如缓存或数据库。Preprod 测试可以验证你的服务代码的正确性，而生产集群中的 Stage 环境可以用来验证你的应用程序依赖的正确性。

非生产集群和生产集群应该遵循同样的安全最佳实践和操作的严格性。如果非生产集群的操作标准与生产集群相同，安全问题就可以在开发周期的早期被发现，并且开发者的生产效率也不会被打断。

3.2　Git 策略

出于以下原因，我们强烈建议使用单独的 Git 仓库来保存 Kubernetes 清单（又称配置），并将配置与应用程序的源代码分开：

- ❑ 它提供了应用程序代码和应用程序配置的整洁分离。有些时候，你希望在不触发整个 CI 构建的情况下修改清单。例如，如果你只是想增加 Deployment 规格配置中的副本数量，你可能不想触发构建。

  应用配置与机密　在 GitOps 中，应用配置一般不包括机密，因为用 Git 来存储机密是一种不好的做法。有几种处理敏感信息（密码、证书等）的方法，第 7 章会详细讨论。

- ❑ 审计日志更清晰。出于审计的目的，一个只保存配置的仓库会有一个更清晰的 Git 历史记录，其中没有因常规开发活动而产生的签入噪音。

- ❑ 你的应用可能由多个 Git 仓库构建的服务组成，但作为一个单元部署。通常情况下，微服务应用程序由具有不同版本结构和发布周期的服务组成（如 ELK、Kafka 和 Zookeeper）。将清单存储在单个组件的某个源代码库中可能并不合理。

- ❑ 访问是分离的。开发应用程序的开发人员不一定是能够 / 应该推送到生产环境的人，无论是有意还是无意。拥有独立的存储库允许提交权限设置给源代码库，而不是应用配置库，后者可以分配给更特定的团队成员。

- ❑ 如果你的 CI 流水线是自动化的，把清单的变化推送到同一个 Git 仓库，会触发无限循环的构建工作和 Git 提交触发。有一个单独的仓库来推送配置变更，可以防止这种情况发生。

对于代码仓库，你可以使用任何你喜欢的分支策略（如 GitFlow），因为它只用于 CI。对于你的配置仓库（将用于你的 CD），你需要根据你的组织规模和工具来考虑以下策略。

3.2.1 单分支（多目录）

在单分支策略（见图 3.9）下，主干分支将始终包含每个环境中使用的精确配置。所有环境都有一个默认的配置，并在不同环境的特定目录中定义了特定环境的配置叠加。单分支策略可以被 Kustomize（见 3.3 节）这样的工具轻松支持。

图 3.9　单分支策略将有一个主干分支和一个针对每个环境的子目录。每个子目录将包含特定环境的覆盖层

在我们的 CI/CD 例子中，我们将为 qa、e2e、stage 和 prod 建立特定环境的覆盖目录（见图 3.10）。每个目录将包含特定环境的设置，如副本数、CPU 和内存要求 / 限制。

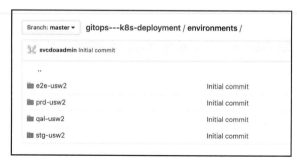

图 3.10　带有 qa、e2e、stage 和 prod 子目录的例子。每个子目录将包含副本数、CPU 和内存要求 / 限制等叠加信息

3.2.2 多分支

使用多分支策略，每个分支相当于一个环境（见图 3.11）。这样做的好处是，每个分支都有确切的环境清单，而不需要使用任何工具，如 Kustomize。每个分支也会有单独的提交历史，以便在需要时进行审计跟踪和回滚。缺点是，由于 Kustomize 等工具不能用于 Git 分支，所以环境之间不能共享共同的配置。

有可能在多个分支之间合并共同的基础设施变化。假设一个新的资源需要被添加到所有环境中。在这种情况下，该资源可以首先被添加到 QA 分支并进行测试，然后在完成适当的测试后，将其合并（cherry-pick）到剩下的每个分支。

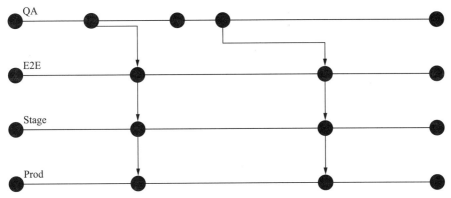

图 3.11 在多分支策略中，每个分支相当于一个环境。每个分支都将包含确切的清单，而不是叠加信息

3.2.3 多代码库与单一代码库

如果你是在一个只有单个 scrum 团队的初创环境中，你可能不希望（或不需要）多个仓库的复杂性。你的所有代码可以放在一个代码库中（见图 3.12），所有的部署配置都放在一个部署库中。但是，如果你在一个有几十个（或几百个）开发人员的企业环境中，你可能希望有多个仓库，以便团队之间可以互相解耦，并以自己的速度运作。例如，组织内的不同团队对他们的代码会有不同的节奏和发布过程。如果使用单一的配置代码库，一些功能可能已经完成了几周，但需要等待预定的发布日期。这可能意味着延迟将功能送到终端用户手中和发现潜在的代码问题。回滚也是有问题的，因为一个代码缺陷将需要回滚每个团队的所有修改。

使用多个代码库的另一个考量是根据

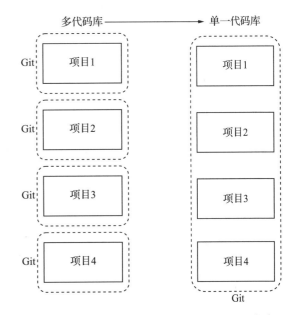

图 3.11 单一代码库是包含多个项目的 Git 仓库。多代码库策略中每个项目有一个专门的 Git 仓库

能力来组织应用程序。如果代码库聚焦在分散的可部署能力上，那么在团队之间转移这些能力的责任就会更容易（比如在重组之后）。

3.3 配置管理

正如我们在 3.1 节的教程和练习中所看到的，环境配置管理可以简单到为每个环境建立一个目录，其中包含所有应部署的资源的 YAML 清单。这些 YAML 清单中的所有值都可以硬编码为该环境所需的特定值。要进行部署，可以运行 `kubectl apply -f <directory>`。

然而现实是，以这种方式管理多个配置，很快就会变得笨重且容易出错。如果你需要添加一个新的资源呢？你需要确保将该资源添加到每个环境的 YAML 中。如果该资源需要特定的属性（如副本）在不同的环境下有不同的值，怎么办？你需要仔细地在所有正确的文件中进行所有正确的定制。

有不少工具已经被开发出来以满足配置管理的需要。我们将在本节后面逐一评测较为流行的配置管理工具。但首先，让我们讨论一下，在选择使用哪种特定工具时应该考虑哪些因素。

好的 Kubernetes 配置工具具有以下特性：

❑ 声明式：配置是明确的、确定的，并且不依赖于系统。

❑ 可读性：配置是以一种易于理解的方式编写的。

❑ 灵活性：该工具有助于促进而不是妨碍完成你想做的事情。

❑ 可维护：该工具应促进重用和可组合性。

Kubernetes 的配置管理之所以如此具有挑战性，有几个原因：听起来很简单的部署应用程序的行为，可能有极大的不同，甚至是对立的要求，而单一的工具很难适应所有这些要求。想象一下以下用例：

❑ 集群运维人员将现成的第三方应用程序（如 WordPress）部署到他们的集群中，这些应用程序几乎没有任何定制。这个用例最重要的标准是容易从上游来源接收更新，并尽可能快速和无缝地升级他们的应用程序（新版本、安全补丁等）。

❑ 一个软件即服务（SaaS）应用程序开发人员将其定制的应用程序部署到一个或多个环境（Dev、Staging、Prod-West、Prod-East）中。这些环境可能分布在不同的账户、集群和命名空间。它们之间有细微的差别，因此配置重用是最重要的。对于这个用例，重要的是能通过他们代码库中的 Git 提交，以完全自动化的方式部署到每个环境中，并以直接和可维护的方式管理这些环境。这些开发者对他们发布的语义化版本不感兴趣，因为他们可能每天都要部署多次。主版本、次版本和补丁版本的概念基本上对他们的应用没有意义。

正如你所看到的，这些是完全不同的用例。而且更常见的是，擅长某一场景的一个工具，并不能很好地处理另一个。

3.3.1　Helm

不管你爱不爱它，Helm 作为出场的第一个配置工具，是 Kubernetes 生态系统中不可或缺的一部分，而且你有可能在某个时候已经通过运行 `helm install` 来安装了一些东西。

关于 Helm 需要注意的是，它的自我描述是 Kubernetes 的一个软件包管理程序，并未声称是一个配置管理工具。然而，由于许多人正是为了配置管理这个目的而使用 Helm 模板，所以它被纳入了该讨论范围。这些用户最终总是维护多个 values.yaml，每个环境一个（比如 values-base.yaml、values-prod.yaml 和 values-dev.yaml），然后将他们的图表（chart）参数化，这样就可以在图表中使用特定环境的值。这种方法或多或少是可行的，但它使模板变得笨重，因为 Go 模板是扁平的，需要支持每个环境的每一个可能的参数最终使整个模板充满了 {{-if / else}} 开关。

好处：

❑ 总有一个图表可以用。毋庸置疑，Helm 最大的优势在于其优秀的图表库。就在最近，我们需要运行一个高可用的 Redis，没有持久化卷，仅作为一个随机的缓存。可以说，只要把 redis-ha 图表扔进你的命名空间，设置 persistentVolume.enabled: false，然后将你的服务指向它，某些人就已经完成了如何在 Kubernetes 集群上可靠运行 Redis 的艰苦工作。

坏处：

❑ Go 模版。从来没有人说过"看那美丽而优雅的 Helm 模板！"。众所周知，Helm 模板存在可读性问题。我们不怀疑这个问题会随着 Helm 3 对 Lua 的支持而得到解决，但在那之前，好吧，我们希望你喜欢大括号。

❑ 复杂的 SaaS CD 流水线。对于 SaaS CI/CD 流水线，假设你是按照预期的方式使用 Helm（即通过运行 helm install/upgrade），流水线中的自动部署可能有几种方式。在最好的情况下，从你的流水线中部署将是如此简单：

```
$ docker push mycompany/guestbook:v2
$ helm upgrade guestbook --set guestbook.image.tag=v2
```

但在最坏的情况下，如果现有的图表参数不能支持你所期望的清单变化，你就会通过打包一个新的 Helm 图表，提升其语义版本，将其发布到图表仓库，并通过 Helm 升级重新部署来完成整个过程。在 Linux 世界中，这就好比构建一个新的 RPM，将 RPM 发布到 Yum 仓库，然后运行 yum install，这样你就可以将你的新 CLI 放入 /usr/bin。虽然这种模式对于打包和发布来说非常有效，但对于定制的 SaaS 应用来说，这是一种不必要的复杂且迂回的部署方式。出于这个原因，许多人选择运行 helm template，并将输出结果通过管道输送到 kubectl apply，但那样的话，你最好使用其他一些专门为此目的设计的工具。

❑ 默认情况下是非声明性的。如果你曾经在你的 Helm 部署中添加了 --set param=value，我很遗憾地告诉你，你的部署过程不是声明性的。这些值只记录在 Helm 的 ConfigMap 中（也许还有你的 Bash 历史），所以希望你在某个地方写下这些值。如果你需要从头开始重建你的集群时，就很不理想。一个稍微好一点的方法是把所有的参数记录在一个新的自定义的 values.yaml 中，你可以存储在 Git 中，并使用 -f my-values.yaml 进行部署。然而，当你从 Helm 稳定版仓库部署一个现成的（off-the-shelf, OTS）图表时，这就很烦人了，因为你没有一个明显的地方可以把 values.

yaml 和相关的图表并排存放。我想出的最好的解决办法是，用上游图表作为依赖，组成一个新的图表。除了 sed，我们还没有找到一种公认的方法能够在流水线中使用一行命令更新 values.yaml 中的参数。

非生产环境与生产环境下使用 Helm 时的配置清单

在这个练习中，我们将利用本章前面部署的 Guestbook 应用，并使用 Helm 来管理它在不同环境下的配置。

Helm 使用代码 3.4 所示的目录结构来构建其图表。

代码 3.4　Helm chart 目录结构

```
.
├── Chart.yaml        ◁── Chart.yaml是Helm Chart的描述      ─ 一个模板目录，当与数值结合时，
├── templates                                                将生成有效的Kubernetes清单文件
│   └── guestbook.yaml      ◁
├── values-prod.yaml       ─ 图表的不同配置值，可
└── values-qa.yaml    ◁     用于特定环境的配置
```

Helm 模板文件使用一种文本模板语言来生成 Kubernetes YAML。Helm 模板文件看起来像 Kubernetes YAML，但在整个文件中加入了模板变量。因此，即使是一个基本的 Helm 模板文件，最终也是这样的（见代码 3.5）。

代码 3.5　示例应用的 Helm 模版

```
apiVersion: apps/v1
kind: Deployment
metadata:
  name: {{ include "sample-app.fullname" . }}
  labels:
    {{- include "sample-app.labels" . | nindent 4 }}
spec:
  selector:
    matchLabels:
      {{- include "sample-app.selectorLabels" . | nindent 6 }}
  template:
    metadata:
    {{- with .Values.podAnnotations }}
      annotations:
        {{- toYaml . | nindent 8 }}
    {{- end }}
      labels:
        {{- include "sample-app.selectorLabels" . | nindent 8 }}
    spec:
      containers:
        - name: {{ .Chart.Name }}
          image: "{{ .Values.image.repository }}:{{ .Values.image.tag |
default .Chart.AppVersion }}"
        {{- with .Values.environmentVars }}
          env:
            {{- toYaml . | nindent 12 }}
        {{- end }}
```

正如你所看到的，Helm 模板的可读性不高。但是它们非常灵活，因为最终产生的 YAML 可以按照用户的任意要求进行定制。

最后，当使用 Helm 图表定制一个特定的环境时，会创建一个环境特定的值（values）文件，其中包含用于该环境的值。例如，对于本应用程序的生产版本，值文件可能看起来像代码 3.6 这样。

代码 3.6　示例应用的 Helm 值文件

```
# Default values for sample-app.
# This is a YAML-formatted file.
# Declare variables to be passed into your templates.

image:
  repository: gitopsbook/sample-app
  tag: "v0.2"                          ← 覆盖镜像标签，其默认值
                                         为chart的appVersion
nameOverride: "sample-app"
fullnameOverride: "sample-app"

podAnnotations: {}

environmentVars: [                     ← 设置DEBUG
  {                                      环境变量为true
    name: "DEBUG",
    value: "true"
  }
]
```

最终的 qa 清单可以通过以下命令安装到 minikube 的 qa-helm 命名空间中：

```
$ kubectl create namespace qa-helm
$ helm template . --values values.yaml | kubectl apply -n qa-helm -f -
deployment.apps/sample-app created
$ kubectl get all -n qa-helm
NAME                              READY    STATUS        RESTARTS    AGE
pod/sample-app-7595985689-46fbj   1/1      Running       0           11s

NAME                              READY    UP-TO-DATE    AVAILABLE   AGE
deployment.apps/sample-app        1/1      1             1           11s

NAME                                        DESIRED   CURRENT   READY   AGE
replicaset.apps/sample-app-7595985689       1         1         1       11s
```

练习 3.2　在前面的教程中，我们使用 Helm 为 QA 和 Prod 环境的 Guestbook 镜像标签设置了参数。为每个 Guestbook 部署所需的副本数量添加额外的参数。设置 QA 的副本数量为 1，Prod 为 3。

3.3.2　Kustomize

Kustomize 是基于 Brian Grant 关于声明式应用管理的优秀论文中描述的设计原则而创

建的[⊖]。我们已经看到在项目诞生的 8 个月里，Kustomize 的人气急剧上升，而且它已经被并入了 kubectl 命令。不言而喻，无论你是否同意它的并入，Kustomize 现在将成为 Kubernetes 生态系统的永久支柱，并将成为用户对配置管理的默认选择。是的，成为 kubectl 的一部分是有帮助的！

好处：

❑ 没有参数和模板。Kustomize 应用程序非常容易推导，而且真的很容易看懂。它是你能得到的最接近 Kubernetes YAML 的东西，因为你为自定义编写的覆盖物只是 Kubernetes YAML 的子集。

坏处：

❑ 没有参数和模板。使 Kustomize 应用程序如此可读的同一属性也会使它受到限制。例如，我最近试图让 Kustomize CLI 为自定义资源设置一个镜像标签，而不是部署，但无法做到。Kustomize 确实有一个 vars 的概念，它看起来很像参数，但不知为什么不是，而且只能在 Kustomize 认可的字段路径白名单中使用。我们曾觉得这是一个能使复杂的事情变得简单的解决方案时，但最终却使简单的事情变得复杂。

非生产环境与生产环境下使用 Kustomize 时的配置清单

在这个练习中，我们将使用稍后在第三部分用到的相同的示例应用程序，并使用 Kustomize 来部署它。

我们将把我们的配置文件组织到代码 3.7 所示的目录结构中。

代码 3.7　Kustomize 目录结构

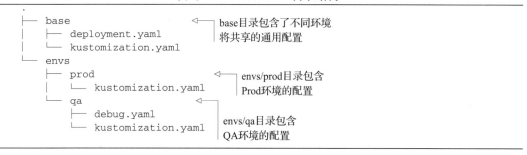

base 目录中的清单包含了所有环境通用的所有资源。在这个简单的例子中，我们有一个部署资源（见代码 3.8）。

代码 3.8　base 部署

```
apiVersion: apps/v1
kind: Deployment
metadata:
```

⊖　https://github.com/kubernetes/community/blob/master/contributors/design-proposals/architecture/declarative-application-management.md

```
       name: sample-app
spec:
  replicas: 1
  revisionHistoryLimit: 3
  selector:
    matchLabels:
      app: sample-app
  template:
    metadata:
      labels:
        app: sample-app
    spec:
      containers:
      - command:
        - /app/sample-app
        image: gitopsbook/sample-app:REPLACEME  ◁──┐
        name: sample-app
        ports:
        - containerPort: 8080
```

> 在基本配置中定义的镜像是不相关的。这个版本的镜像将永远不会被部署，因为本例中的子覆盖环境将覆盖这个值

要使用 base 目录作为其他环境的基础，该目录中必须有一个 kustomization.yaml。代码 3.9 可能是最简单的 kustomization.yaml。它仅仅列出了 guestbook.yaml 作为构成该应用程序的单一资源。

代码 3.9 base Kustomization

```
apiVersion: kustomize.config.k8s.io/v1beta1
kind: Kustomization


resources:
- deployment.yaml
```

现在我们已经建立了 kustomize base 目录，我们可以开始定制我们的环境。为了定制和修改特定环境的资源，我们定义了一个叠加目录，它包含了所有我们想要应用在基础资源之上的补丁和定制。第一个叠加目录是 envs/qa 目录，在这个目录里有另一个 kustomization.yaml，它指定了应该应用在基础资源之上的补丁。下面的两个代码提供了一个 qa 覆盖的例子，它包括：

❏ 设置一个不同的 Guestbook 镜像，以便部署到一个新的标签（v0.2）（见代码 3.10）。
❏ 为 Guestbook 容器添加一个环境变量 DEBUG=true（见代码 3.11）。

代码 3.10 QA 环境 Kustomization

```
apiVersion: kustomize.config.k8s.io/v1beta1
kind: Kustomization

bases:
- ../../base

patchesStrategicMerge:
- debug.yaml
```

> bases 引用包含共享配置的 "base" 目录

> debug.yaml 是对 Kustomize 补丁的引用，它将修改 sample-app 部署对象并设置 DEBUG 环境变量

```
images:
- name: gitopsbook/sample-app
  newTag: v0.2
```

images覆盖任何在base中定义的、具有不同
标签或镜像仓库的容器镜像。这个例子用
v0.2覆盖了镜像标签REPLACEME

注意，Kustomize 补丁看起来与实际的 Kubernetes 资源非常相似。这是因为它们实际上是 Kubernetes 资源的不完整版本。

代码 3.11　QA 环境 debug 补丁

```
apiVersion: apps/v1
kind: Deployment
metadata:
  name: sample-app
spec:
  template:
    spec:
      containers:
      - name: sample-app
        env:
        - name: DEBUG
          value: "true"
```

apiVersion组（apps）、种类（Deployment）和
名称（sample-app）是告知Kustomize这个补丁
应该应用于基础配置中的哪个资源的关键信息

名称字段是用来确定哪个
容器将拥有新的环境变量

最后，我们在QA环境中想要的
新的DEBUG环境变量被定义

在所有这些都完成后，我们运行 `kustomize build envs/qa`。这将产生最终为 QA 环境所渲染的清单（见代码 3.12）。

代码 3.12　kustomize build envs/qa

```
$ kustomize build envs/qa
apiVersion: apps/v1
kind: Deployment
metadata:
  name: sample-app
spec:
  replicas: 1
  revisionHistoryLimit: 3
  selector:
    matchLabels:
      app: sample-app
  template:
    metadata:
      labels:
        app: sample-app
    spec:
      containers:
      - command:
        - /app/sample-app
        env:
        - name: DEBUG
          value: "true"
        image: gitopsbook/sample-app:v0.2
        name: sample-app
        ports:
        - containerPort: 8080
```

添加了DEBUG
环境变量

镜像标签被设置为v0.2

最终的 qa 清单可以通过以下命令安装到 qa 命名空间的 minikube 中：

```
$ kubectl create namespace qa
$ kustomize build envs/qa | kubectl apply -n qa -f -
# kubectl get all -n qa
NAME                                     READY     STATUS     RESTARTS     AGE
pod/sample-app-7595985689-46fbj          1/1       Running    0            11s

NAME                              READY     UP-TO-DATE     AVAILABLE     AGE
deployment.apps/sample-app        1/1       1              1             11s

NAME                                     DESIRED     CURRENT     READY     AGE
replicaset.apps/sample-app-7595985689    1           1           1         11s
```

练习 3.3 在前面的教程中，我们使用 Kustomize 为 QA 和 Prod 环境的 Guestbook 镜像标签设置了参数。

提示 创建一个 replica_count.yaml 补丁文件。

为每个示例应用程序部署的副本数添加额外的参数。将 QA 的副本数量设置为 1，Prod 为 3。将 QA 环境部署到 qa 命名空间，将 Prod 环境部署到 prod 命名空间。

练习 3.4 目前，Prod 环境运行示例应用程序的 0.1 版本，QA 运行 0.2 版本。让我们假设已经在 QA 中完成了测试，更新 kustomization.yaml 文件以晋升版本 v0.2 到 Prod 中运行，更新 prod 命名空间中的 Prod 环境。

3.3.3 Jsonnet

Jsonnet 是一种语言，而不是真正的工具。此外，它的使用不是专门针对 Kubernetes 的（尽管它被 Kubernetes 普及了）。认知 Jsonnet 的最好方式是它是一个超级强大 JSON，辅以用合理方法实现的模板。Jsonnet 结合了所有你希望用 JSON 做的事情（注释、文本块、参数、变量、条件、文件导入），没有任何关于 go/Jinja2 模板的令人讨厌的东西，并增加了你甚至不知道你需要或想要的功能（函数、面向对象、混合器）。它以一种声明式和密封式（代码即数据）的方式完成了所有这些工作。

当我们看一个基本的 Jsonnet 文件（见代码 3.13）时，它看起来与 JSON 非常相似。这很合理，因为 Jsonnet 是 JSON 的超集。所有的 JSON 都是有效的 Jsonnet。但是注意到在我们的例子中，也可以在文件中加入注释。如果你已经在 JSON 中管理了足够长的时间，你会立即明白这有多有用！

代码 3.13　基本的 Jsonnet

```
{
    // Look! It's JSON with comments!
    "apiVersion": "apps/v1",
    "kind": "Deployment",
    "metadata": {
```

```
                "name": "nginx"
            },
            "spec": {
                "selector": {
                    "matchLabels": {
                        "app": "nginx"
                    }
                },
                "replicas": 2,
                "template": {
                    "metadata": {
                        "labels": {
                            "app": "nginx"
                        }
                    },
                    "spec": {
                        "containers": [
                            {
                                "name": "nginx",
                                "image": "nginx:1.14.2",
                                "ports": [
                                    {
                                        "containerPort": 80
                                    }
                                ]
                            }
                        ]
                    }
                }
            }
        }
    }
```

继续这个例子，让我们看看如何开始利用简单的 Jsonnet 功能。减少重复并更好地组织你的代码/配置的最简单的方法之一是使用变量。在下一个例子中，我们在 Jsonnet 文件的顶部声明了几个变量（名称、版本和副本），并在整个文件中引用这些变量（见代码 3.14）。这使得我们可以在一个单一的、可见的地方进行修改，而不需要在整个文档中扫描所有需要同样修改的其他区域。同样的改变，后者很容易出错，特别是在大文件中。

代码 3.14　变量

```
local name = "nginx";
local version = "1.14.2";
local replicas = 2;
{
    "apiVersion": "apps/v1",
    "kind": "Deployment",
    "metadata": {
        "name": name
    },
    "spec": {
        "selector": {
            "matchLabels": {
                "app": name
```

```
                }
            },
            "replicas": replicas,
            "template": {
                "metadata": {
                    "labels": {
                        "app": name
                    }
                },
                "spec": {
                    "containers": [
                        {
                            "name": name,
                            "image": "nginx:" + version,
                            "ports": [
                                {
                                    "containerPort": 80
                                }
                            ]
                        }
                    ]
                }
            }
        }
    }
}
```

最后，通过一个进阶例子，我们开始利用 Jsonnet 的一些独特和强大的功能：函数、参数、引用和条件（见代码 3.15 ）。

代码 3.15　进阶 Jsonnet

```
function(prod=false) {
    "apiVersion": "apps/v1",
    "kind": "Deployment",
    "metadata": {
        "name": "nginx"
    },
    "spec": {
        "selector": {
            "matchLabels": {
                "app": $.metadata.name
            }
        },
        "replicas": if prod then 10 else 1,
        "template": {
            "metadata": {
                "labels": {
                    "app": $.metadata.name
                }
            },
            "spec": {
                "containers": [
                    {
                        "name": $.metadata.name,
                        "image": "nginx:1.14.2",
```

与之前的例子不同，配置被定义为一个Jsonnet函数而不是一个普通的Jsonnet对象。这使得配置可以声明输入并接受来自命令行的参数。prod是函数的一个布尔参数，默认值为false

我们可以在不使用变量的情况下自我引用文件的其他部分

副本数量是根据条件来设定的

```
                "ports": [
                    {
                        "containerPort": 80
                    }
                ]
            }
        ]
    }
  }
 }
}
```

练习 3.5 在代码 3.15 中，尝试运行下面两个命令，并比较输出结果。

```
$ jsonnet advanced.jsonnet
$ jsonnet --tla-code prod=true advanced.jsonnet
```

Jsonnet 中还有很多语言特性，对它的能力我们甚至还没有触及皮毛。Jsonnet 在 Kubernetes 社区没有被广泛采用，这很不幸，因为在这里描述的所有工具中，Jsonnet 是目前最强大的配置工具，这也是为什么一些分支工具是建立在它之上的。解释 Jsonnet 所具备的可能性本身就需要一章，这就是为什么我们鼓励你阅读关于 Databricks 在 Kubernetes 中如何使用 Jsonnet 以及关于 Jsonnet 的优秀教程⊖。

好处：

❑ 极其强大。无法使用一些简明而优雅的 Jsonnet 片段来表达的情况很少。有了 Jsonnet，你可以不断地找到新的方法来最大限度地重用和避免重复。

坏处：

❑ 不是 YAML。这可能是一个你不熟悉的问题，但大多数人在盯着一个复杂的 Jsonnet 文件时都会有一定程度的认知负担。就像你需要运行一个 Helm template 来验证你的 Helm 图表是否生成了你所期望的一样，你同样需要运行 `jsonnet --yaml-stream guestbook.jsonnet` 来验证你的 Jsonnet 是否正确。好消息是，与 Go 模板不同的是，Go 模板可能会因为一些错位的空格而产生语法错误的 YAML，而 Jsonnet 在构建过程中会发现这些类型的错误，并且保证输出的结果是有效的 JSON/YAML。

ksonnet 不要与 Jsonnet 混淆，ksonnet 是一个已经废弃的工具，用于创建可以部署到 Kubernetes 集群的应用程序清单。然而，ksonnet 已不再被维护，应考虑使用其他工具。

3.3.4 小结

就像所有的事情一样，每一种工具的使用都是有取舍的。表 3.1 显示了这些特定工具在配置管理中我们所重视的 4 种特性方面的比较。

⊖　http://mng.bz/NYmX

表 3.1 特性比较

	Helm	Kustomize	Jsonnet
声明式	还可以	优秀	优秀
可读性	差	优秀	还可以
灵活性	优秀	差	优秀
可维护性	还可以	优秀	优秀

请注意，本章讨论的工具只是在写本书时碰巧在 Kubernetes 社区中最流行的工具。这是一个不断发展的空间，还有许多其他配置管理工具可以考虑。

3.4 持久环境与临时环境

持久环境是一直可用的环境。例如，生产环境需要始终可用，以使服务不会被中断。在一个持久环境中，资源（内存、CPU、存储）将被永久地投入，以实现持续可用。通常，E2E 是一个用于内部集成的持久环境，而 Prod 是一个用于生产流量的持久环境。

临时环境是不被其他服务所依赖的暂时的环境。临时环境也不需要资源被持续地投入，例如，Stage 用于测试新代码的生产就绪程度，在测试完成后就不再被需要。另一个用例是预览一个拉取请求的正确性，以保证只有正确的代码被合并到主干分支。在这种情况下，一个包含拉取请求修改的临时环境将被创建，以便对其进行测试。一旦所有测试完成，PR 环境将被删除，并且只有在所有测试都通过的情况下，PR 修改才会被允许合并到主干分支。

鉴于持久环境会被其他人使用，持久环境中的缺陷可能会干扰其他人，可能需要回滚以恢复正确的功能。使用 GitOps 和 Kubernetes，回滚只是通过 Git 重新应用之前的配置。Kubernetes 会检测清单中的变化，并将环境恢复到之前的状态。

Kubernetes 使得环境中的回滚一致且直接，但其他资源如数据库该怎么办呢？由于用户数据存储在数据库中，我们不能简单地将数据库回滚到之前的快照，这样会导致用户数据丢失。与 Kubernetes 中的滚动更新部署一样，代码的新旧版本需要与滚动更新兼容。在数据库的情况下，数据库模式需要向后兼容，以避免回滚过程中的中断和用户数据的丢失。在实践中，这意味着列只能被添加（不能被删除），而且列的定义不能被改变。模式的变化应该被其他变更管理框架（如 Flyway⊖）管控起来，这样数据库的变化也可以遵循 GitOps 的流程。

3.5 总结

❑ 环境是为特定用途代码所部署和执行的地方。
❑ 每个环境都有自己的访问控制、网络、配置和依赖性。

⊖ https://flywaydb.org/

❑ 选择环境粒度的因素有：发布独立性、测试边界、访问控制和隔离性。

❑ Kubernetes 命名空间是实现环境的一个原生结构。

❑ 由于命名空间约等同于环境，因此部署到一个特定的环境仅仅需要指定目标命名空间。

❑ 环境间的流量可以由网络策略控制。

❑ 非生产和生产应该遵循同样的安全最佳实践和操作力度。

❑ 强烈建议将 Kubernetes 清单的 Git 仓库和业务代码的 Git 仓库分开，以允许环境变化独立于代码变化。

❑ 一个单一的分支可以很好地与 Kustomize 这样的工具实现叠加。

❑ 用于配置的单一代码库对初创公司很有效；多代码库对大型企业很有效。

❑ Helm 是一个软件包管理器。

❑ Kustomize 是一个内置的配置管理工具，它是 kubectl 的一部分。

❑ Jsonnet 是用于 JSON 模板化的一种语言。

❑ 选择合适的配置管理工具应该基于以下标准：声明式、可读性、灵活性和可维护性。

❑ 持久环境一直运行以供别人使用，而临时环境用于短期的测试和预览。

第 4 章 *Chapter 4*

流　水　线

本章包括：

❑ GitOps CI/CD 流水线中的各个阶段

❑ 代码、镜像和环境晋级

❑ 回滚

❑ 合规流水线

本章以第 3 章所学的概念为基础，讨论如何创建流水线来构建和测试应用程序代码，然后将其部署到不同的环境中。你还将学习不同的晋级策略，以及如何撤销、重置或回滚应用程序的变更。

我们建议你在阅读本章之前阅读第 1 ～ 3 章。

4.1　CI/CD 流水线中的阶段

持续集成（CI）是一种软件开发实践，在这种实践中，所有的开发人员都会在一个中央仓库（Git）中合并代码变更。通过 CI，每一次代码变更（提交）都会触发给定仓库的自动构建和测试阶段，并向做出变更的开发者提供反馈。与传统 CI 相比，GitOps 的主要区别在于，在构建和测试阶段成功完成后，CI 流水线还会在应用程序清单中更新新的镜像版本。

持续交付（CD）是将整个软件发布过程自动化的做法。除了部署之外，CD 还包括基础设施的配置。GitOps CD 与传统 CD 的不同之处在于，使用 GitOps Operator 来监控清单的变化并协调部署。只要 CI 构建完成，并且清单更新，GitOps Operator 就会负责最终的部署。

> **注**　关于 GitOps CI/CD 和 Operator 的基础知识，请参考 2.5 节。

本章将深入探讨一个完整的 CI/CD 流水线，以及为什么它对软件开发很重要。CI/CD 流水线是一个阶段的集合，每个阶段都执行特定的任务以实现以下目标：

❑ 生产力：在开发周期的早期为开发人员提供有价值的反馈（包括设计、编码风格和质量），而无须切换上下文。代码审查、单元测试、代码覆盖率、代码分析、集成测试和运行时漏洞扫描是向开发人员提供设计、质量和安全反馈的重要阶段。

❑ 安全性：检测代码和组件的漏洞，这些漏洞是潜在利用的攻击面。漏洞扫描可以检测第三方库的安全问题。运行时漏洞扫描可以检测代码的运行时安全问题。

❑ 缺陷逃逸：减少客户交互的失败和昂贵的回滚。一个新的版本通常提供新的特性或增强现有的特性。如果这些特性不能提供正确的功能，后果将是客户不满和潜在收入损失。单元测试验证模块层面的正确性，功能测试验证两个或多个模块的正确性。

❑ 可扩展性：在生产发布前发现可扩展性问题。单元测试和功能测试可以验证功能的正确性，但这些阶段不能发现诸如内存泄漏、线程泄漏或资源争夺问题。金丝雀发布是一种部署新版本的方式，利用生产流量和依赖检测可扩展性问题。

❑ 上市时间：更快地将功能交付给客户。有了完全自动化的 CI/CD 流水线，部署软件时就没有时间密集的手工工作了。一旦代码通过流水线中的所有阶段，就可以立即发布。

❑ 报告：持续改进的洞悉和可审计的指标。CI/CD 流水线的执行时间以分钟还是小时为单位，会影响开发人员的行为和生产力。持续监控和改善流水线执行时间可以极大地提高团队的生产力。收集和存储构建指标也是许多监管审计的需要。请参考 CI 和 CD 指标发布阶段的细节。

4.1.1　GitOps 持续集成

图 4.1 展示了建立在第 2 章 GitOps CI/CD（见图 2.9）基础上的完整的 CI 流水线。灰色的方框是为一个完整的 CI 解决方案新加入的阶段。本节将根据你的复杂度、成熟度和合规性要求，帮助你规划和设计与你的业务相关的阶段。

预构建阶段

以下阶段也称为静态分析阶段（见图 4.2）。它们是在代码被构建并打包成 Docker 镜像之前对代码进行手动和自动扫描的组合。

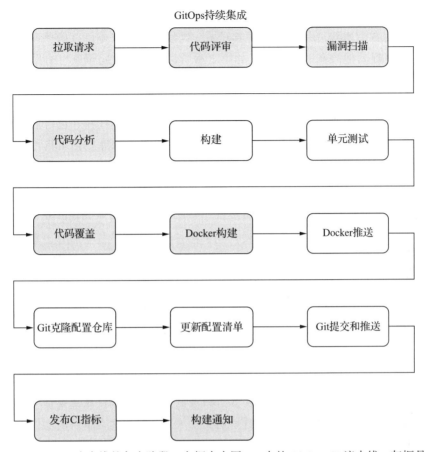

图 4.1 GitOps CI 流水线的各个阶段。白框来自图 2.9 中的 GitOps CI 流水线，灰框是为建立完整 CI 流水线新增加的阶段

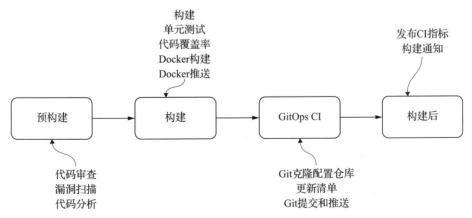

图 4.2 预构建涉及代码审查和静态分析。构建完成后，GitOps CI 将更新清单（随后由 GitOps Operator 部署）

拉取请求 / 代码审查

所有的 CI/CD 流水线总是以拉取请求开始，这使得代码审查可以确保设计和实现之间的一致性，并捕捉其他潜在的错误。正如第 1 章所讨论的，代码审查也有助于分享最佳实践、编码标准和团队的凝聚力。

漏洞扫描

开源库可以在不需要定制开发的情况下提供许多功能，但这些库也可能有漏洞、缺陷和许可问题。集成类似 Nexus Vulnerability Scanner 这样的开源库扫描工具可以在开发周期的早期发现已知的漏洞和许可问题，并通过升级库或使用替代库来补救问题。

注　在快速变化的软件行业中，"如果它没有坏，就不要修复它"这句老话已经不起作用。每天都有开源库的漏洞被发现，谨慎的做法是尽快升级以避免暴露在漏洞中。在 Intuit，我们大量利用开源软件来加速我们的开发。我们现在没有做年度安全审计，取而代之的是在 CI 流水线中设置了漏洞扫描步骤，在开发周期中定期检测和解决安全问题。

代码分析

虽然手工代码审查对于设计和实现的一致性非常好，但编码标准、重复的代码和代码的复杂性问题（又称代码坏味道）[○]更适合使用自动化的 Lint 或代码分析工具，如 SonarQube。这些工具不能取代代码审查，但它们可以更有效地捕捉到琐碎的问题。

注　期望每个小问题在新代码部署之前都被修复是不现实的。有了 SonarQube 这样的工具，趋势数据也会被报告出来，所以团队可以看到他们的代码坏味道是如何随着时间的推移而变好或变坏的，这样团队就可以在这些问题发展到一定程度之前解决它们。

练习 4.1　为了防止你的开源库出现已知的安全问题，你需要在 CI/CD 流水线中规划哪些阶段？

为了确保实施与设计相匹配，你需要在 CI/CD 流水线中计划哪些阶段？

构建阶段

在静态分析之后，是时候构建代码了。除了构建和创建可部署的制品（又称 Docker 镜像）外，单元（模块）测试和单元测试的有效性（代码覆盖率）也是构建过程中不可或缺的一部分。

构建

构建阶段通常在项目源代码实际编译前开始下载依赖库。脚本语言（如 Python 和 Node.js）不需要编译。对于像 Java、Ruby 和 Go 这样的编译语言，代码要用各自的编译器编译成字节码 / 机器二进制文件。此外，生成的二进制文件及其依赖库需要打包成一个可部署的单元（如 Java 中的 jar 或 war），以便部署。

○　https://en.wikipedia.org/wiki/Code_smell

注　根据我们的经验，构建过程中最耗时的部分是下载依赖项。强烈建议在你的构建系统中缓存你的依赖项，以减少构建时间。

单元测试

单元测试的目的是验证一小段代码是否会做它应该做的事情。单元测试不应该依赖被测试单元以外的代码。单元测试主要集中在测试单个单元的功能，不能发现不同模块之间相互作用时出现的问题。在单元测试中，外部调用通常是"模拟"的，以消除依赖性问题，减少测试执行时间。

注　在单元测试中，模拟对象可以模拟复杂的真实对象的行为，因此，当真实对象不实际或无法纳入单元测试时，模拟对象是非常有用的[一]。根据我们的经验，模拟是一项必要的投资，可以节省团队的时间（更快的测试执行）和精力（排除故障的测试）。

代码覆盖率

代码覆盖率度量的是自动单元测试所覆盖代码的百分比，它可以简单地确定代码体中哪些语句已经通过测试运行被执行，哪些语句没有被执行。一般情况下，代码覆盖率系统对源代码进行检测，并收集运行时的信息以生成测试套件的代码覆盖率报告。

代码覆盖率是开发过程中反馈循环的一个重要部分。随着测试的进展，代码覆盖率突出了代码中可能没有被充分测试、并需要补充测试的部分。这个循环一直持续到覆盖率达到某个指定的目标。覆盖率应该遵循 80-20 规则，因为增加覆盖率值变得很困难，收益也会减少。覆盖率测量不能代替彻底的代码审查和编程的最佳实践。

注　单独提高代码覆盖率会导致错误的行为，实际上可能会降低质量。代码覆盖率度量的是被执行的行的百分比，但并不衡量代码的正确性。百分之百的代码覆盖率和部分断言不会实现单元测试的质量目标。我们的建议是，随着时间的推移，集中精力增加单元测试数量和代码覆盖率，而不是集中在一个绝对的代码覆盖率数字。

Docker 构建

Docker 镜像是 Kubernetes 的可部署单元。一旦代码被构建，你可以通过创建一个 Dockerfile 并执行 `docker build` 命令，为你的构建物创建具有唯一镜像 ID 的 Docker 镜像。一个 Docker 镜像应该有其独特的命名规则，每个版本都应该有一个唯一的版本号标记。此外，你也可以在这个阶段运行一个 Docker 镜像扫描工具，以检测你的基础镜像和依赖的潜在漏洞问题。

Docker 标记和 Git 哈希　由于 Git 为每个提交创建了一个唯一的哈希值，因此建议使用 Git 哈希值来标记 Docker 镜像，而不是创建一个任意的版本号。除了唯一性之外，每个 Docker 镜像都可以通过 Git 哈希值轻松追溯到 Git 仓库历史，以确定 Docker 镜像的确切代

　　㊀　https://en.wikipedia.org/wiki/Mock_object

码。更多信息请参考 2.5.2 节。

Docker 推送

新构建的 Docker 镜像需要发布到 Docker 镜像仓库（Docker Registry）[⊖]，以便 Kubernetes 协调最终的部署。Docker 镜像仓库是一个无状态的、高度可扩展的服务器端应用程序，可以存储并让你分发 Docker 镜像。对于内部开发来说，最好的做法是托管一个私有仓库，以严格控制镜像的存储位置。请参考第 6 章，了解如何托管一个安全的私有 Docker 镜像仓库的最好的方式。

练习 4.2 计划所需的构建阶段，以便测量代码覆盖率指标。

如果镜像被打上了 latest 的标签，你能知道在这个 Docker 镜像中打包了什么吗？

GitOps CI 阶段

在传统的 CI 中，流水线将在构建阶段后结束。在 GitOps 中，需要额外的 GitOps 特定阶段来更新最终部署的清单。请参考图 4.1。

Git 克隆配置仓库

假设你的 Kubernetes 配置存储在一个单独的仓库中，该阶段会执行 Git 克隆，将 Kubernetes 配置克隆到构建环境中，以便在后续阶段更新清单。

更新清单

一旦你在构建环境中有了清单，你就可以使用 Kustomize 等配置管理工具用新创建的镜像 id 来更新清单。根据你的部署策略，一个或多个特定环境的清单会用新的镜像 id 进行更新。关于 Kustomize 的更多信息，请参考第 3 章。

Git 提交和推送

一旦清单被更新为新的镜像 id，最后一步就是将清单提交回 Git 仓库。至此，CI 流水线就完成了。你的 GitOps Operator 会检测到清单中的变化，并将变化部署到 Kubernetes 集群上。后面将介绍一个用 Git 命令实现这三个阶段的例子。

构建后阶段

在 GitOps CI 的一切工作完成后，还需要其他阶段来收集指标，以便持续改进和审计报告，并通知团队构建状态。

发布 CI 指标

CI 指标应该存储在一个单独的数据存储中，用于：

❑ 构建问题：开发团队需要相关数据来甄别构建失败或单元测试失败的问题。

❑ CI：漫长的构建时间会影响工程团队的行为和生产力。代码覆盖率的减少有可能导致更多的生产缺陷。拥有历史构建时间和代码覆盖率指标，使团队能够监测趋势，

⊖ https://docs.docker.com/registry/

减少构建时间，并增加代码覆盖率。

❑ 合规性要求：根据 SOC2 或 PCI 要求，诸如测试结果、发布者和发布内容等构建信息需要保留 14 个月至 7 年的时间。

注 对于大多数构建系统来说，维护超过一年的构建历史的成本很高。一种选择是将构建指标导出到外部存储（如 S3），以满足合规性和报告要求。

构建通知

对于 CI/CD 部署，大多数团队更喜欢"没有消息就是好消息"的模式，这意味着如果所有阶段都成功了，他们就不需要为构建状态而烦恼。如果出现构建问题，应立即通知团队，以便他们能够得到反馈并纠正问题。这个阶段通常使用团队消息或电子邮件系统来实现，因此团队可以在 CI/CD 流水线完成后立即得到通知。

练习 4.3 如果没有构建通知，开发团队有哪些步骤来确定构建状态？
80% 的代码覆盖率是好是坏？

提示 趋势。
如果 CI/CD 流水线通常需要一个小时的运行时间，那么开发人员在这段时间内还能做什么其他的任务？如果 CI/CD 流水线只需要 10 分钟的运行时间呢？

练习 4.4 在 GitOps 阶段有两个挑战，本练习将提供解决这些问题的步骤。
1. 你应该用哪个 Git 用户来跟踪清单的更新和提交？
2. 如何处理可以同时更新仓库的 CI 构建？
在你开始之前，请复刻仓库 https://github.com/gitopsbook/resources.git。本练习假设你的本地计算机是构建系统。
3. 从 Git 克隆仓库。我们假设 chapter-04/exercise4.4 文件夹中的 guestbook.yaml 是你的应用程序清单：

```
$ git clone https://github.com/<your repo>/resources.git
```

4. 使用 `git config` 来指定提交者用户的电子邮箱和名字。根据你的要求，可以使用一个服务账户或实际提交者的账户：

```
$ git config --global user.email <committerEmail>
$ git config --global user.name <commmitterName>
```

注 请参考 4.2.1 节，创建强身份保证。指定的用户也需要存在于你的远程 Git 仓库中。

5. 我们假设新的 Docker 镜像的 Git 标签为 zzzzzz。我们将用标签 zzzzzz 更新清单：

```
$ sed -i .bak 's+acme.co.3m/guestbook:.*$*+acme.com/guestbook:zzzzzz+'
chapter-04/exercise4.4/guestbook.yaml
```

注 为了简单起见，我们将在这个练习中使用 sed 来更新清单。通常情况下，你应该使用 Kustomize 等配置工具来更新镜像 id。

6. 接下来，我们将提交清单修改：

```
$ git commit -am "update container for QAL during build zzzzzz"
```

7. 考虑到仓库可能被其他人更新，我们将运行 Git rebase，把任何新的提交拉到我们的本地分支：

```
$ git pull --rebase https://<GIT_USERNAME>:<GIT_PASSWORD>@<your repo>
master
```

8. 现在，我们准备将更新后的清单推送到仓库中，让 GitOps Operator 施展其部署魔法：

```
$ git push https://<GIT_USERNAME>:<GIT_PASSWORD>@<your repo> master
Enumerating objects: 9, done.
Counting objects: 100% (9/9), done.
Delta compression using up to 16 threads
Compressing objects: 100% (7/7), done.
Writing objects: 100% (7/7), 796 bytes | 796.00 KiB/s, done.
Total 7 (delta 4), reused 0 (delta 0)
remote: Resolving deltas: 100% (4/4), completed with 2 local objects.
remote: This repository moved. Please use the new location:
remote:    https://github.com/gitopsbook/resources.git
To https://github.com/gitops-k8s/resources
   eb1a692..70c141c  master -> master
```

4.1.2 GitOps 持续交付

图 4.3 展示了建立在 GitOps CI/CD（见第 2 章）基础上的完整 CD 流水线。灰色的方框是为一个完整的 CD 解决方案新加入的阶段。根据你的复杂性、成熟度和合规性要求，你可以为你的业务挑选相关阶段。

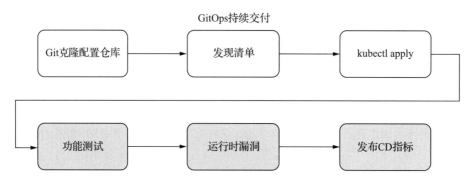

图 4.3 GitOps CD 流水线中的阶段。白色方框是图 2.9 中的 GitOps CI 流水线，灰色方框是建立完整 CI 流水线的新增加的阶段

注 图中的阶段描述的是逻辑顺序。在实践中，GitOps 阶段是由 Git 仓库中的清单变化触发的，并独立于其他阶段执行。

GitOps CD 阶段
这些是 GitOps Operator 根据清单变化进行部署的逻辑阶段。

Git 克隆配置仓库
GitOps Operator 检测到你的仓库中的变化，并执行 Git clone 以获取你的 Git 仓库里的最新清单。

发现清单
GitOps Operator 还能确定 Kubernetes 中的清单与 Git 仓库中的最新清单之间是否存在差异。如果没有差异，GitOps Operator 会在此时停止操作。

kubectl apply
如果 GitOps Operator 确定 Kubernetes 清单与 Git 仓库中的清单之间存在差异，GitOps Operator 会使用 `kubectl apply` 命令将新清单应用到 Kubernetes。

注 详细内容请参考第 2 章。

部署后阶段
镜像部署完成后，我们可以针对依赖关系和运行时漏洞对新代码进行端到端测试。

集成测试
集成测试是一种检查不同模块是否在一起正常工作的测试类型。一旦镜像被部署在 QA 环境中，集成测试可以跨多个模块和其他外部系统（如数据库）和服务进行测试。集成测试的目的是发现为更高层次功能将不同模块交互时出现的，且执行单元测试无法覆盖的问题。

注 由于 GitOps Operator 在流水线之外处理部署，所以在功能测试执行之前，部署可能尚未完成。练习 4.6 讨论了使集成测试与 GitOps CD 一起工作所需的步骤。

运行时漏洞
传统上，运行时漏洞是通过渗透测试发现的。渗透测试（也叫 Pen Testing 或道德黑客）用于测试计算机系统、网络或网络应用，以找到攻击者可以利用的安全漏洞。典型的运行时漏洞有 SQL 注入、命令注入和发放不安全的 cookies。与其在生产系统中进行渗透测试（成本高且是在事后），不如在执行集成测试时使用 Contrast[⊖]等代理工具对 QA 环境进行检测，以便在开发周期的早期发现任何运行时漏洞。

⊖ https://www.contrastsecurity.com/

发布 CD 指标

CD 指标应该存储在一个单独的数据存储中，用于：

❑ 运行时问题：开发团队需要相关数据来甄别部署失败、集成测试失败或运行时漏洞等问题。

❑ 合规性要求：根据 SOC2 或 PCI 要求，诸如测试结果、发布者和发布内容等构建信息需要保留 14 个月至 7 年的时间。

练习 4.5 设计一个可以检测 SQL 注入漏洞的 CD 流水线。

提示 SQL 注入是一个运行时的漏洞。

练习 4.6 这个练习涵盖了如何确保变化被应用到 Kubernetes，并成功完成部署。我们将使用 frontend-deployment.yaml（见代码 4.1）作为我们的清单。

代码 4.1 frontend-deployment.yaml

```
apiVersion: apps/v1 # for versions before 1.9.0 use apps/v1beta2
kind: Deployment
metadata:
  name: frontend
  labels:
    app: guestbook
spec:
  selector:
    matchLabels:
      app: guestbook
      tier: frontend
  replicas: 3
  template:
    metadata:
      labels:
        app: guestbook
        tier: frontend
    spec:
      containers:
      - name: php-redis
        image: gcr.io/google-samples/gb-frontend:v4
        resources:
          requests:
            cpu: 100m
            memory: 100Mi
        env:
        - name: GET_HOSTS_FROM
          value: dns
          # Using `GET_HOSTS_FROM=dns` requires your cluster to
          # provide a dns service. As of Kubernetes 1.3, DNS is a built-in
          # service launched automatically. However, if the cluster you are
            using
          # does not have a built-in DNS service, you can instead
          # access an environment variable to find the master
```

```
        # service's host. To do so, comment out the 'value: dns' line
          above, and
        # uncomment the line below:
        # value: env
      ports:
      - containerPort: 80
    © 2020 GitHub, Inc.
```

1. 运行 `kubectl diff` 以确定 frontend-deployment.yaml 清单是否应用于 Kubernetes。`exit status 1` 表示清单不在 Kubernetes 中：

```
$ kubectl diff -f frontend-deployment.yaml
diff -u -N /var/folders/s5/v3vpb73d6zv01dhxknw4yyxw0000gp/T/LIVE-
057767296/apps.v1.Deployment.gitops.frontend /var/folders/s5/
v3vpb73d6zv01dhxknw4yyxw0000gp/T/MERGED-602990303/
apps.v1.Deployment.gitops.frontend
--- /var/folders/s5/v3vpb73d6zv01dhxknw4yyxw0000gp/T/LIVE-057767296/
apps.v1.Deployment.gitops.frontend2020-01-06 14:23:40.000000000 -0800
+++ /var/folders/s5/v3vpb73d6zv01dhxknw4yyxw0000gp/T/MERGED-602990303/
apps.v1.Deployment.gitops.frontend2020-01-06 14:23:40.000000000 -0800
@@ -0,0 +1,53 @@
+apiVersion: apps/v1
+kind: Deployment
...
+status: {}
exit status 1
```

2. 将清单应用于 Kubernetes：

```
$ kubectl apply -f frontend-deployment.yaml
```

3. 重新运行 `kubectl diff`，你应该看到清单被应用，退出状态为 0。Kubernetes 将在清单更新后开始部署：

```
$ kubectl diff -f frontend-deployment.yaml
```

4. 反复运行 `kubectl rollout status` 直到部署完全完成：

```
$ kubectl rollout status deployment.v1.apps/frontend
Waiting for deployment "frontend" rollout to finish: 0 of 3 updated
replicas are available...
```

在生产中，你会用一个带有循环的脚本来自动完成这项工作，并在 `kubectl rollout status` 命令间隙执行睡眠（见代码 4.2）。

代码 4.2　DeploymentWait.sh

```
#!/bin/bash
RETRY=0                                          将RETRY变量初始化为0
STATUS="kubectl rollout status deployment.v1.apps/frontend"
                                                             定义了kubectl
                                                             rollout status命令
```

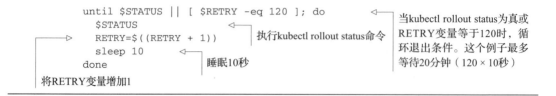

4.2 推动晋级工作

前面已经涵盖了 CI/CD 流水线的所有阶段，我们可以看看 CI/CD 流水线如何自动晋级代码、镜像和环境。自动化环境晋级的主要好处是使你的团队能够更快、更可靠地将新代码部署到生产中。

4.2.1 代码、清单和应用配置

在第 3 章中，我们曾展开讨论使用 GitOps 时的 Git 策略考虑。我们讨论了将代码和 Kubernetes 清单保存在不同的仓库中的好处，以获得更灵活的部署选择、更好的访问控制和审计能力。我们应该在哪里维护特定环境依赖的应用配置，如数据库连接或分布式缓存？有几种维护环境配置的选择：

❑ Docker 镜像：所有特定于环境的应用配置文件都可以捆绑在 Docker 镜像中。这种策略对于快速将传统应用程序（捆绑了所有环境应用配置）打包到 Kubernetes 中效果最好。其缺点是，创建一个新的环境需要完整的构建，不能重用现有的镜像。

❑ ConfigMaps：ConfigMaps 是 Kubernetes 的原生资源，存储在 Kubernetes etcd 数据库中。其缺点是，如果 ConfigMaps 更新，Pod 就需要重新启动。

❑ 配置仓库：将应用配置存储在一个单独的仓库中可以达到与 ConfigMaps 相同的效果。额外的好处是，Pod 可以动态地接收应用配置的变化（例如在 Java 中使用 Spring Cloud Config）。

注 在由代码、清单和应用配置组成的环境中，代码库变更中的任何错误都可能导致生产运行中断。对代码、清单或应用配置仓库的任何更改都应遵循严格的拉取请求 / 代码审查，以确保正确性。

练习 4.7 假设代码、清单和应用配置都保存在一个代码仓库中。你需要将一个环境清单中的副本从 X 更新为 Y。你如何才能在不构建另一个镜像的情况下提交仅用于 GitOps 部署的变更？

4.2.2 代码和镜像晋级

晋级的定义是"在职位或等级上被提升的行为或事实"。代码晋级意味着将代码修改提

交到特性分支，并通过拉取请求与主干分支合并（晋级）。一旦一个新的镜像被 CI 构建并发布，它就会被 GitOps CD Operator 部署（晋级）(见 4.1 节)。

注　想象一下，你正在构建一个包含加减法函数的数学库。你将首先克隆主干分支，创建一个名为 addition 的新分支。一旦完成了加法功能的实现，就把代码提交到 addition 分支，并生成一个拉取请求，合并到主干分支。GitOps CI 会创建一个新的镜像并更新清单，GitOps Operator 最终会部署新的镜像。然后你可以重复这个过程来实现减法功能。

代码仓库的分支策略对镜像晋级过程有直接影响。接下来，我们将讨论镜像晋级过程中单分支与多分支策略的利弊。

单分支策略

单分支策略也被称为特性分支工作流程[⊖]。在这种策略下，主干分支是正式的项目历史。开发人员创建短期的特性分支进行开发（见图 4.4）。一旦开发人员完成了该特性，就会通过拉取请求流程将修改合并到主干分支。当拉取请求被批准时，CI 构建就会被触发，将新的代码捆绑到新的 Docker 镜像中。

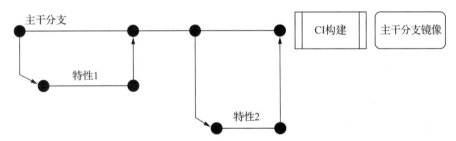

图 4.4　在单分支策略中，只有主干分支是长期存在的，所有特性分支都是临时的。主干分支只有一个 CI 构建

通过单分支开发，CI 构建的每个镜像都可以晋级到任何环境，并用于生产发布。如果你需要回滚，你可以用 Docker 镜像仓库的任何旧镜像重新部署。如果你的服务可以独立部署（又称微服务），并使你的团队能够频繁地进行生产发布，那么这种策略是非常好的，而且效果最好。

多分支策略

多分支策略通常适用于较大的项目，需要密切协调外部依赖关系和发布计划。多分支策略有很多变化。在这里，我们以 Gitflow 工作流[⊖]为例进行讨论。在 Gitflow 中，开发分支有正式的项目历史，而主干分支有最后的生产发布历史。对于特性开发，开发人员会创建短期的特性分支，并在特性完成后将更改合并到开发分支。

⊖　https://www.atlassian.com/git/tutorials/comparing-workflows/feature-branch-workflow

⊖　https://www.atlassian.com/git/tutorials/comparing-workflows/gitflow-workflow

当计划发布时，从最新的开发分支复刻出一个短期的发布分支，在这个分支中继续测试和修复错误，直到代码准备好用于生产部署。因此，需要配置一个单独的 CI 构建，从发布分支构建新的 Docker 镜像。一旦发布完成，所有的修改都会合并到开发和主干分支中。

与单分支策略不同，只有发布分支的 CI 构建镜像可以部署到生产中。开发分支的所有镜像只能用于开发前的测试和集成。如果需要回滚，只能使用由发布分支构建的镜像。如果生产问题需要回滚（或热修复），必须从主干分支复刻出一个热修复分支，并为热修复镜像创建一个单独的 CI 构建（见图 4.5）。

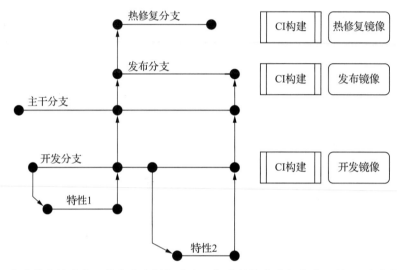

图 4.5 在多分支策略中，将有多个长期分支，每个长期分支都有自己的 CI 流水线。在这个例子中，长期分支是开发分支、主干分支和热修复分支

练习 4.8 你的服务需要在一个特定的日期发布一个功能。使用多分支的策略，设计一个成功的发布。

使用单分支策略，为特定日期设计一个成功的发布。

提示 功能标志。

4.2.3 环境晋级

在这一小节中，我们将讨论如何将一个镜像从预生产环境晋级到我们的生产环境。拥有多个环境和晋级变化的原因是将尽可能多的测试转移到较低的环境中（测试转移），这样我们就可以在开发周期的早期发现并纠正错误。

环境晋级有两个方面。第一个方面是环境基础设施。正如我们在第 3 章中所讨论的，Kustomize 是首选的配置管理工具，将新的镜像推广到每个环境中，剩下的就由 GitOps Operator 来完成了。第二个方面是应用程序本身。由于 Docker 镜像是不可变的二进制文件，注入特定环境的应用配置将配置应用在特定环境中的行为。

在第 3 章中，我们介绍了 QA、E2E、Stage 和 Prod 环境，并讨论了每个环境在开发周期中的独特用途。让我们回顾一下对每个环境都很重要的阶段。

QA

QA 环境是运行新镜像的第一个环境，用于验证代码在执行过程中与外部依赖关系的正确性。以下阶段对 QA 环境至关重要：

❑ 功能测试

❑ 运行时漏洞扫描

❑ 发布指标

E2E

E2E 环境主要是为其他应用程序测试现有或预发布的功能。E2E 环境的监控和操作应与 Prod 环境类似，因为 E2E 的中断有可能阻碍其他服务的 CI/CD 流水线。为了确保其正确性，设立一个可选的验证阶段（用功能测试的子集进行健全性测试）能够适用于 E2E 环境。

Stage

Stage 环境通常会连接到生产依赖，以确保在生产发布前所有的生产依赖都已到位。例如，一个新的版本可能依赖于数据库模式的更新或消息队列的配置，然后才可以部署。用 Stage 环境进行测试可以保证所有的生产依赖性都是正确的，避免生产问题。

Prod

金丝雀发布　金丝雀发布[一]是一种在生产中引入新的软件版本的技术，在将其推广到整个基础设施并提供给所有人之前，先在一小部分用户中慢慢推出该变化，以降低风险。我们将在第 5 章深入讨论金丝雀发布，以及如何在 Kubernetes 中实现它。

发布工单　鉴于应用服务的复杂性和分布式性质，在发生生产事故时，发布工单对于你的生产支持团队至关重要。发布工单将帮助生产事故团队了解哪些是由谁部署 / 改变的，以及在需要时回滚到什么版本。此外，发布的追踪是合规性要求的一个必要条件。

4.2.4　汇总

本章首先定义了 GitOps 的 CI/CD 流水线，以构建 Docker 镜像、验证镜像，并将其部署到环境中。然后，我们讨论了环境晋级的环节，这些环节对每个环境都很重要。图 4.6 是一个完整的 GitOps CI/CD 流水线的例子，包括环境晋级。

串行或并行　尽管图 4.6 中对每个阶段的描述是串行的，但许多现代流水线都支持并行运行阶段。例如，通知和指标发布是相互排斥的，可以并行执行以减少流水线的执行时间。

　　㊀ https://martinfowler.com/bliki/CanaryRelease.html

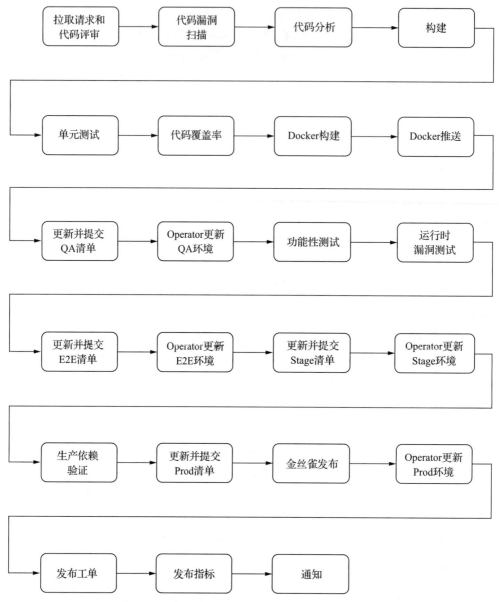

图 4.6　针对单分支开发完成环境晋级的 CI/CD 流水线。对于多分支开发，在环境晋级之前，需要额外的分支晋级阶段

4.3　其他流水线

CI/CD 流水线主要是为你的"乐观路径"（Happy Path）部署的，在那里你的变化按预期工作，生活很美好，但我们都知道这不是现实。在生产环境中，不时地会出现意想不到的问

题，我们需要回滚环境或发布热补丁来缓解问题。对于软件即服务（SaaS），最优先考虑的是尽快从生产问题中恢复，而且在大多数情况下，需要回滚到之前已知的良好状态，以便及时恢复。

对于特定的合规标准，如支付卡行业（PCI）[一]，生产发布需要有第二个人的批准，以确保没有单人就可以发布对生产的改变。PCI 还要求进行年度审计，要求报告审批记录。考虑到我们最初的 CI/CD 流水线会将每一个拉取请求的更改部署到生产中，我们需要加强我们的流水线以支持合规性和可审计性。

4.3.1　回滚

即使你已经在你的 CI/CD 流水线中计划了所有的审查、分析和测试阶段，消除所有生产问题仍然是不可能的。根据问题的严重程度，你可以通过修复向前推进，或者将你的服务回滚，恢复到之前已知的良好状态。由于我们的生产环境由清单（包含 Docker 镜像 id）和环境的应用配置组成，回滚过程可以回滚应用配置、清单，或者对应二者的代码仓库。有了 GitOps，我们的回滚过程再次由 Git 的变化来控制，GitOps Operator 将负责最终的部署（如果应用程序的配置也需要回滚，你只需要在回滚清单之前先回滚应用程序配置中的变化，因为只有清单的变化可以触发部署，而不是应用程序配置的变化）。Git Revert 和 Git Reset[二]是回滚 Git 更改的两种方法。

Git Revert　`git revert` 命令可以被认为是一个撤销命令。它不是从项目历史中删除提交，而是找出如何反转该提交所带来的变化，并将反转的内容附加到新的提交中。这可以防止 Git 丢失历史记录，这对修订历史的完整性（合规性和可审计性）和可靠的协作是至关重要的。请参考图 4.7 上部的图解。

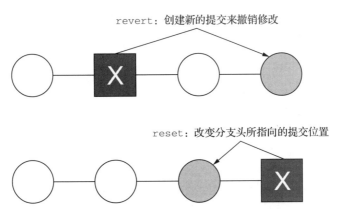

图 4.7　`git revert` 的工作方式类似于保留历史的 `undo` 命令，而 `git reset` 则是修改历史

[一]　https://en.wikipedia.org/wiki/Payment_card_industry

[二]　https://www.atlassian.com/git/tutorials/undoing_changes/git-reset

Git Reset `git reset` 命令做了几件事，取决于它的调用方式。它修改索引（所谓的暂存区），或者改变一个分支头当前所指向的提交。这个命令可能会改变现有的历史（通过改变一个分支所引用的提交）。请参考图 4.7 下部的图作为示例。由于该命令可以改变历史，如果合规性和可审计性很重要，我们不建议使用 `git reset`。

图 4.8 是一个回滚流水线的例子。这条流水线从 `git revert` 和 `git commit` 开始，将清单回滚到之前已知的良好状态。在"还原"提交产生拉取请求后，审批人可以批准并将 PR 合并到清单的主干分支。再一次，GitOps Operator 将发挥其魔力，根据更新的清单回滚应用程序。

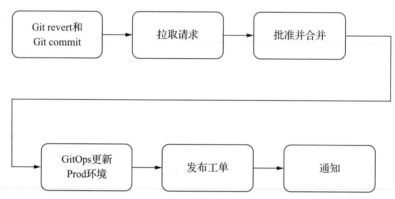

图 4.8　回滚流水线包括将清单恢复到之前的提交，生成一个新的拉取请求，最后批准拉取请求

练习 4.9　这个练习将复习将镜像 id 从"zzzzzz"恢复到"yyyyyy"所需的步骤。这个练习将使用 `git revert`，所以提交历史被保留下来。在你开始之前，请将复刻代码库 https://github.com/gitopsbook/resources.git。这个练习假设你的本地计算机是构建系统。

1. 从 Git 上克隆这个代码仓库。我们假设 chapter-04/exercise4.9 文件夹中的 guestbook.yaml 是你的应用程序清单：

```
$ git clone https://github.com/<your repo>/resources.git
```

2. 使用 `git config` 来指定提交者用户的电子邮件和名字。根据你的需求，可以使用一个服务账户或实际的提交者账户：

```
$ git config --global user.email <committerEmail>
$ git config --global user.name <commmitterName>
```

注　请参考第 6 章关于创建强身份保证。指定的用户也需要存在于你的远程 Git 代码仓库中。

3. 让我们回顾一下 Git 的历史记录：

```
$ git log --pretty=oneline
eb1a692029a9f4e4ae65de8c11135c56ff235722 (HEAD -> master) guestbook
    with image hash zzzzzz
```

```
95384207cbba2ce46ee2913c7ea51d0f4e958890 guestbook with image hash yyyyyy
4dcb452a809d99f9a1b5a24bde14116fad9a4ded (upstream/master, upstream/
    HEAD, origin/master) exercise 4.6 and 4.10
e62161043d5a3360b89518fa755741c6be7fd2b3 exercise 4.6 and 4.10
74b172c7703b3b695c79f270d353dc625c4038ba guestbook for exercise 4.4
...
```

4. 从历史记录中，你会看到"eb1a692029a9f4e4ae65de8c11135c56ff235722"修改里镜像哈希值为 zzzzz。如果我们恢复此提交，清单中的镜像哈希值将是 yyyyyy：

```
$ git revert eb1a692029a9f4e4ae65de8c11135c56ff235722
```

5. 现在，我们已经准备好推送清单的回退版本，将其推送回代码仓库，并让 GitOps Operator 施展其部署魔法：

```
$ git push https://<GIT_USERNAME>:<GIT_PASSWORD>@<your repo> master
```

4.3.2　合规流水线

合规流水线的本质是需要确保第二人批准生产发布，并记录由谁发布、何时发布以及什么被发布。在我们的案例中，我们创建了一个用于预生产开发的 CI/CD 流水线和一个用于生产发布的单独流水线。预生产 CI/CD 流水线的最后阶段将生成一个 PR，用最新的镜像 id 更新生产清单。当审批者想把某个特定的镜像发布到生产中时，他可以简单地批准相应的 PR，然后 GitOps Operator 就会更新 Prod 环境。图 4.9 说明了合规 CI/CD 和生产发布流水线的阶段。

练习 4.10　本练习将用你的生产清单更新创建一个新的分支，并创建一个拉取请求返回到远程版本库供批准。在你开始练习之前，请复刻 https://github.com/gitops-k8s/resources.git 仓库。本练习假设你的本地计算机是构建系统。

1. 安装 hub 命令行工具⊖，用来创建拉取请求。hub 与 GitHub 一起工作，用于复刻分支和创建拉取请求：

```
$ brew install hub
```

2. 从 Git 上克隆这个代码仓库。我们将假设 chapter-04 文件夹中的 guestbook.yaml 是你的应用程序清单：

```
$ git clone https://github.com/<your repo>/resources.git
```

3. 使用 git config 来指定提交者用户的电子邮件和名字。根据你的需求，可以使用一个服务账户或实际的提交者账户：

```
$ git config --global user.email <committerEmail>
$ git config --global user.name <commmitterName>
```

⊖　https://github.com/github/hub

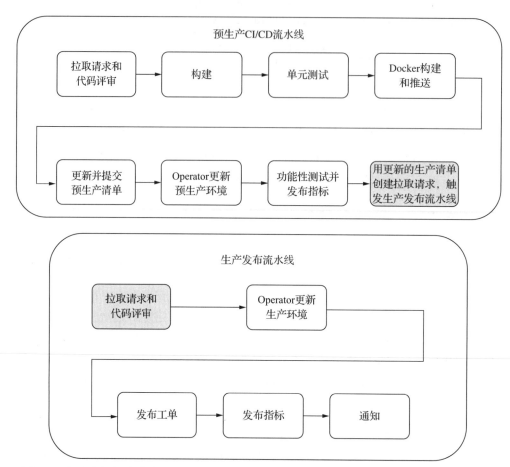

图 4.9　有了合规性流水线，就有了一个独立的生产流水线与预生产的 CI/CD 流水线。在 CI/CD 流水线结束时，有一个环节是用新的镜像 id 生成一个新的 PR 到生产清单仓库。任何获得批准的 PR 都将被部署到生产中

注　请参考 6.2 节，创建强身份保证。指定的用户也需要存在于你的远程 Git 代码仓库中。

4. 创建一个新的发布分支：

```
$ git checkout -b release
```

5. 让我们假设新的 Docker 镜像有 Git 标签 zzzzzz。我们将用标签 zzzzzz 来更新清单：

```
$ sed -i .bak 's+acme.com/guestbook:.*$+acme.com/guestbook:zzzzzz+'
 chapter-04/exercise4.10/guestbook.yaml
```

6. 下一步，我们将向清单提交修改内容：

```
$ git commit -am "update container for production during build zzzzzz"
```

7. 鉴于该代码库可能被其他人更新，我们将运行 `git rebase` 来将任何新的提交拉到我们的本地分支：

```
$ git pull --rebase https://<GIT_USERNAME>:<GIT_PASSWORD>@<your repo>
  master
```

8. 复刻代码仓库：

```
$ hub fork --remote-name=origin
```

9. 将变更推送到新的 remote 上：

```
$ git push https://<GIT_USERNAME>:<GIT_PASSWORD>@<your repo> release
```

10. 为你刚刚推送的主题分支创建一个拉取请求。这也会打开一个编辑器，让你编辑拉取请求的描述。一旦你保存了描述，这个命令就将创建拉取请求：

```
$ hub pull-request -p
Branch 'release' set up to track remote branch 'release' from 'upstream'.
Everything up-to-date
```

11. 现在你可以回到你的远程代码库，在你的浏览器中审查和批准拉取请求。

4.4 总结

❑ `git rebase` 可以缓解因同时执行流水线而产生的冲突。
❑ 持续运行 `kubectl rollout status` 可以确保部署完成，并准备好在 GitOps CD 中运行功能测试。
❑ 将代码、清单和应用配置放在不同的仓库中会带来最好的灵活性，因为基础设施和代码可以分开演进。
❑ 单分支策略非常适合小型项目，因为每一个 CI 镜像都可以在零分支管理的情况下被晋级到生产中。
❑ 多分支策略非常适合具有外部依赖性和发布计划的大型项目。缺点是必须维护多个长期存在的分支，而且只有发布镜像可以被部署到生产中。
❑ 一个完整的 CI/CD 流水线将包括环境晋级和静态分析、构建、单元/集成测试以及发布构建指标/通知等阶段。
❑ 使用 GitOps 回滚生产环境，只是将清单恢复到之前的提交（镜像 id）。
❑ GitOps 流水线自然支持合规性和可审计性，因为所有的变更都是以拉取请求的形式产生的，并且有批准和历史记录。

Chapter 5 第 5 章

部署策略

在前几章中，我们主要关注了 Kubernetes 资源的初始部署。启动一个新的应用程序可以像部署 ReplicaSet 一样简单，其中包含所需数量的 Pod 副本，并创建一个 Service，将收到的流量路由到所需的 Pod。但现在想象一下，你有数百（或数千）个客户，每秒向你的应用程序发送数千个请求。你如何安全地部署应用程序的新版本？如果你的应用程序的最新版本包含一个关键的错误，你如何限制其带来的损害？在本章中，你将了解在 Kubernetes 上实现多种不同部署策略的机制和技术，这对于企业级或互联网级运行应用程序至关重要。

我们建议你在阅读本章之前阅读第 1 ～ 3 章。

5.1 Deployment 基础知识

在 Kubernetes 中，你可以只用带有 PodSpec 的清单来部署一个 Pod。假设你想部署一

组相同的 Pod，并保证其可用性。在这种情况下，你可以定义带有 ReplicaSet[○]的清单，以保
持在任何特定时间运行一组稳定的 Pod 副本集
合。ReplicaSet 是通过指定用于识别 Pod 的选
择器、要维护的副本数量和一个 PodSpec 来定
义的。ReplicaSet 通过按需创建和删除 Pod 来
维持期望的副本数量（见图 5.1）。

ReplicaSet 不是声明式的　ReplicaSet 不
是声明式的，因此不适合 GitOps。5.1.1 节将
详细解释 ReplicaSet 如何工作，以及为什么它
不是声明式的。即使 ReplicaSet 不是声明式的，
它仍然是一个重要的概念，因为 Deployment
资源使用 ReplicaSet 对象来管理 Pod。

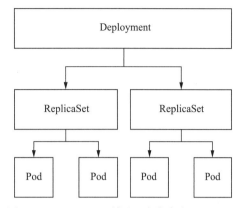

Deployment[○]是一个更高层级的概念，它
利用多个 ReplicaSet（见图 5.1）来为 Pod 提供
声明式更新以及许多其他有用的功能（见 5.1.2

图 5.1　Deployment 利用一个或多个 ReplicaSet
来提供应用程序的声明式更新。每个
ReplicaSet 根据 PodSpec 和副本的数
量来管理 Pod 的实际数量

节）。一旦你在 Deployment 清单中定义了期望状态，Deployment 控制器将持续观察实际状
态，如果它们不一致，就将现有状态更新为期望状态。

5.1.1　为什么 ReplicaSet 不适合 GitOps

ReplicaSet 清单包括一个选择器（用来指定如何识别它所管理的 Pod）、要维护的 Pod 的
副本数量，以及一个 Pod 模板（用来定义如何创建新的 Pod 以满足所需的副本数量）。然后，
ReplicaSet 控制器将根据需要创建和删除 Pod，以符合清单中指定的所需数量。正如我们在
前面提到的，ReplicaSet 不是声明式的，我们将用一个教程来让你深入了解 ReplicaSet 是如
何工作的，以及为什么它不是声明式的。

1. 部署一个带有两个 Pod 的 ReplicaSet。
2. 更新清单中的镜像 id。
3. 应用更新后的清单，观察 ReplicaSet。
4. 将清单中的 `replicas` 更新为 3。
5. 应用更新的清单，观察 ReplicaSet。

如果 ReplicaSet 是声明式的，你应该看到有 3 个 Pod 的镜像 id 被更新。

首先，我们将应用 ReplicaSet.yaml（见代码 5.1），它将创建两个镜像 id 为 `argoproj/` `rollouts-demo:blue` 的 Pod 和一个 service（见图 5.2）：

○　https://kubernetes.io/docs/concepts/workloads/controllers/replicaset/

○　https://kubernetes.io/docs/concepts/workloads/controllers/deployment/

```
$ kubectl apply -f ReplicaSet.yaml
replicaset.apps/demo created
service/demo created
```

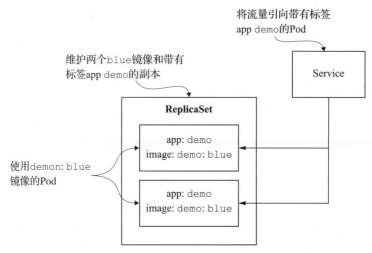

图 5.2 应用 ReplicaSet.yaml 将创建两个镜像为 `argoproj/rollouts-demo:blue` 的
Pod。它还将创建一个 `demo` 服务来引导流量到 Pod

代码 5.1 ReplicaSet.yaml

```
apiVersion: apps/v1
kind: ReplicaSet
metadata:
  name: demo
  labels:
    app: demo
spec:
  replicas: 2                    ◁── 将副本数从2更新为3
  selector:
    matchLabels:
      app: demo
  template:
    metadata:
      labels:
        app: demo
    spec:
      containers:
      - name: demo
        image: argoproj/rollouts-demo:blue   ◁── 将镜像标签从
        imagePullPolicy: Always                   blue更新为green
        ports:
        - containerPort: 8080
---
apiVersion: v1
kind: Service
metadata:
  name: demo
```

```
    labels:
      app: demo
spec:
  ports:
  - protocol: TCP
    port: 80
    targetPort: 8080
  selector:
    app: demo
```

部署完成后，我们将把镜像 id 从 blue 更新为 green，并应用这些变更：

```
$ sed -i .bak 's/blue/green/g' ReplicaSet.yaml
$ kubectl apply -f ReplicaSet.yaml
replicaset.apps/demo configured
service/demo unchanged
```

接下来，我们可以使用 kubectl diff 命令来验证 Kubernetes 中的清单是否已经更新。然后我们可以运行 kubectl get Pods，并期望看到镜像标签是 green 而不是 blue：

```
$ kubectl diff -f ReplicaSet.yaml
$ kubectl get pods -o jsonpath="{.items[*].spec.containers[*].image}"
argoproj/rollouts-demo:blue argoproj/rollouts-demo:blue
```

尽管更新的清单已经生效，但现有的 Pod 并没有被更新为 green。让我们把副本数量从 2 更新到 3，并应用清单：

```
$ sed -i .bak 's/replicas: 2/replicas: 3/g' ReplicaSet.yaml
$ kubectl apply -f ReplicaSet.yaml
replicaset.apps/demo configured
service/demo unchanged
$ kubectl get pods -o jsonpath="{.items[*].spec.containers[*].image}"
argoproj/rollouts-demo:blue argoproj/rollouts-demo:green
argoproj/rollouts-demo:blue
$ kubectl describe rs demo
Name:         demo
Namespace:    default
Selector:     app=demo
Labels:       app=demo
Annotations:  kubectl.kubernetes.io/last-applied-configuration:
                {"apiVersion":"apps/
    v1","kind":"ReplicaSet","metadata":{"annotations":{},"labels":{"app":"de
    mo"},"name":"demo","namespace":"default"},"spe...
Replicas:     3 current / 3 desired
Pods Status:  3 Running / 0 Waiting / 0 Succeeded / 0 Failed
Pod Template:
  Labels:   app=demo
  Containers:
   demo:
    Image:        argoproj/rollouts-demo:green
    Port:         8080/TCP
    Host Port:    0/TCP
    Environment:  <none>
    Mounts:       <none>
  Volumes:        <none>
```

```
Events:
  Type    Reason          Age   From                  Message
  ----    ------          ----  ----                  -------
  Normal  SuccessfulCreate 13m   replicaset-controller Created pod: demo-gfd8g
  Normal  SuccessfulCreate 13m   replicaset-controller Created pod: demo-gx16j
  Normal  SuccessfulCreate 10m   replicaset-controller Created pod: demo-vbx9q
```

令人惊讶的是，第三个 Pod 的镜像标签是 `green`，但前两个 Pod 仍然是 `blue`，因为 ReplicaSet 控制器的工作只是保证运行中的 Pod 数量（见图 5.3）。如果 ReplicaSet 是真正的声明式的，ReplicaSet 控制器应该检测到镜像标签 / 副本的变化，并将所有三个 Pod 更新为 `green`。在下一节，你将看到 Deployment 是如何工作的，以及为什么它是声明式的。

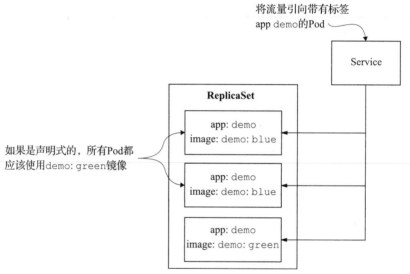

图 5.3　应用更改后，你应该看到只有两个 Pod 在运行 `blue` 镜像。如果 ReplicaSet 是声明式的，那么三个 Pod 都是 `green`

5.1.2　Deployment 如何与 ReplicaSet 一起工作

Deployment 是完全声明式的，完美地契合 GitOps。Deployment 可以执行滚动更新，实现服务的零停机部署。让我们通过一个教程来研究 Deployment 如何使用多个 ReplicaSet 来实现滚动更新。

滚动更新　滚动更新允许 Deployment 通过增量更新 Pod 实例来实现零停机更新。如果你的服务是无状态且向后兼容的，滚动更新的效果很好。否则，你将不得不研究其他的部署策略，比如蓝绿部署，这将在 5.1.3 节中介绍。

让我们想象一个实际的场景，看看 Deployment 如何适用到该场景。假设你为小企业运营一个处理信用卡的支付服务。该服务需要全天候可用，而你已经在运行两个 Pod（blue）来处理当前的交易。你注意到这两个 Pod 已经达到了极限，所以你决定扩大到三个 Pod（blue）以支持增加的流量。接下来，你的产品经理想增加对借记卡的支持，所以你需要部署一个有三个 Pod（green）的版本，并保持零停机时间。

1. 使用 Deployment 部署两个信用卡（blue）Pod（见图 5.4）。

2. 检查 Deployment 和 ReplicaSet。

3. 将 replicas 从 2 更新到 3，并应用清单。

4. 检查 Deployment 和 ReplicaSet。

5. 用三个信用卡和借记卡（green）Pod 更新清单。

6. 检查 Deployment 和 ReplicaSet，同时这三个 Pod 变成 green。

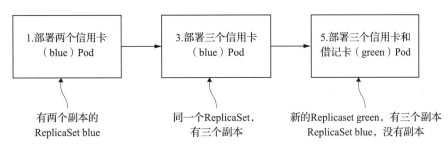

图 5.4　在本教程中，你将首先部署两个 blue Pod，然后把清单更新 / 应用到三个副本，最后再把清单更新 / 应用到三个 green Pod 上

让我们从创建初始 Deployment 开始。从代码 5.2 可以看出，YAML 与代码 5.1 基本相同，只在第 2 行做了修改，用 Deployment 代替 ReplicaSet：

```
$ kubectl apply -f deployment.yaml
deployment.apps/demo created
service/demo created
```

代码 5.2　deployment.yaml

```
apiVersion: apps/v1
kind: Deployment
metadata:
  name: demo
  labels:
    app: demo
spec:
  replicas: 2                     ◁──── 副本数最初设为2
  selector:
    matchLabels:
      app: demo
  template:
    metadata:
      labels:
        app: demo
    spec:
      containers:
      - name: demo
        image: argoproj/rollouts-demo:blue    ◁──── 镜像标签最初设为blue
        imagePullPolicy: Always
```

```
      ports:
      - containerPort: 8080
---
apiVersion: v1
kind: Service
metadata:
  name: demo
  labels:
    app: demo
spec:
  ports:
  - protocol: TCP
    port: 80
    targetPort: 8080
  Selector:
    app: dcmo          ◁────  服务demo最初被设置为只向带有标签app:demo的Pod发送流量
```

让我们检查一下应用 Deployment 清单后创建的内容：

```
$ kubectl get pods                                                   两个正在
NAME                   READY   STATUS              RESTARTS   AGE  ◁── 运行的Pod
demo-8656dbfdc5-97slx  0/1     ContainerCreating   0          7s
demo-8656dbfdc5-sbl6p  1/1     Running             0          7s
$ kubectl get Deployment                          ◁────── 一个demo Deployment
NAME    READY   UP-TO-DATE   AVAILABLE   AGE
demo    2/2     2            2           61s
                                                          一个ReplicaSet demo-
$ kubectl get rs                                  ◁────── 8656dbfdc5
NAME               DESIRED   CURRENT   READY   AGE
demo-8656dbfdc5    2         2         2       44s        demo Deployment创
                                                          建ReplicaSet demo-
$ kubectl describe rs demo-8656dbfdc5 |grep Controlled ◁── 8656dbfdc5
Controlled By:  Deployment/demo

$ kubectl describe rs demo-8656dbfdc5 |grep Replicas ◁──  ReplicaSet demo-8656dbfdc5
Replicas:       2 current / 2 desired                     使用镜像id argoproj/rollouts-
                                                          demo:blue
$ kubectl describe rs demo-8656dbfdc5 |grep Image       #F
    Image:        argoproj/rollouts-demo:blue
```

正如预期的那样，我们有一个 Deployment 和一个 ReplicaSet demo-8656dbfdc5，由 demo Deployment 创建和控制。ReplicaSet demo-8656dbfdc5 管理着两个 blue 镜像的 Pod 副本。接下来，我们将用三个副本更新清单，并检查变化：

```
$ sed -i .bak 's/replicas: 2/replicas: 3/g' deployment.yaml

$ kubectl apply -f deployment.yaml
deployment.apps/demo configured
service/demo unchanged

$ kubectl get pods
NAME                   READY   STATUS    RESTARTS   AGE
demo-8656dbfdc5-97slx  1/1     Running   0          98s
demo-8656dbfdc5-sbl6p  1/1     Running   0          98s
```

```
demo-8656dbfdc5-vh76b    1/1      Running   0          4s

$ kubectl get Deployment
NAME   READY   UP-TO-DATE   AVAILABLE   AGE
demo   3/3     3            3           109s

$ kubectl get rs
NAME               DESIRED   CURRENT   READY   AGE
demo-8656dbfdc5    3         3         3       109s

$ kubectl describe rs demo-5c5575fb88 |grep Replicas
Replicas:       3 current / 3 desired

$ kubectl describe rs demo-8656dbfdc5 |grep Image
    Image:          argoproj/rollouts-demo:blue
```

更新后，我们应该看到相同的 Deployment 和 ReplicaSet，现在它负责管理三个 blue Pod。在这一点上，Deployment 看起来就像图 5.5 中所示。接下来，我们将把清单更新为 green 镜像，并应用这些变化。由于镜像 id 已经改变，Deployment 将创建第二个 ReplicaSet 来部署 green 镜像。

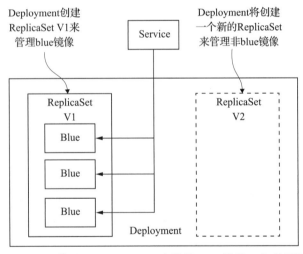

图 5.5　Deployment 使用 ReplicaSet V1 来维护 blue 镜像。如果更新到非 blue 镜像，Deployment 将为新的部署创建 ReplicaSet V2

Deployment 和 ReplicaSet　Deployment 将为每个镜像 id 创建一个 ReplicaSet，并在具有匹配镜像 id 的 ReplicaSet 中把副本数量设置为所需值。对于所有其他的 ReplicaSet，Deployment 将把这些 ReplicaSet 的副本数量设置为 0，以终止所有不匹配的镜像 id Pod。

在你应用变更之前，你可以打开一个新的终端，用下面的命令来监控 ReplicaSet 的状态。你应该看到一个 ReplicaSet（blue）和三个 Pod：

```
$ kubectl get rs --watch
NAME               DESIRED   CURRENT   READY   AGE
demo-8656dbfdc5    3         3         3       60s
```

回到原来的终端，更新部署，并应用这些变化：

```
$ sed -i .bak 's/blue/green/g' deployment.yaml
$ kubectl apply -f deployment.yaml
deployment.apps/demo configured
service/demo unchanged
```

现在切换到终端，你应该看到 ReplicaSet demo-8656dbfdc5（blue）被缩减为 0，一个新的 ReplicaSet demo-6b574cb9dd（green）被增加到 3：

```
$ kubectl get rs --watch
NAME                DESIRED   CURRENT   READY   AGE        ┌─ blue ReplicaSet
demo-8656dbfdc5     3         3         3       60s      ◁─┤  起始有三个Pod
demo-6b574cb9dd     1         0         0       0s       ◁── green ReplicaSet
demo-6b574cb9dd     1         0         0       0s           增加到一个Pod
demo-6b574cb9dd     1         1         0       0s
demo-6b574cb9dd     1         1         1       3s
demo-8656dbfdc5     2         3         3       102s
demo-6b574cb9dd     2         1         1       3s
demo-8656dbfdc5     2         3         3       102s
demo-6b574cb9dd     2         1         1       3s
demo-8656dbfdc5     2         2         2       102s
demo-6b574cb9dd     2         2         1       3s
demo-6b574cb9dd     2         2         2       6s
demo-8656dbfdc5     1         2         2       105s
demo-8656dbfdc5     1         2         2       105s
demo-6b574cb9dd     3         2         2       6s
demo-6b574cb9dd     3         2         2       6s
demo-8656dbfdc5     1         1         1       105s
demo-6b574cb9dd     3         3         2       6s       ┌─ green ReplicaSet
demo-6b574cb9dd     3         3         3       9s       ◁─┤  结束后有三个Pod
demo-8656dbfdc5     0         1         1       108s
demo-8656dbfdc5     0         1         1       108s     ┌─ blue ReplicaSet
demo-8656dbfdc5     0         0         0       108s     ◁─┤  结束后有零个Pod
```

让我们回顾一下这里正在发生什么。Deployment 使用第二个 ReplicaSet（demo-6b574cb9dd）来启动一个 green Pod，并使用第一个 ReplicaSet（demo-8656dbfdc5）来终止一个 blue Pod，如图 5.6 所示。这个过程将重复进行，直到所有三个 green Pod 被创建，同时所有 blue Pod 被终止。

当我们讨论 Deployment 的时候，我们还应该介绍 Deployment 中的滚动更新策略的两个重要配置参数：`max unavailable` 和 `max surge`。让我们回顾一下 Kubernetes 文档中的默认设置和它们的含义：

```
$ kubectl describe Deployment demo |grep RollingUpdateStrategy
RollingUpdateStrategy:  25% max unavailable, 25% max surge
```

Deployment 可以确保在更新 Pod 时只有一定数量的 Pod 是停机的。默认情况下，它确保所需数量的 Pod 中至少有 75% 是可用的（最多 25% 不可用）。

Deployment 还确保只有一定数量的正被创建的 Pod 超过所需的 Pod 数量。默认情况下，它确保最多有所需数量的 125% 的 Pod 被启动（最大增量为 25%）。

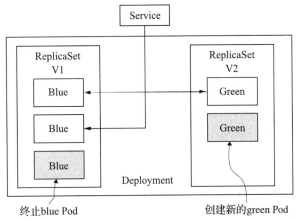

图 5.6　Deployment 会缩小 ReplicaSet V1 的规模，扩大 ReplicaSet V2 的规模。ReplicaSet
V1 将有零个 Pod，而 ReplicaSet V2 在该过程完成后将有三个 green Pod

让我们看看它是如何工作的。我们将把镜像 id 改回 blue，并将 max unavailable 配置为 3，max surge 配置为 3：

```
$ kubectl apply -f deployment2.yaml
deployment.apps/demo configured
service/demo unchanged
```

现在你可以切换回终端，监控 ReplicaSet：

```
$ kubectl get rs --watch
NAME              DESIRED   CURRENT   READY   AGE
demo-8656dbfdc5   3         3         3       60s
demo-6b574cb9dd   1         0         0       0s
demo-6b574cb9dd   1         0         0       0s
demo-6b574cb9dd   1         1         0       0s
demo-6b574cb9dd   1         1         1       3s
demo-8656dbfdc5   2         3         3       102s
demo-6b574cb9dd   2         1         1       3s
demo-8656dbfdc5   2         3         3       102s
demo-6b574cb9dd   2         1         1       3s
demo-8656dbfdc5   2         2         2       102s
demo-6b574cb9dd   2         2         1       3s
demo-6b574cb9dd   2         2         2       6s
demo-8656dbfdc5   1         2         2       105s
demo-8656dbfdc5   1         2         2       105s
demo-6b574cb9dd   3         2         2       6s
demo-6b574cb9dd   3         2         2       6s
demo-8656dbfdc5   1         1         1       105s
demo-6b574cb9dd   3         3         2       6s
demo-6b574cb9dd   3         3         3       9s
demo-8656dbfdc5   0         1         1       108s
demo-8656dbfdc5   0         1         1       108s
demo-8656dbfdc5   0         0         0       108s
demo-8656dbfdc5   0         0         0       14m
demo-8656dbfdc5   3         0         0       14m
demo-6b574cb9dd   0         3         3       13m
```

```
demo-6b574cb9dd      0       3       3       13m
demo-8656dbfdc5      3       0       0       14m           green ReplicaSet
demo-6b574cb9dd      0       0       0       13m           立即变成零个Pod
demo-8656dbfdc5      3       3       0       14m           blue ReplicaSet立
demo-8656dbfdc5      3       3       1       14m           刻增加到三个Pod
demo-8656dbfdc5      3       3       2       14m
demo-8656dbfdc5      3       3       3       14m
```

从 ReplicaSet 的变化状态可以看出，ReplicaSet demo-8656dbfdc5（green）立即变成零个 Pod，ReplicaSet demo-6b574cb9dd（blue）立即变成三个，而不是一次一个（见代码 5.3）。

代码 5.3　deployment2.yaml

```yaml
apiVersion: apps/v1
kind: Deployment
metadata:
  name: demo
  labels:
    app: demo
spec:
  replicas: 3
  selector:
    matchLabels:
      app: demo
  strategy:
    type: RollingUpdate
    rollingUpdate:
      maxSurge: 3                ← 一次最多创建
      maxUnavailable: 3             三个Pod
  template:                     ← 一次最多终止
    metadata:                      三个Pod
      labels:
        app: demo
      spec:
        containers:
        - name: demo
          image: argoproj/rollouts-demo:blue
          imagePullPolicy: Always
          ports:
          - containerPort: 8080
---
apiVersion: v1
kind: Service
metadata:
  name: demo
  labels:
    app: demo
spec:
  ports:
  - protocol: TCP
    port: 80
    targetPort: 8080
  selector:                     ← 服务demo最初被设置为只向带有
    app: demo                       标签app:demo的Pod发送流量
```

现在，你可以看到 Deployment 通过利用一个用于 blue 的 ReplicaSet 和另一个用于 green 的 ReplicaSet 实现了零停机时间的部署。当你在本章的其余部分学习其他部署策略时，你会发现它们都通过使用两个不同的 ReplicaSet 来实现类似的目的。

5.1.3 流量路由

在 Kubernetes 中，Service 是一个抽象概念，它定义了一组逻辑上的 Pod 和一个访问它们的策略。Service 所指向的 Pod 集合由选择器决定，它是服务清单中的一个字段。然后，Service 将把流量转发到具有选择器所指定的匹配标签的 Pod，如图 5.7 所示（见代码 5.2 和代码 5.3）。Service 会轮询负载均衡。如果底层的 Pod 是无状态且向后兼容的，那么对于滚动更新非常有效。如果你需要为部署定制负载均衡，则需要探索其他路由选择。

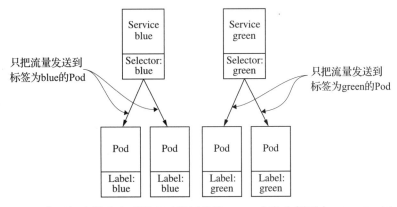

图 5.7 一个 Service 将只把流量路由到具有匹配标签的 Pod。在这个例子中，Service blue 将只把流量路由到具有 blue 标签的 Pod。Service green 将只把流量路由到具有 green 标签的 Pod

NGINX Ingress 控制器⊖可用于许多使用场景，支持各种负载均衡和路由规则。Ingress 控制器可以被配置为前端负载平衡器，以执行自定义路由，如 TLS 终止、URL 重写，或通过定义自定义规则将流量路由到任何数量的 Service。图 5.8 说明了 NGINX 控制器配置了以下规则：将 40% 的传入流量发送到 Service blue，60% 的传入流量发送到 Service green。

Istio 网关⊖是一个在 Kubernetes 集群边缘运行的负载均衡器，接收传入或传出的 HTTP/TCP 连接。该规范描述了一组应该暴露的端口、使用的协议类型，以及自定义路由配置。Istio 网关将根据自定义配置将传入的流量引导到后面的 Service（40% 到 Service blue，60% 到 Service green）（见图 5.9）。

注 NGINX Ingress 控制器和 Istio 网关都是高级话题，超出了本书的范围。请参考脚注中的链接以获得更多信息。

⊖ https://kubernetes.github.io/ingress-nginx/user-guide/basic-usage/

⊖ https://istio.io/latest/docs/reference/config/networking/gateway/

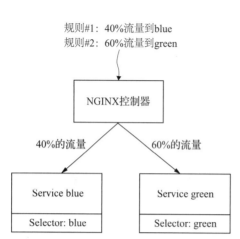

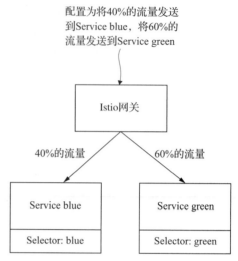

图 5.8 NGINX Ingress 控制器可以提供高级流量控制。在这个例子中，NGINX Ingress 控制器配置了一个规则，将 40% 的流量发送到 Service blue，第二个规则是将 60% 的流量发送到 Service green

图 5.9 Istio 网关是另一个支持流量路由丰富配置的负载均衡器。在这个例子中，一个自定义配置被定义为将 40% 的流量发送到 Service blue，60% 的流量发送到 Service green

5.1.4 在 minikube 中配置其他策略

对于教程的其余部分，你将需要在你的 Kubernetes 集群中启用 NGINX Ingress 和 Argo Rollouts⊖支持。

Argo Rollouts Argo Rollouts 控制器使用 Rollout 自定义资源，为 Kubernetes 提供额外的部署策略，如蓝绿部署和金丝雀部署。Rollout 自定义资源提供与 Deployment 资源相同的功能，但有额外的部署策略。

使用 minikube⊜，你可以简单地通过运行以下命令来启用 NGINX Ingress 支持：

```
$ minikube addons enable ingress
✿ The 'ingress' addon is enabled
```

要在集群中安装 Argo Rollouts，你需要创建一个 `argo-rollouts` 命名空间并运行 install.yaml。对于其他环境，请参考 Argo Rollouts 入门指南⊜。

```
$ kubectl create ns argo-rollouts
namespace/argo-rollouts created
$ kubectl apply -n argo-rollouts -f https://raw.githubusercontent.com/
```

⊖ https://github.com/argoproj/argo-rollouts

⊜ https://kubernetes.io/docs/tasks/access-application-cluster/ingress-minikube/

⊜ https://argoproj.github.io/argo-rollouts/getting-started/

```
argoproj/argo-rollouts/stable/manifests/install.yaml
customresourcedefinition.apiextensions.k8s.io/analysisruns.argoproj.io
    created
customresourcedefinition.apiextensions.k8s.io/analysistemplates.argoproj.io
    created
customresourcedefinition.apiextensions.k8s.io/experiments.argoproj.io created
customresourcedefinition.apiextensions.k8s.io/rollouts.argoproj.io created
serviceaccount/argo-rollouts created
role.rbac.authorization.k8s.io/argo-rollouts-role created
clusterrole.rbac.authorization.k8s.io/argo-rollouts-aggregate-to-admin
    created
clusterrole.rbac.authorization.k8s.io/argo-rollouts-aggregate-to-edit created
clusterrole.rbac.authorization.k8s.io/argo-rollouts-aggregate-to-view created
clusterrole.rbac.authorization.k8s.io/argo-rollouts-clusterrole created
rolebinding.rbac.authorization.k8s.io/argo-rollouts-role-binding created
clusterrolebinding.rbac.authorization.k8s.io/argo-rollouts-clusterrolebinding
    created
service/argo-rollouts-metrics created
deployment.apps/argo-rollouts created
```

5.2　蓝绿部署

正如你在 5.1 节中所了解的那样，Deployment 的滚动更新是一种很好的更新应用程序的方式，因为你的应用程序在部署过程中使用的资源量是相同的，没有停机时间，对性能的影响也很小。然而，由于向后不兼容或有状态的原因，有许多遗留的应用程序不能很好地使用滚动更新。一些应用程序可能还需要部署一个新版本，并立即切换到它，或在出现问题时快速回滚。

对于这些使用场景，蓝绿部署将是合适的部署策略。蓝绿部署通过两个同时存在、规模完全一样的部署来实现这些目的，但只把进入的流量引向两个部署中的一个。

注　在本教程中，我们将使用 NGINX Ingress 控制器将 100% 的流量路由到 blue 或 green Deployment，因为内置的 Kubernetes Service[一]只操作 iptables[二]，并不重置与 Pod 的现有连接，因此不适合蓝绿部署（见图 5.10 和图 5.11）。

5.2.1　使用 Deployment 实现蓝绿部署

在本教程中，我们将使用原生的 Kubernetes Deployment 和 Service 实现蓝绿部署。

注　在本教程之前，请参考 5.1.4 节，了解如何在 Kubernetes 集群中启用 Ingress 并安装 Argo Rollouts。

[一]　https://kubernetes.io/docs/concepts/services-networking/service/

[二]　https://en.wikipedia.org/wiki/Iptables

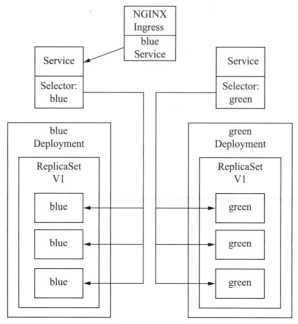

图 5.10 最初的部署将配置 NGINX 控制器，将所有流量发送到 blue Service。接着 blue
Service 将流量发送到 blue Pod

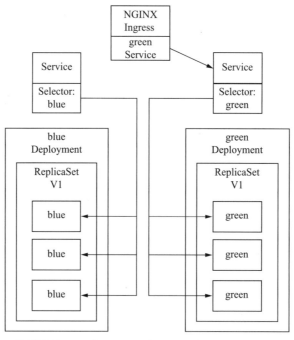

图 5.11 在 NGINX 控制器的配置更新后，所有的流量将被发送到 green Service。接着 green
Service 将流量发送到 green Pod

1. 创建一个 blue Deployment 和一个 blue Service（见图 5.12）。

2. 创建 Ingress 以引导流量到 blue service。

3. 在浏览器中查看应用程序（blue）。

4. 部署一个 green Deployment 和一个 green Service，并等待所有 Pod 就绪。

5. 更新 Ingress 以引导流量到 green Service。

6. 在浏览器中再次查看网页（green）。

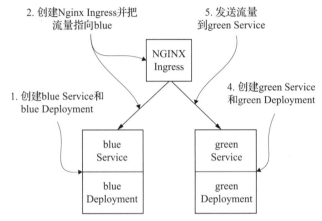

图 5.12　用 blue Service 和 blue Deployment 以及 NGINX Ingress 控制器创建初始状态，将流量引导到 blue Service。然后创建 green Service 和 green Deployment，并修改 NGINX Ingress 控制器配置，将流量导向 green Service

我们将首先通过应用 blue_deployment.yaml（见代码 5.4）创建 blue Deployment：

```
$ kubectl apply -f blue_deployment.yaml
deployment.apps/blue created
service/blue-service created
```

代码 5.4　blue_deployment.yaml

```
apiVersion: apps/v1
kind: Deployment
metadata:
  name: blue
  labels:
    app: blue
spec:
  replicas: 3
  selector:
    matchLabels:
      app: blue
  template:
    metadata:
      labels:
        app: blue
    spec:
```

```
      containers:
      - name: demo
        image: argoproj/rollouts-demo:blue
        imagePullPolicy: Always
        ports:
        - containerPort: 8080
---
apiVersion: v1
kind: Service
metadata:
  name: blue-service
  labels:
    app: blue
spec:
  ports:
  - protocol: TCP
    port: 80
    targetPort: 8080
  selector:
    app: blue
  type: NodePort
```

现在我们可以暴露出一个 Ingress 控制器，使得通过应用 blue_ingress.yaml（见代码 5.5），blue Service 可以从你的浏览器中访问。kubectl get ingress 命令将返回 Ingress 控制器的主机名和 IP 地址：

```
$ kubectl apply -f blue_ingress.yaml
ingress.extensions/demo-ingress created
configmap/nginx-configuration created
$ kubectl get ingress
NAME            HOSTS        ADDRESS          PORTS    AGE
demo-ingress    demo.info    192.168.99.111   80       60s
```

注　NGINX Ingress 控制器将只根据自定义规则中定义的主机名称拦截流量。请确保将 demo.info 及其 IP 地址添加到你的 /etc/hosts。

代码 5.5　blue_ingress.yaml

```
apiVersion: extensions/v1beta1
kind: Ingress
metadata:
  name: demo-ingress
spec:
  rules:
  - host: demo.info          ◁── 为Ingress控制器指定
                                  主机名demo.info
    http:
      paths:
      - path: /              ◁── Routes all
                                  traffic
        backend:                      将流量路由到
          serviceName: blue-service ◁── blue-service的80端口
          servicePort: 80
---
apiVersion: v1                用于定制NGINX中头
kind: ConfigMap            ◁── 文件控制的ConfigMap
```

```
metadata:
  name: nginx-configuration
data:
  allow-backend-server-header: "true"
  use-forwarded-headers: "true"
```

启用从后端服务器返回的
头文件，而不是通用的
NGINX字符串

将传入的X-Forwarded-*
头文件信息传递给上游

一旦你创建了 Ingress 控制器、blue Service 和 blue Deployment，并且用 demo.info 和正确的 IP 地址更新了 /etc/hosts，你就可以输入 URL demo.info，看到 blue Service 正在运行。

注　demo 应用程序将继续在后台调用正在运行的服务，并在右侧显示最新结果（见图 5.13）。blue（深灰色）是运行中的版本，green（浅灰色）是新版本。

服务选择器，用于查看
延迟和错误率

选中服务的延迟
和错误率

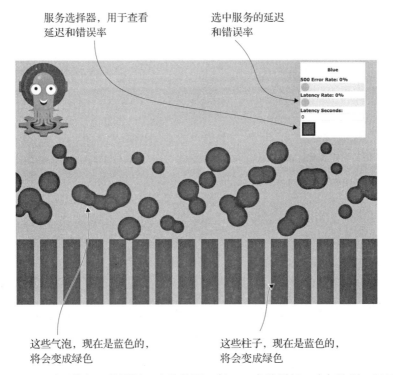

这些气泡，现在是蓝色的，
将会变成绿色

这些柱子，现在是蓝色的，
将会变成绿色

图 5.13　HTML 页面将每 2 秒刷新一次柱状图，每 100 毫秒刷新一次气泡图，以显示 blue Service 或 green Service 在响应。最初，HTML 页面中的图形将全是蓝色的，因为所有的流量都进入 blue Deployment

现在我们已经准备好部署新的 green 版本。让我们应用 green_deployment.yaml（见代码 5.6）来创建 green Service 和 green Deployment：

```
$ kubectl apply -f green_deployment.yaml
deployment.apps/green created
service/green-service created
```

代码 5.6　green_deployment.yaml

```yaml
apiVersion: apps/v1
kind: Deployment
metadata:
  name: green
  labels:
    app: green
spec:
  replicas: 3
  selector:
    matchLabels:
      app: green
  template:
    metadata:
      labels:
        app: green
    spec:
      containers:
      - name: green
        image: argoproj/rollouts-demo:green
        imagePullPolicy: Always
        ports:
        - containerPort: 8080
---
apiVersion: v1
kind: Service
metadata:
  name: green-service
  labels:
    app: green
spec:
  ports:
  - protocol: TCP
    port: 80
    targetPort: 8080
  selector:
    app: green
  type: NodePort
```

随着 green Service 和 green Deployment 准备就绪，我们现在可以更新 Ingress 控制器，将流量路由到 green Service（green_ingress.yaml 见代码 5.7）：

```
$ kubectl apply -f green_ingress.yaml
ingress.extensions/demo-ingress configured
configmap/nginx-configuration unchanged
```

代码 5.7　green_ingress.yaml

```yaml
apiVersion: extensions/v1beta1
kind: Ingress
metadata:
  name: demo-ingress
spec:
  rules:
```

```
      - host: demo.info
        http:
          paths:
          - path: /
            backend:
              serviceName: green-service        ◁      将流量路由到green-service
              servicePort: 80                           而非blue-service
---
apiVersion: v1
kind: ConfigMap
metadata:
  name: nginx-configuration
data:
  allow-backend-server-header: "true"
  use-forwarded-headers: "true"
```

如果你回到浏览器，应该看到服务变成了 green（见图 5.14）！

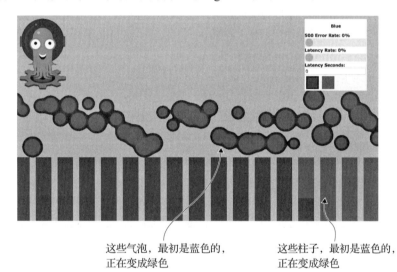

这些气泡，最初是蓝色的，
正在变成绿色

这些柱子，最初是蓝色的，
正在变成绿色

图 5.14　在 green Deployment 完成后，NGINX Ingress 控制器被更新，以引导流量到 green
　　　　Deployment，HTML 页面将开始显示绿色的气泡和柱状图

如果你对部署感到满意，你可以删除 blue Service 和 blue Deployment，或者将 blue Deployment 的规模缩小到 0。

练习 5.1　你将如何以声明式方法缩小 blue Deployment 的规模？

练习 5.2　如果你想快速回滚，你应该删除 Deployment 还是将其缩减到 0？

5.2.2　使用 Argo Rollouts 实现蓝绿部署

在生产中，使用原生的 Kubernetes Deployment，再加上额外的流程和自动化，蓝绿部署肯定是可行的。一个更好的方法是使整个蓝绿部署过程完全自动化和声明化，因此 Argo

Rollouts 诞生了。

　　Argo Rollouts 引入了一个新的自定义资源，称为 `Rollout`。它为 Kubernetes 提供额外的部署策略，如蓝绿部署、金丝雀部署（见 5.3 节）和渐进式交付（见 5.4 节）。`Rollout` 自定义资源提供了与 Deployment 资源相同的功能和额外的部署策略。在下一个教程中，你将看到用 Argo Rollouts 进行蓝绿部署是多么简单。

　　注　在本教程之前，请参考 5.1.4 节了解如何在你的 Kubernetes 集群中启用 Ingress 和安装 Argo Rollouts。

1. 部署 NGINX Ingress 控制器。
2. 使用 Argo Rollouts 部署生产 Service 和（blue）Deployment。
3. 更新清单以使用 green 镜像。
4. 应用更新的清单来部署新的 green 版本。

　　首先，我们将创建 Ingress 控制器、`demo-service` 和 blue Deployment（ingress.yaml 见代码 5.8，bluegreen_rollout.yaml 见代码 5.9）：

```
$ kubectl apply -f ingress.yaml
ingress.extensions/demo-ingress created
configmap/nginx-configuration created
$ kubectl apply -f bluegreen_rollout.yaml
rollout.argoproj.io/demo created
service/demo-service created
$ kubectl get ingress
NAME            HOSTS         ADDRESS          PORTS    AGE
demo-ingress    demo.info     192.168.99.111   80       60s
```

代码 5.8　ingress.yaml

```
apiVersion: extensions/v1beta1
kind: Ingress
metadata:
  name: demo-ingress
spec:
  rules:
  - host: demo.info
    http:
      paths:
      - path: /
        backend:
          serviceName: demo-service
          servicePort: 80
---
apiVersion: v1
data:
  allow-backend-server-header: "true"
  use-forwarded-headers: "true"
kind: ConfigMap
metadata:
  name: nginx-configuration
```

代码 5.9　bluegreen_rollout.yaml

```
apiVersion: argoproj.io/v1alpha1
kind: Rollout                          指明种类为Rollout
metadata:                              而不是Deployment
  name: demo
  labels:
    app: demo
spec:
  replicas: 3
  selector:
    matchLabels:
      app: demo
  template:
    metadata:
      labels:
        app: demo
      spec:
        containers:                    设置初始部署
        - name: demo                   为blue镜像
          image: argoproj/rollouts-demo:blue
          imagePullPolicy: Always
          ports:
          - containerPort: 8080
  Strategy:              使用蓝绿部署而
    bluegreen:          非滚动更新作为        自动更新demo-service中的
      autoPromotionEnabled: true       部署策略        选择器，将所有流量发送
      activeService: demo-service              到green Pod上
---                                    为该rollout对象指定前端
apiVersion: v1                         流量为demo-service
kind: Service
metadata:
  name: demo-service
  labels:
    app: demo
spec:
  ports:
  - protocol: TCP
    port: 80
    targetPort: 8080
  selector:
    app: demo
  type: NodePort
```

　注　Argo Rollouts 内部将维护一个 blue 的 ReplicaSet 和一个 green 的 ReplicaSet（见图 5.15）。它还将确保在更新服务选择器之前，green Deployment 已经完全扩展，以便将所有流量发送到 green。（因此，在这种情况下只需要一个 Service。）此外，Argo Rollouts 还将等待 30 秒，让所有 blue 流量传输完成，再缩小 blue Deployment。

　　一旦创建了 Ingress 控制器、Service 和 Deployment，并更新了 /etc/hosts，就可以输入 URL demo.info，看到 blue Service 正在运行。

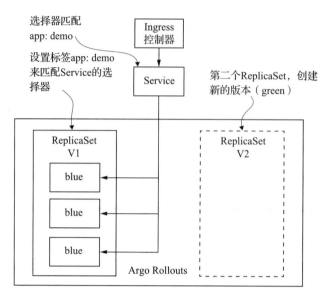

图 5.15　Argo Rollouts 类似于 Deployment，使用一个或多个 ReplicaSet 来满足部署请求。在初始状态下，Argo Rollouts 为 blue Pod 创建 ReplicaSet V1

注　NGINX Ingress 控制器将只拦截自定义规则中定义的主机的流量。请确保将 demo.info 和它的 IP 地址添加到你的 /etc/hosts。

现在我们将更新清单，部署新版本——green（见图 5.16）。一旦你应用了更新的清单，就可以回到你的浏览器，看到所有的柱子和气泡都变成绿色：

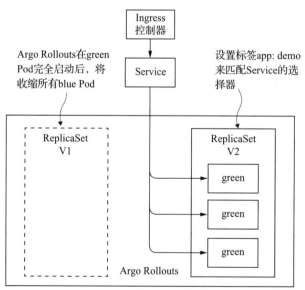

图 5.16　Argo Rollouts 为 green Pod 创建 ReplicaSet V2。一旦所有的 green Pod 开始运行，Argo Rollouts 会自动缩减所有的 blue Pod

```
$ sed -i .bak 's/demo:blue/demo:green/g' bluegreen_rollout.yaml
$ kubectl apply -f bluegreen_rollout.yaml
deployment.apps/demo configured
service/demo-service unchanged
```

5.3　金丝雀部署

金丝雀部署是这样一种技术：在面向所有人提供新软件版本之前，先在一小部分用户中短时间内发布该变更，以减少在生产中引入新软件版本的风险。金丝雀作为一个早期的故障指示器，避免了有问题的部署对所有客户的全面影响。如果一个金丝雀部署失败，你的其他服务器将不会受到影响，你可以简单地终止金丝雀部署并对问题进行分析。

注　根据我们的经验，大多数生产事故源于系统的变化，如新的部署。金丝雀部署是另一个在新版本触达所有用户之前测试你的新版本的机会。

我们的金丝雀部署的例子与蓝绿部署的例子相似。

随着金丝雀部署的运行并获得生产流量，我们可以在一个固定的时间段（如 1 小时）内监测金丝雀部署的健康状况（延迟、错误等），以确定是扩大 green Deployment 并将所有流量路由到 green Service，还是将所有流量路由回 blue Service 并在出现问题时终止 green Pod（见图 5.17 和图 5.18）。

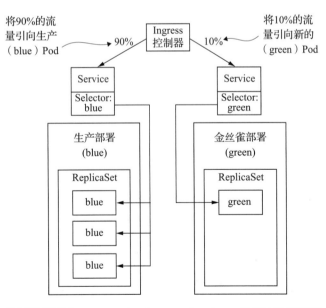

图 5.17　Ingress 控制器将面向 blue Service 和 green Service，但在这种情况下，90% 的流量将流向 blue（生产）Service，10% 将流向 green（金丝雀）Service。由于 green Service 只得到 10% 的流量，我们将只扩大一个 green Pod 的规模，以尽量减少资源的使用

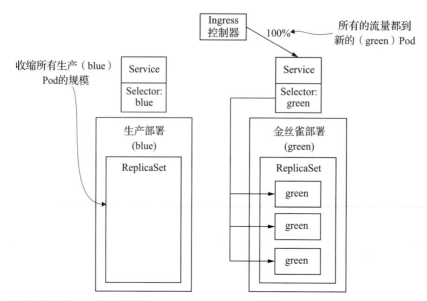

图 5.18　如果金丝雀 Pod 没有错误，green Deployment 将扩展到三个 Pod，并接收全部生产流量

5.3.1　使用 Deployment 实现金丝雀部署

在本教程中，我们将使用原生的 Kubernetes Deployment 和 Service 来实现金丝雀部署。

注　在学习本教程之前，请参考 5.1.4 节了解如何在你的 Kubernetes 集群中启用 Ingress 和安装 Argo Rollouts。

1. 创建 blue Deployment 和 blue Service（生产）。
2. 创建 Ingress，将流量指向 blue Service。
3. 在浏览器中查看应用程序（blue）。
4. 部署 green Deployment（一个 Pod）和 green Service，并等待所有 Pod 就绪。
5. 创建金丝雀 Ingress，将 10% 的流量指向 green Service。
6. 在浏览器中再次查看网页（10% 为 green，没有错误）。
7. 将 green Deployment 扩展到三个 Pod。
8. 更新金丝雀 Ingress，将 100% 的流量发送到 green Service 上。
9. 将 blue Deployment 的规模缩小到 0。

我们可以通过应用 blue_deployment.yaml（见代码 5.4）创建生产部署。

```
$ kubectl apply -f blue_deployment.yaml
deployment.apps/blue created
service/blue-service created
```

现在，我们可以通过应用 blue_ingress.yaml（见代码 5.5）来暴露一个 Ingress 控制器，这样就可以从我们的浏览器访问 blue Service。`kubectl get ingress` 命令将返回

Ingress 控制器的主机名和 IP 地址：

```
$ kubectl apply -f blue_ingress.yaml
ingress.extensions/demo-ingress created
configmap/nginx-configuration created
$ kubectl get ingress
NAME            HOSTS         ADDRESS          PORTS    AGE
demo-ingress    demo.info     192.168.99.111   80       60s
```

注 NGINX Ingress 控制器将只拦截自定义规则中定义的主机的流量。请确保将 demo.info 和它的 IP 地址添加到你的 /etc/hosts。

一旦创建了 Ingress 控制器、blue Service 和 blue Deployment，并且在 /etc/hosts 更新了 demo.info 和正确的 IP 地址，就可以输入 URL demo.info，看到 blue Service 正在运行。

现在我们已经准备好部署新的 green 版本。让我们应用 green_deployment.yaml（见代码 5.10）来创建 green Service 和 green Deployment：

```
$ kubectl apply -f green_deployment.yaml
deployment.apps/green created
service/green-service created
```

代码 5.10　green_deployment.yaml

```
apiVersion: apps/v1
kind: Deployment
metadata:
  name: green
  labels:
    app: green
spec:
  replicas: 1              ⟵  为最初的green Deployment
  selector:                    将ReplicaSet设置为1
    matchLabels:
      app: green
  template:
    metadata:
      labels:
        app: green
    spec:
      containers:
      - name: green
        image: argoproj/rollouts-demo:green
        imagePullPolicy: Always
        ports:
        - containerPort: 8080
---
apiVersion: v1
kind: Service
metadata:
  name: green-service
  labels:
    app: green
spec:
  ports:
  - protocol: TCP
```

```
      port: 80
      targetPort: 8080
    selector:
      app: green
    type: NodePort
```

接下来，我们将创建 canary_ingress（见代码 5.11），使 10% 的流量被路由到金丝雀（green）服务：

```
$ kubectl apply -f canary_ingress.yaml
ingress.extensions/canary-ingress configured
configmap/nginx-configuration unchanged
```

代码 5.11 canary_ingress.yaml

```
apiVersion: extensions/v1beta1
kind: Ingress
metadata:
  name: canary-ingress                              告诉NGINX Ingress控制器把这个
  annotations:                                      Ingress标记为金丝雀，并通过匹
    nginx.ingress.kubernetes.io/canary: "true"      配主机和路径把这个Ingress与主
    nginx.ingress.kubernetes.io/canary-weight: "10" Ingress联系起来
spec:                                               路由10%的流量到
  rules:                                            green-service
  - host: demo.info
    http:
      paths:
      - path: /
        backend:
          serviceName: green-service
          servicePort: 80
---
apiVersion: v1
data:
  allow-backend-server-header: "true"
  use-forwarded-headers: "true"
kind: ConfigMap
metadata:
  name: nginx-configuration
```

现在你可以回到浏览器，监控 green service（见图 5.19）。

如果你能看到正确的结果（健康的金丝雀），你就准备好完成金丝雀部署（green Service）。然后我们将扩大 green Deployment，将所有流量发送到 green Service，并缩小 blue Deployment 的规模：

```
$ sed -i .bak 's/replicas: 1/replicas: 3/g' green_deployment.yaml
$ kubectl apply -f green_deployment.yaml
deployment.apps/green configured
service/green-service unchanged
$ sed -i .bak 's/10/100/g' canary_ingress.yaml
$ kubectl apply -f canary_ingress.yaml
ingress.extensions/canary-ingress configured
configmap/nginx-configuration unchanged
```

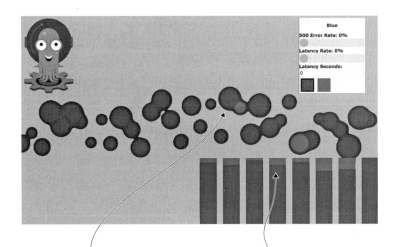

这些蓝色气泡将有10%变成绿色　　　　这些蓝色柱子将有10%变成绿色

图 5.19　HTML 页面在气泡图和柱状图中都会显示蓝色和绿色的混合，因为 10% 的流量是流向 green Pod

```
$ sed -i .bak 's/replicas: 3/replicas: 0/g' blue_deployment.yaml
$ kubectl apply -f blue_deployment.yaml
deployment.apps/blue configured
service/blue-service unchanged
```

现在你应该能够看到所有的柱子和气泡都变成了绿色，因为所有的流量被路由到 green Service（见图 5.20）。

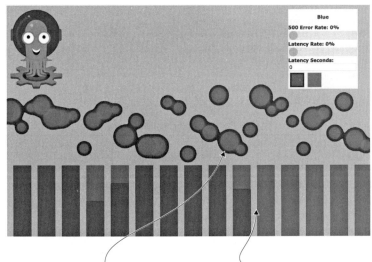

这些气泡（10%是绿色的）　　　　这些柱子（10%是绿色的）
将全部变成绿色　　　　　　　　　将全部变成绿色

图 5.20　如果金丝雀没有错误，green Deployment 将扩大规模，而 blue Deployment 将缩小
规模。在 blue Deployment 完全缩减后，气泡图和柱状图都将显示绿色

注　在真正的生产中，我们将需要确保所有的 green Pod 都已启动，然后才能将所有流量

发送到金丝雀服务。另外，我们可以在 green Deploymen 中逐步增加 green Service 的流量比例。

5.3.2 使用 Argo Rollouts 实现金丝雀部署

正如你在 5.3.1 节中所看到的，使用金丝雀部署可以帮助在早期发现问题，以防止有问题的部署，但在部署过程中会涉及许多额外的步骤。在下一个教程中，我们将使用 Argo Rollouts 来简化金丝雀部署的过程。

注 在学习本教程之前，请参考 5.1.4 节了解如何在你的 Kubernetes 集群中启用 Ingress 和安装 Argo Rollouts。

1. 创建 Ingress、生产 Deployment 和 Service（blue）。

2. 在浏览器中查看应用程序（blue）。

3. 应用包含 green 镜像与持续 60 秒的 10% 的金丝雀流量的清单。

4. 创建金丝雀 Ingress，将 10% 的流量导向 green Service。

5. 在浏览器中再次查看网页（10% 为绿色，没有错误）。

6. 等待 60 秒。

7. 再次在浏览器中查看该应用程序（全绿）。

首先，我们将创建 Ingress 控制器（见代码 5.8）、`demo-service` 和 blue Deployment（见代码 5.12）：

```
$ kubectl apply -f ingress.yaml
ingress.extensions/demo-ingress created
configmap/nginx-configuration created
$ kubectl apply -f canary_rollout.yaml
rollout.argoproj.io/demo created
service/demo-service created
$ kubectl get ingress
NAME            HOSTS        ADDRESS          PORTS    AGE
demo-ingress    demo.info    192.168.99.111   80       60s
```

代码 5.12　canary_rollout.yaml

```
apiVersion: argoproj.io/v1alpha1
kind: Rollout                          当首次部署Rollout
metadata:                              时，忽略部署策略，
  name: demo                           并执行常规部署
  labels:
    app: demo
spec:
  replicas: 3
  selector:
    matchLabels:
      app: demo
  template:
    metadata:
      labels:
        app: demo
    spec:
```

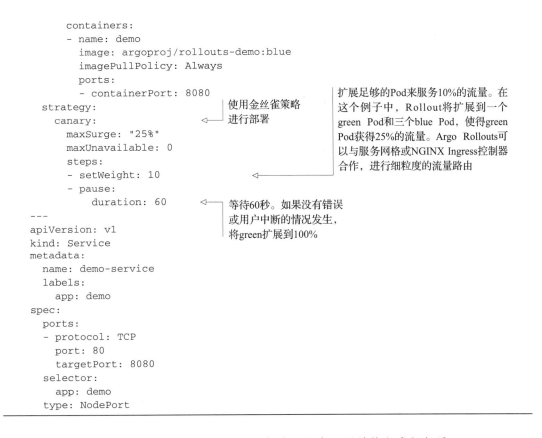

```
        containers:
        - name: demo
          image: argoproj/rollouts-demo:blue
          imagePullPolicy: Always
          ports:
          - containerPort: 8080
    strategy:                              使用金丝雀策略
      canary:                              进行部署
        maxSurge: "25%"
        maxUnavailable: 0
        steps:
        - setWeight: 10                    扩展足够的Pod来服务10%的流量。在
        - pause:                           这个例子中，Rollout将扩展到一个
            duration: 60                   green Pod和三个blue Pod，使得green
---                                        Pod获得25%的流量。Argo Rollouts可
apiVersion: v1                             以与服务网格或NGINX Ingress控制器
kind: Service                             合作，进行细粒度的流量路由
metadata:
  name: demo-service                       等待60秒。如果没有错误
  labels:                                  或用户中断的情况发生，
    app: demo                              将green扩展到100%
spec:
  ports:
  - protocol: TCP
    port: 80
    targetPort: 8080
  selector:
    app: demo
  type: NodePort
```

注 对于首次部署（blue），`Rollout` 将忽略金丝雀设置并执行常规部署。

一旦你创建了 Ingress 控制器、Service 和 Deployment，并且在 /etc/hosts 更新了 demo.info 和正确的 IP 地址，就可以输入 URL demo.info，看到 blue Service 正在运行。

注 NGINX Ingress 控制器将只拦截自定义规则中定义的主机的流量。请确保将 demo.info 和它的 IP 地址添加到你的 /etc/hosts。

一旦 blue Service 完全启动和运行，就可以用 green 镜像更新清单，并应用清单：

```
$ sed -i .bak 's/demo:blue/demo:green/g' canary_rollout.yaml
$ kubectl apply -f canary_rollout.yaml
rollout.argoproj.io/demo configured
service/demo-service unchanged
```

一旦金丝雀启动，你应该看到与图 5.19 类似的东西。1 分钟后，green ReplicaSet 将扩大规模，而 blue Deployment 将缩小规模，所有的柱子和气泡都变成绿色（见图 5.20）。

5.4 渐进式交付

渐进式交付也可以被看作金丝雀部署的一个完全自动化版本。渐进式交付不是在扩大金丝雀部署之前监测一个固定的时段（如1小时），而是持续监测 Pod 的健康状况并扩大规模，直到完全扩展。

使用 Argo Rollouts 实现渐进式交付

Kubernetes 没有提供分析工具来确定新部署的正确性。在本教程中，我们将使用 Argo Rollouts 来实现渐进式交付。Argo Rollouts 使用金丝雀策略以及 `AnalysisTemplate` 来实现渐进式交付（见图 5.21 和图 5.22）。

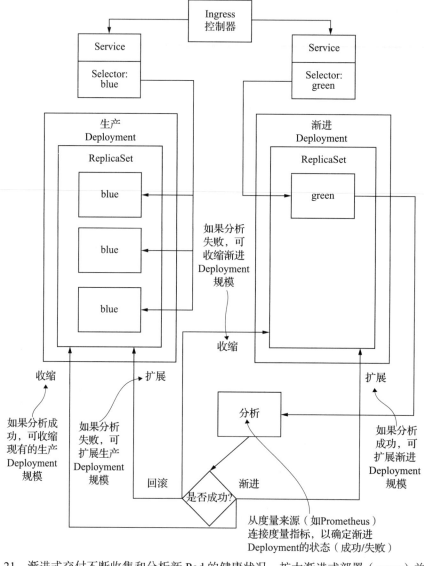

图 5.21　渐进式交付不断收集和分析新 Pod 的健康状况、扩大渐进式部署（green）并缩小生产部署（blue），直到分析被确定为成功

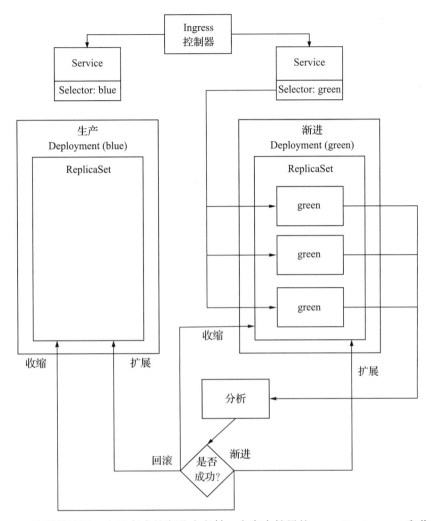

图 5.22　该图描述了一个已完成的渐进式交付，有完全扩展的 green Deployment 和收缩的
　　　　　blue Deployment

注　在学习本教程之前，请参考 5.1.4 节了解如何在你的 Kubernetes 集群中启用 Ingress
和安装 Argo Rollouts。

1. 创建 `AnalysisTemplate`。
2. 创建 Ingress、生产 Deployment 和 Service（blue）。
3. 创建 Ingress 将流量指向生产 Service。
4. 在浏览器中查看应用程序（blue）。
5. 更新并应用带有 Pass 模板的 green 镜像的清单。
6. 再次在浏览器中查看该网页（green）。

7. 更新并应用带有 Fail 模板的 green 镜像的清单。

8. 再次在浏览器中查看该应用程序。仍然是 blue！

首先，我们将为 Rollout 创建 AnalysisTemplate（见代码 5.13），以收集指标并确定 Pod 的健康状况。为了简单起见，我们将创建一个 AnalysisTemplate pass——它将总是返回 0（健康），以及一个 AnalysisTemplate fail——它将总是返回 1（不健康）。此外，Argo Rollouts 内部维护多个 ReplicaSet，所以不需要多个 Service。接下来，我们将创建 Ingress 控制器（见代码 5.8）、demo-service 和 blue Deployment（见代码 5.14）：

```
$ kubectl apply -f analysis-templates.yaml
analysistemplate.argoproj.io/pass created
analysistemplate.argoproj.io/fail created
$ kubectl apply -f ingress.yaml
ingress.extensions/demo-ingress created
configmap/nginx-configuration created
$ kubectl apply -f rollout-with-analysis.yaml
rollout.argoproj.io/demo created
service/demo-service created
$ kubectl get ingress
NAME            HOSTS         ADDRESS          PORTS   AGE
demo-ingress    demo.info     192.168.99.111   80      60s
```

注 对于生产，AnalysisTemplate 支持 Prometheus、Wavefront 和 Netflix Kayenta，并且可以扩展到其他指标存储。

代码 5.13　analysis-templates.yaml

```
apiVersion: argoproj.io/v1alpha1
kind: AnalysisTemplate
metadata:
  name: pass
spec:
  metrics:
  - name: pass
    interval: 15s              ← 运行间隔为15秒
    failureLimit: 1
    provider:
      job:
        spec:
          template:
            spec:
              containers:
              - name: sleep
                image: alpine:3.8
                command: [sh, -c]     ← 返回0（始终通过）
                args: [exit 0]
                restartPolicy: Never
          backoffLimit: 0
---
apiVersion: argoproj.io/v1alpha1
kind: AnalysisTemplate
metadata:
  name: fail
```

```
    name: fail
spec:
  metrics:
  - name: fail
    interval: 15s                    ← 运行间隔为15秒
    failureLimit: 1
    provider:
      job:
        spec:
          template:
            spec:
              containers:
              - name: sleep
                image: alpine:3.8
                command: [sh, -c]     ← 返回1（始终失败）
                args: [exit 1]
                restartPolicy: Never
              backoffLimit: 0
```

代码 5.14　rollout-with-analysis.yaml

```
apiVersion: argoproj.io/v1alpha1
kind: Rollout
metadata:
  name: demo
spec:
  replicas: 3
  revisionHistoryLimit: 1
  selector:
    matchLabels:
      app: demo
  strategy:                          ← 使用金丝雀
    Canary:                            策略进行部署
      analysis:
        templateName: pass           ← 指定AnalysisTemplate pass
      steps:
      - setWeight: 10                ← 扩展足够的Pod来服务10%的流量。在这个例子中，
      - pause:                         Rollout将扩展到一个green Pod和三个blue Pod，使
          duration: 20  ←              得green Pod获得25%的流量。Argo Rollouts可以与
  template:                            服务网格或NGINX Ingress控制器合作，进行细粒
    metadata:                          度的流量路由
      labels:
        app: demo                      在完全扩展前等待20秒
    spec:
      containers:
      - image: argoproj/rollouts-demo:blue
        imagePullPolicy: Always
        name: demo
        ports:
        - containerPort: 8080
---
apiVersion: v1
kind: Service
metadata:
  name: demo-service
```

```
    labels:
      app: demo
  spec:
    ports:
    - protocol: TCP
      port: 80
      targetPort: 8080
    selector:
      app: demo
    type: NodePort
```

注 对于首次部署（blue），`Rollout` 将忽略金丝雀设置并执行常规部署。

一旦创建了 Ingress 控制器、Service 和 Deployment，并且在 /etc/hosts 更新了 demo.info 和正确的 IP 地址，就可以输入 URL demo.info，看到 blue Service 正在运行。

一旦 blue Service 完全启动和运行，就可以用 green 镜像更新清单，并应用清单。你应该看到蓝色逐渐变成绿色，20 秒后完全变成绿色（见图 5.23）：

```
$ sed -i .bak 's/demo:blue/demo:green/g' rollout-with-analysis.yaml
$ kubectl apply -f rollout-with-analysis.yaml
rollout.argoproj.io/demo configured
service/demo-service unchanged
```

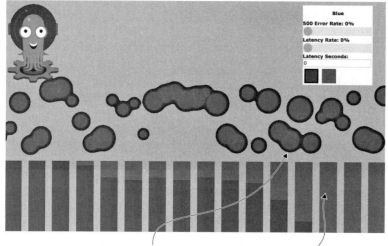

这些气泡（本来是蓝色的）
将全部变成绿色

这些柱子（本来是蓝色的）
将全部变成绿色

图 5.23 随着 green Deployment 的逐步扩大，如果没有错误，气泡图和柱状图都会逐渐变成全绿色

现在让我们再次部署，回到 blue 镜像。这一次我们还将切换到 "Fail" `AnalysisTemplate`，它将在 15 秒后返回失败状态。我们应该看到蓝色逐渐出现在浏览器中，但 15 秒后又变回绿色（见图 5.24）：

```
$ sed -i .bak 's/demo:green/demo:blue/g' rollout-with-analysis.yaml
$ sed -i .bak 's/templateName: pass/templateName: fail/g' rollout-with-
    analysis.yaml
$ kubectl apply -f rollout-with-analysis.yaml
rollout.argoproj.io/demo configured
service/demo-service unchanged
```

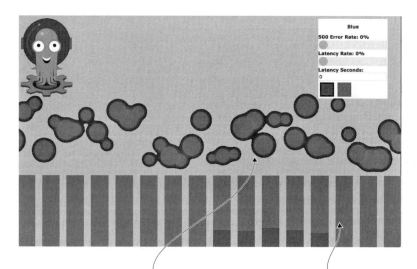

这些气泡本来正逐渐变蓝，因为 blue 的错误，将全部变成绿色　　这些柱子，本来正逐渐变蓝，因为 blue 的错误，将全部变成绿色

图 5.24　blue Deployment 逐步扩大，但返回错误。blue Deployment 在失败时将缩减，气泡图和柱状图都返回绿色

注　在失败后，演示发布将被标记为中止，并且不会再次部署，直到中止状态被设置为 false。

从这个教程中，你可以看到 Argo Rollouts 使用金丝雀策略，如果 AnalysisTemplate 根据收集到的指标持续报告成功，就逐步扩大 green Deployment。如果 AnalysisTemplate 报告失败，Argo Rollouts 将通过缩减 green Deployment 并将 blue Deployment 扩增到原始状态来回滚。几种部署策略的比较见表 5.1。

表 5.1　部署策略对比

部署策略	优　　点	缺　　点
Deployment	Kubernetes 内置 滚动式更新 最少的所需硬件	只支持向后兼容且无状态的应用程序
蓝绿部署	支持有状态的应用程序和非后向兼容的部署 快速回滚	需要额外的自动化 部署期间需要双倍的硬件
金丝雀部署	通过部分用户，使用生产流量和依赖对新版本进行验证	需要额外的自动化 较长的部署过程 只支持向后兼容且无状态的应用程序

（续）

部署策略	优　点	缺　点
渐进式部署	逐步将新版本部署到一个用户子集，如果指标良好，则不断扩展到所有用户；如果指标不好，则自动回滚	需要额外的自动化 需要指标收集和分析 较长的部署过程 只支持向后兼容且无状态的应用程序

5.5　总结

❑ ReplicaSet 不是声明式的，不适合 GitOps。

❑ Deployment 是完全声明式的，是对 GitOps 的补充。

❑ Deployment 执行滚动更新，最适合无状态和向后兼容的部署。

❑ Deployment 可以通过 max surge 来指定新 Pod 的数量，以及通过 max unavailable 来限制被终止的 Pod 的数量。

❑ 蓝绿部署适用于非向后兼容的部署或粘性会话的服务。

❑ 蓝绿部署可以通过利用两个 Deployment（每个都有一个自定义标签）和更新 Service 中的 selector 来实现，以将 100% 的流量路由到活动的部署。

❑ 金丝雀可以作为故障的早期指标，以避免有问题的部署一次对所有客户产生全面影响。

❑ 金丝雀部署可以通过利用两个 Deployment 和 NGINX Ingress 控制器来逐步调整流量。

❑ 渐进式交付是金丝雀部署的高级版本，使用实时指标来继续或中止部署。

❑ Argo Rollouts 是一个开源项目，可以简化蓝绿部署、金丝雀部署和渐进式部署。

❑ 每种部署策略都有其优点 / 缺点，为你的应用选择正确的策略很重要。

第 6 章 *Chapter 6*

访问控制与安全

本章包括：

❑ 使用 GitOps 驱动部署时的攻击领域

❑ 确保关键基础设施组件得到保护

❑ 选择正确的配置管理模式的准则

❑ 增强安全性以避免 GitOps 中的安全隐患

访问控制和安全话题总是必不可少的，对于部署和基础设施管理尤其关键。在这种情况下，攻击面包括基础设施等昂贵的东西、政策和合规性等危险的东西，以及包含用户数据的数据存储等最重要的东西。现代运维方法使工程团队能够以更快的速度前进，并为快速迭代进行优化。然而，更多的发布也意味着更多引入漏洞的机会，导致安全团队面临新的挑战。依靠人工操作知识的传统安全流程可能仍然有效，但却难以扩展并满足企业利用 GitOps 与自动化构建和发布基础设施的需求。

我们建议你在阅读本章之前阅读第 1 章和第 2 章。

6.1 访问控制介绍

安全问题既关键又复杂。通常情况下，它是由安全专家甚至整个专门的安全团队来处理的。那么，为什么我们要在讨论 GitOps 的时候谈论它呢？ GitOps 改变了安全责任，就像它改变了运维责任的界限一样。有了 GitOps 和 Kubernetes，工程团队被授权通过编写

Kubernetes 访问配置和使用 Git 来执行适当的配置变更流程来为安全作出贡献。鉴于安全团队不再是一个瓶颈，它可以将一些责任转给开发人员，并专注于提供安全基础设施。GitOps 促使安全工程师和 DevOps 工程师之间更紧密和更有成效的合作，使任何影响环境安全的拟议变更在作用于生产之前，都能经过适当的安全审查和批准。

6.1.1　什么是访问控制

为了更好地理解访问控制与 GitOps 结合的细微差别，让我们先了解什么是访问控制。

访问控制是一种限制对系统或物理或虚拟资源访问的方式。它规定了谁被允许访问受保护的资源，以及允许执行什么操作。访问控制由两部分组成：认证，确保用户是他们所说的人；以及鉴权，确保他们有适当的权限对指定的资源执行要求的操作。无论在哪个领域，访问控制包括三个主要部分（见图 6.1）：主体（subject）、客体（object）和访问监控器（reference monitor）。

图 6.1　主体是请求访问一个对象的实体。客体是被访问的实体或资源。访问
监控器是控制对受保护对象的访问的实体

访问控制系统最直接的表述是一个物理世界的例子：一个人试图通过门进入大楼。这个人是一个主体，他试图进入物体，也就是一栋建筑。门是一个访问监控器，只有在试图进入的人有门钥匙的情况下才会授权访问请求。

练习 6.1　一个电子邮件客户端正试图从一个电子邮件服务器上读取电子邮件。你能确定这种情况下的主体、客体和访问监控器是什么吗？

6.1.2　确保什么

在确保应用交付到 Kubernetes 集群的过程端到端安全时，需要确保许多不同的组件。这些包括（但不限于）：

- ❏ CI/CD 流水线
- ❏ 容器镜像仓库
- ❏ Git 代码仓库
- ❏ Kubernetes 集群
- ❏ 云提供商或数据中心
- ❏ 应用程序本身
- ❏ GitOps Operator（如果适用）

这些组件中的每一个都有其独特的安全问题、认证机制和基于角色的访问控制（RBAC）模型，并将根据许多因素和考虑进行不同方式的配置。由于安全的健壮程度取决于最薄弱的环节，因此所有的组件在集群的整体安全中起着同样重要的作用。

一般来说，安全选择往往是安全和便利之间的平衡行为。一个可能非常安全的系统可能非常不方便，以至于从用户的角度来看，它变得无法使用。作为运营人员，我们的目标是在不影响安全的情况下，使用户体验尽可能便捷。

影响组件安全的一些考虑因素包括：

❑ 潜在的攻击载体。

❑ 如果该组件被破坏，最坏的情况下的后果。

❑ 谁应该被允许访问该服务。

❑ 各种用户有什么权限（RBAC）。

❑ 可以采取哪些保护措施来降低风险。

接下来将介绍这些组件和一些独特的安全考虑。

CI/CD 流水线

CI/CD 构建和部署流水线是向 Kubernetes 集群交付新构建软件的起点。Jenkins、Circle CI 和 Travis CI 是一些流行的 CI/CD 系统。安全问题常常是事后才想到的，因为大多数人的想法和精力都集中在保护生产环境和生产数据上。然而，CI/CD 是拼图中同样重要的一块。这是因为 CI/CD 流水线最终控制了新软件如何被驱动到环境中。一旦被破坏，它就有能力向集群提供有害软件。

构建系统通常被配置为有足够的凭证来履行其职责。例如，为了发布新的容器镜像，CI/CD 流水线可能需要容器镜像仓库的凭证。一般而言，构建系统也被赋予访问 Kubernetes 集群的权限和凭证，以执行实际的部署。但正如我们在本章后面所看到的，随着 GitOps 的出现，直接访问集群已不再必要。

有权限进入 CI/CD 构建系统的攻击者可以通过多种方式破坏安全。例如，流水线可以被修改以暴露前面提到的容器镜像仓库或集群凭证。另一个例子是流水线可能被劫持，从而将恶意的容器部署到集群而不是预定的容器中。

甚至在某些情况下，不良行为者可能仅通过使用 CI 系统的标准功能就会破坏安全。例如，当对一个代码库提出拉取请求时，它会启动一个流水线，执行一系列的步骤来验证和测试该变化。这些步骤的内容通常在代码库中包含的文件中定义（如 Jenkins 的 Jenkinsfile 或 Circle CI 的 .circleci/config.yml）。发起新的拉取请求的能力通常是对外界开放的，这样任何人都可以提出对项目的贡献。然而，攻击者可以简单地发起一个拉取请求，修改流水线来做一些恶意的事情。出于这个原因，许多 CI 系统包含了一些功能，以防止流水线在一个不受信任的来源提出拉取请求时被执行。

容器镜像仓库

容器镜像仓库（registry）存放将在集群中部署的容器镜像。因为镜像仓库里的容器镜像有可能在集群中运行，所以镜像仓库的内容需要被信任，也需要信任可以推送到该镜像仓库的用户。因为任何人都可以将镜像发布到公共镜像仓库，如 DockerHub、Quay.io 和 grc.io，所以企业的标准安全措施是完全阻止从这些不受信任的容器镜像仓库拉取镜像。取而代之的是，所有的镜像都将从一个受信任的内部镜像仓库拉取，该仓库可以定期扫描镜像中的漏洞。

拥有可信容器镜像仓库权限的攻击者可以向仓库推送镜像，并覆盖现有的、先前可信的镜像。例如，假设你的集群已经在运行一些镜像 mycompany/guestbook:v1.0。一个能够访问镜像仓库的攻击者可以推送一个新的镜像，并覆盖现有的 guestbook:v1.0 标签，将该镜像的含义改为恶意的。然后，当容器下次启动时（也许是由于 Pod 的重新调度），它将运行一个受入侵版本的镜像。

这种攻击可能不会被发现，因为从 Kubernetes 和 GitOps 系统的角度来看，一切都符合预期；实时清单与 Git 中的配置清单相匹配。为了解决这个问题，可以在一些镜像仓库将镜像标签（或镜像版本）指定为不可变的，这样一旦写入，该镜像标签的含义就不会改变。

不可更改镜像标签　一些镜像仓库（如 DockerHub）提供了一个使镜像标签不可更改的功能。这意味着一旦镜像标签已经存在，就没有人可以覆盖它，这样基本上可以防止镜像标签被重复使用。使用这一功能可以防止现有部署的镜像标签被修改，从而增加额外的安全性。

Git 代码仓库

在 GitOps 的背景下，Git 代码仓库定义了哪些资源将被安装到集群中。储存在 Git 仓库中的 Kubernetes 清单是最终进入集群的资源。因此，任何能够访问 Git 仓库的人都应该被信任，以决定集群的构成，包括 Deployment、容器镜像、Role、RoleBinding、Ingress 和 NetworkPolicy 等。

在最坏的情况下，可以完全访问 Git 仓库的攻击者可以向 Git 仓库推送一个新的提交，更新一个 Deployment 以在集群中运行一个恶意的容器。他们还可能添加一个 Role 和 RoleBinding，赋予部署足够的权限来读取 Secret 和泄漏敏感信息。

好消息是，由于攻击者需要向版本库推送提交，他们所执行的恶意行为将在众目睽睽之下进行，可以被审计和追踪。然而，对 Git 仓库的提交和拉取请求的访问等权限应该被约束在有限的一群人中，只有这些人能够有效地拥有完整的集群管理权限。

Kubernetes 集群

Kubernetes 集群的安全本身就值得写一本书，所以我们只打算涵盖与 GitOps 最相关的主题。正如你所知，Kubernetes 集群是运行你的应用程序代码的基础设施平台。可以说，攻击者获得集群访问权是最糟糕的情况。因此，对于攻击者，Kubernetes 集群是具有极高价值的目标，而集群的安全是最重要的。

GitOps 为你决定如何授予用户对集群的访问权提供了一套全新的选项。这将在本章后面深入介绍，但从高层次来说，GitOps 为运维人员提供了一种新的方式来提供对集群的访问（比如通过 Git），而不是让用户直接访问集群（比如通过个性化的 kubeconfig 文件）。

传统而言，在 GitOps 之前，开发者一般需要直接访问 Kubernetes 集群来管理和改变他们的环境。但有了 GitOps，直接访问集群不再是严格意义上的要求，因为环境管理可以借助一个新的媒介——Git。假设所有的开发者都可以通过 Git 访问集群。在这种情况下，这也意味着运维人员可以决定完全关闭对集群的传统直接访问（或至少是写入访问），并强制要求所有的变更都通过 Git 来完成。

云服务提供商或数据中心

也许 Kubernetes 集群实际运行的底层云提供商（如 AWS）或物理数据中心并不在 GitOps 的范围内，但对于安全而言，再怎么讨论也不为过。通常，在 Kubernetes 中运行的应用程序将依赖于云中的一些托管资源或服务，如数据库、DNS、对象存储（如 S3）、消息队列等。由于开发者和应用程序都需要访问这些资源，运营商需要考虑如何将这些云提供商资源的创建和访问权授予用户。

开发人员可能需要访问他们的数据库，以执行诸如数据库模式迁移或生成报告的工作。虽然 GitOps 本身并没有为数据库的安全提供解决方案，但当数据库配置开始悄悄进入 Kubernetes 清单（通过 GitOps 管理）时，GitOps 就会发挥作用。例如，运维人员可能会采用一种机制来帮助确保对数据库的访问，即 Kubernetes NetworkPolicy 中的 IP 白名单。由于 NetworkPolicy 是一种标准的 Kubernetes 资源，可以通过 Git 管理，NetworkPolicy 的内容（IP 白名单）对运维人员来说是一个重要的安全问题。

还需要考虑的是，Kubernetes 资源会对云提供商的资源产生深远影响。例如，一个被允许创建普通 Kubernetes Service 对象的用户，可能导致在云服务提供商那里创建许多昂贵的负载均衡器，并在无意中将服务暴露给外部世界。出于这些原因，集群运维人员必须深刻理解 Kubernetes 资源和云提供商资源之间的关系，以及允许用户自行管理这些资源的后果。

GitOps Operator

根据你对 GitOps Operator 的选择，加固 Operator 可能是一个选项。一个基本的 GitOps Operator（比如第 2 章中基于 CronJob 的简易 GitOps Operator）没有其他的安全问题，因为它不是一个可以暴露在外部的服务，也没有任何形式的管理问题。另外，像 Argo CD、Helm 或 Jenkins X 这样的工具是要暴露给终端用户的。因此，它有额外的安全考虑，因为它可能成为一个攻击的媒介。

6.1.3 GitOps 的访问控制

首先，让我们弄清楚持续交付（CD）安全模型中的访问控制主体和客体。正如我们已经了解到的，对象是必须要保护的资源。CD 的攻击面很大，但不可变基础设施和 Kubernetes 的理念把它缩小到只有两件事：Kubernetes 配置和部署制品。

正如你已经知道的，Kubernetes 配置是由 Kubernetes 资源的集合描述的。资源清单存储在 Git 中并自动应用于目标 Kubernetes 集群。部署制品是容器镜像。有了它们，你就可以以任何方式塑造你的生产环境，甚至在任何时候从头开始重新创建。

在这种情况下，访问控制主体是工程师和自动化的流程，如 CI 流水线。工程师利用自动化来不断产生新的容器镜像，并更新 Kubernetes 配置来部署它们。

除非你使用 GitOps，否则 Kubernetes 配置要么手动更新，要么在持续集成中编写脚本。这种方法（有时被称为 CIOps[一]）通常会让安全团队感到紧张（见图 6.2）。

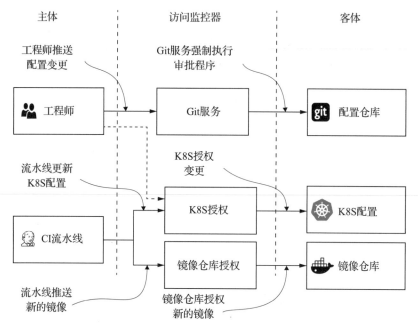

图 6.2　CIOps 的安全模型是不安全的，因为它为工程师和 CI 系统提供了集群访问。这里的问题是，CI 系统获得了对集群的控制权，并被允许进行任意的 Kubernetes 配置更改。这大大扩展了攻击面，使你的集群难以保证安全

那么 GitOps 是如何改善这种情况的呢？GitOps 统一了从 Git 仓库到集群的应用变更过程。这使得访问令牌更靠近集群，进而有效地将确保集群访问安全的负担转移到 Git 仓库（见图 6.3）。

保护 Git 仓库中的配置仍然需要努力。它的好处是，我们可以使用保护应用程序源代码的相同工具。像 GitHub 和 GitLab 这样的 Git 托管服务商，允许我们定义并强制执行变更流程，比如对每个变更进行强制审查或静态分析。

由于 GitOps Operator 是唯一拥有集群访问权的主体，因此更容易定义工程团队可以和不可以部署到集群中的内容，并显著提高集群的安全性。

　　[一]　http://mng.bz/MXB7

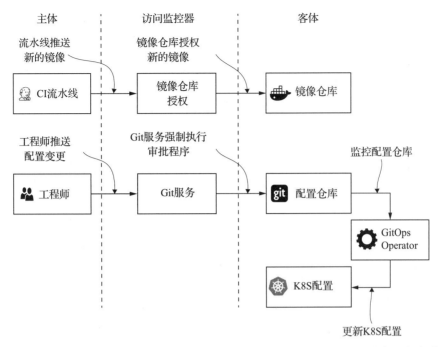

图 6.3 GitOps 的安全模型将集群的访问权限制在只有 GitOps Operator。攻击面大大减少，保护集群也就更简单了

让我们继续学习如何保护 Git 仓库中的 Kubernetes 配置以及如何微调 Kubernetes 访问控制。

6.2 访问限制

正如本章开头所讨论的，有许多组件涉及集群的安全，包括 CI/CD 构建系统、容器镜像仓库和实际的 Kubernetes 集群。每个组件都实现了特定的访问控制机制，以允许或拒绝访问。

6.2.1 Git 仓库访问

Git 是一个完全面向开发者的工具。默认情况下，它的配置使得在任何时候改变任何东西都非常容易。这种简单性使得 Git 在开发者社区中如此受欢迎。

然而，Git 是建立在坚实的密码学基础之上的：它使用默克尔树作为基本的底层数据结构。同样的数据结构被用作区块链的基础[⊖]。因此，Git 可以作为一个分布式账本使用，使其成为一个很好的审计日志存储。

⊖ https://en.wikipedia.org/wiki/Blockchain

默克尔树 默克尔树是一棵树，其中每个叶子节点都被标记为数据块的哈希值，每个非叶子节点都被标记为其子节点的标签的加密哈希值。[⊖]

下面简要介绍一下 Git 的工作原理。每当开发者想保存一组修改时，Git 都会计算引入的差异并创建一个 bundle，其中包括引入的修改、各种元数据字段（如日期和作者），以及对代表先前仓库状态的父 bundle 的引用。最后，bundle 被散列并存储在版本库中。这个 bundle 称为提交。该算法与区块链中使用的算法基本相同。

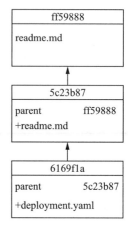

哈希值被用来保证所使用的代码与提交的代码相同，并且没有被篡改过。因此，Git 仓库是一个提交链，通过密码学保护，避免了隐藏的修改（见图 6.4）。由于背后的加密算法，因此相信 Git 的实现是安全的，所以我们可以把它作为审计日志。

图 6.4　每一次 Git 提交都会引用之前的提交，形成一个树状的数据结构。所有的修改都在 Git 仓库中被完全追踪

创建部署仓库

让我们创建一个示例部署仓库，然后看看如何让它准备好驱动 GitOps 部署。为方便起见，我们使用现有的部署仓库，网址是 https://github.com/gitopsbook/sample-app-deployment。该仓库包含 Kubernetes Service 和 Deployment 资源的部署清单。部署资源清单可在代码 6.1 中找到。

代码 6.1　示例应用部署（http://mng.bz/ao1z）

```
apiVersion: apps/v1
kind: Deployment
metadata:
  name: sample-app
spec:
  replicas: 1
  revisionHistoryLimit: 3
  selector:
    matchLabels:
      app: sample-app
  template:
metadata:
  labels:
    app: sample-app
spec:
  containers:
```

⊖　https://en.wikipedia.org/wiki/Merkle_tree

```
- image: gitopsbook/sample-app:v0.1
  name: sample-app
  command:
    - /app/sample-app
  ports:
  - containerPort: 8080
```

如前所述，Git 是一个分布式版本控制系统。这意味着每个开发者都有一个完整的本地仓库副本，并有完全的权限来进行修改。然而，也有一个公共仓库，所有团队成员都用它来交换他们的修改。这个共同的远程仓库由 GitHub 或 GitLab 等 Git 托管服务来托管。托管服务提供了一系列的安全功能，可以保护仓库免受不必要的修改，强制提交者的身份，防止历史记录被覆盖，等等。

第一步，访问 gitopsbook/sample-app-deployment 仓库，在你的 GitHub 账户中创建一个复刻[⊖]：

https://github.com/gitopsbook/sample-app-deployment

一旦创建了复刻，就可以使用下面的命令在本地克隆版本库并准备进行修改：

```
$ git clone https://github.com/<username>/sample-app-deployment.git
Cloning into 'sample-app-deployment'...
remote: Enumerating objects: 14, done.
remote: Total 14 (delta 0), reused 0 (delta 0), pack-reused 14
Receiving objects: 100% (14/14), done.
Resolving deltas: 100% (3/3), done.
```

虽然仓库是公开的，但这并不意味着每个拥有 GitHub 账户的人都可以在没有适当许可的情况下进行修改。GitHub 确保能修改的用户要么是仓库所有者，要么是被邀请的合作者[⊖]。

练习 6.2　使用 HTTPS URL 克隆仓库，在不提供 GitHub 用户名和密码的情况下尝试推送任何修改：

git clone https://github.com/<username>/sample-app-deployment.git

你可能会创建一个组织[⊜]，并使用团队管理访问，而不是创建一个个人仓库。这套访问管理功能非常全面，涵盖了从单个开发人员到大型组织的大多数使用情况。然而，这还不够。

练习 6.3　创建第二个 GitHub 用户并邀请该用户作为合作者。试着用第二个 GitHub 用户的凭证推送任何修改。

强制代码审查流程

无论是加密保护还是授权设置，都无法预防恶意开发者故意引入的漏洞，或者仅仅是

⊖　http://mng.bz/goBl
⊖　http://mng.bz/e51z
⊜　http://mng.bz/pVPG

通过不良的编码实践引入的错误。无论应用程序源代码中的漏洞是否是有意引入的，推荐的解决方案都是一样的：部署仓库中的所有更改都必须经过代码审查流程，该流程由 Git 托管商强制执行。

让我们确保对 sample-app-deployment 仓库的主干分支的每一个改动都要经过代码审查过程，并且至少有一个审查员批准。启用强制审查程序的步骤在 http://mng.bz/OExn 中描述：

1. 导航到版本库设置中的分支部分。

2. 点击添加规则按钮。

3. 输入所需的分支名称。

4. 启用合并前需要审查拉取请求和包括管理员的设置。

接下来，让我们试着做一个配置上的改变，并把它推送到主干分支：

```
$ sed -i .bak 's/v0.1/v0.2/' deployment.yaml
$ git commit -am 'Upgrade image version'
$ git push
remote: error: GH006: Protected branch update failed for refs/heads/master.
remote: error: At least 1 approving review is required by reviewers with
    write access.
To github.com:<username>/sample-app-deployment.git
 ! [remote rejected] master -> master (protected branch hook declined)
error: failed to push some refs to 'github.com:<username>/sample-app-
    deployment.git'
```

git push 失败了，因为该分支是受保护的，需要一个拉取请求和审查。这保证了至少有一个额外的人要审查该改动，并在部署上签署同意。

在转到下一段之前，别忘了清理工作。删除 GitHub 中保护主干分支的规则，并运行以下命令重置本地更改：

```
$ git reset HEAD^1 --hard
```

练习 6.4 探索合并前要求拉取请求审查部分的其他设置。想想哪个设置组合适合你的项目或组织。

强制自动检查

除了人为的判断，拉取请求允许我们加入自动化的清单分析，这可以帮助我们很早就能发现安全问题。尽管 Kubernetes 安全工具的生态系统仍在兴起，但已经有了几个可用的选择。两个很好的例子是 kubeaudit⊖和 kubesec⊖。这两个工具都在 Apache 许可下可用，并允许扫描 Kubernetes 清单以发现薄弱的安全参数。

因为我们的仓库是开源的，由 GitHub 托管，所以我们可以免费使用 CI 服务，如

⊖ https://github.com/Shopify/kubeaudit

⊖ https://kubesec.io/

https://travis-ci.org 和 https://circleci.com。让我们配置一个自动化的 kubeaudit 用法，并使用 https://travis-ci.org 来对每一个拉取请求强制进行成功验证（.travis.yml 见代码 6.2）：

```
git add .travis.yml
git commit -am 'Add travis config'
git push
```

代码 6.2　.travis.yml

```
language: bash
install:
  - curl -sLf -o kubeaudit.tar.gz  https://github.com/Shopify/kubeaudit/
      releases/download/v0.7.0/kubeaudit_0.7.0_linux_amd64.tar.gz
  - tar -zxvf kubeaudit.tar.gz
  - chmod +x kubeaudit
script:
  - ./kubeaudit nonroot -f deployment.yaml &> errors
  - if [ -s errors ] ; then cat errors; exit -1; fi
```

一旦配置就绪，我们只需要在 http://mng.bz/Gxyq 上启用 CI 集成，并创建一个拉取请求：

```
$ git checkout -b change1
Switched to a new branch 'change1'

$ sed -i .bak 's/v0.1/v0.2/' deployment.yaml

$ git commit -am 'Upgrade image version'
[change1 c52535a] Upgrade image version
 1 file changed, 1 insertion(+), 1 deletion(-)

$ git push --set-upstream origin change1
Enumerating objects: 5, done.
Counting objects: 100% (5/5), done.
Delta compression using up to 8 threads
Compressing objects: 100% (3/3), done.
Writing objects: 100% (3/3), 359 bytes | 359.00 KiB/s, done.
Total 3 (delta 1), reused 0 (delta 0), pack-reused 0
remote: Resolving deltas: 100% (1/1), completed with 1 local object.
remote:
remote: Create a pull request for 'change1' on GitHub by visiting:
remote:     https://github.com/<username>/sample-app-deployment/pull/new/change1
remote:
To github.com:<username>/sample-app-deployment.git
 * [new branch]      change1 -> change1
Branch 'change1' set up to track remote branch 'change1' from 'origin'.
```

一旦 PR 被创建，CI 就应该被触发（见图 6.5），失败的错误信息如下：

```
time="2019-12-17T09:05:41Z" level=error msg="RunAsNonRoot is not set in
    ContainerSecurityContext, which results in root user being allowed!
    Container=sample-app KubeType=deployment Name=sample-app"
```

kubeaudit 检测到 Pod 安全上下文缺少 `runAsNonRoot` 属性，该属性可以防止以 root 用户作为 Pod 的一部分运行容器。这是一个有效的安全问题。为了解决这个安全问题，请修改 Pod 的清单，如代码 6.3 所示。

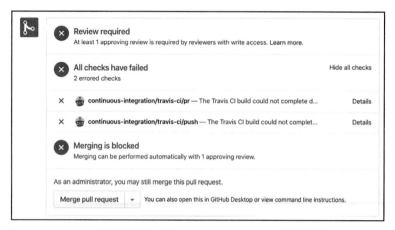

图 6.5 Travis 运行验证部署清单的 CI 工作。由于检测到漏洞，验证失败

代码 6.3 示例应用部署（http://mng.bz/zxXa）

```
apiVersion: apps/v1
kind: Deployment
metadata:
  name: sample-app
spec:
  replicas: 1
  revisionHistoryLimit: 3
  selector:
    matchLabels:
      app: sample-app
  template:
    metadata:
      labels:
        app: sample-app
    spec:
      containers:
      - image: gitopsbook/sample-app:v0.1
        name: sample-app
        command:
          - /app/sample-app
        ports:
        - containerPort: 8080
+       securityContext:
+         runAsNonRoot: true
```

提交修改并通过推送 change1 分支来更新拉取请求：

```
git commit -am 'Update deployment'
git push upstream change1
```

该拉取请求将通过验证。

练习 6.5 了解 kubeaudit 应用程序提供了哪些额外的审计。尝试使用 kubeaudit autofix -f deployment.yaml 命令。

保护提交作者的身份

在这一点上，我们的仓库被安全地托管在 GitHub 上。我们控制哪些 GitHub 账户可以在仓库中进行修改，对每一个修改都执行代码审查程序，甚至对每一个拉动请求进行静态分析。这很好，但仍然不够。正如经常发生的那样，社会工程攻击可以绕过所有这些安全关口。

如果你的老板给你发了一个拉取请求，并要求你立即合并它，你会怎么做？在压力下，工程师可能会决定快速浏览一下拉动请求，并在没有仔细测试的情况下批准它。由于我们的仓库是托管在 GitHub 上的，我们知道是哪个用户写的提交。不可能以别人的名义进行提交，对吗？

不幸的是，这并不正确。Git 在设计时并没有考虑到强大的身份保证。正如我们之前提到的，Git 是一个完全面向开发者的工具。提交的每一点都在工程师的控制之下，包括提交者的信息。因此，一个入侵者可以轻易地创建一个提交，并把你老板的名字放到提交元数据中。让我们做一个简单的练习来证明这个漏洞。

打开一个控制台，用这个命令在主干分支上创建一个新的提交：

```
echo '# hacked' >> ./deployment.yaml
git commit --author='Joe Beda <joe.github@bedafamily.com>' -am 'evil commit'
git push upstream master
```

在 GitHub 上打开你的仓库的提交历史，并查看最新的提交信息。看，Joe Beda [⊖] 刚刚更新了我们的 Pod 清单（见图 6.6）！

图 6.6　GitHub 的提交历史包含 Joe Beda 的头像。默认情况下，GitHub 不执行任何验证，而是使用存储在提交元数据中的作者信息

这看起来很可怕，但这并不意味着今后你需要在批准每个拉取请求之前亲自验证其作者的身份。你可以利用数字加密签名来代替手动验证谁是提交的作者。

像 GPG 这样的加密工具允许你在提交元数据中注入一个加密签名。之后，这个签名可能会被 Git 托管服务或 GitOps Operator 验证。要了解 GPG 签名的具体工作原理需要太多的时间，但我们绝对可以用它来保护我们的部署仓库。

不幸的是，GPG 的配置过程可能是困难的。它包括多个步骤，可能会因你的操作系统而不同。请参考附录 C 和 GitHub 在线文档 [⊖] 中描述的步骤来配置 GPG 密钥。

⊖　Joe Beda (https://www.linkedin.com/in/jbeda) 是 Kubernetes 的主要创始人之一。

⊖　https://help.github.com/en/github/authenticating-to-github/adding-a-new-gpg-key-to-your-githubaccount

最后，我们准备提交并签名。下面的命令为部署清单创建了一个新的变更，并使用与 GitHub 账户相关的 GPG 密钥对其进行签名：

```
echo '# signed change' >> ./deployment.yaml
git add .
git commit -S -am 'good commit'
git push upstream master
```

现在，GitHub 的提交历史包括了基于 GPG 密钥的作者信息，是无法伪造的。

GitHub 允许你要求某个特定仓库的所有提交都要签名。要求签名的提交设置可以在仓库设置的保护分支部分找到（见图 6.7）。

图 6.7　加密签名 Git 可以保护作者身份。GitHub 的用户界面上可以看到 GPG 的验证结果

除了 Git 托管服务的确认，你可能会配置 GitOps Operator 在更新 Kubernetes 集群配置前自动验证 GPG 签名。幸运的是，一些 GitOps Operator 已经内置了签名验证支持，不需要复杂的配置。这个话题将在后面讲述。

6.2.2　Kubernetes RBAC

正如你已经知道的，GitOps 方法论假定 CI 流水线不能访问 Kubernetes 集群。唯一能直接访问集群的自动化工具是位于集群内的 GitOps Operator。与传统的 DevOps 模式相比，这已经是一个很大的优势。然而，这并不意味着 GitOps 应该有神级的权限。我们仍然需要仔细思考，Operator 应该获得哪个权限级别。集群内部的 Operator，即所谓的拉动模式，也不是唯一的选项。你可以考虑把 GitOps Operator 放在受保护的边缘内，通过使用推送模式，用一个 Operator 来管理多个集群，从而减少管理开销。每种考虑都有一些优点和缺点。为了做出有意义的决定，你需要对 Kubernetes 的访问模型有充分的了解。因此，让我们退一步，了解 Kubernetes 中内置了哪些安全工具，以及我们如何使用它们。

访问控制类型

有 4 种著名的访问控制方式：

❑ 自主访问控制（DAC）：在 DAC 模式下，数据所有者决定访问权限。DAC 是一种根据用户指定的规则来分配访问权的手段。

❑ 强制访问控制（MAC）：MAC 是使用非自由裁量模式开发的，在这种模式下，人们根据信息许可被授予访问权。MAC 是一种基于中央授权机构的规则分配访问权限的策略。

❑ 基于角色的访问控制（RBAC）：RBAC 根据用户的角色授予访问权，并实施关键的

安全原则，如最小特权和特权分离。因此，试图访问信息的人只能访问被认为对其
角色有必要的数据。

❏ 基于属性的访问控制（ABAC）：ABAC，也称作基于策略的访问控制，定义了一种访
问控制范式，通过使用将属性结合在一起的策略，向用户授予访问权。

ABAC 非常灵活，可能是上述列表中最强大的模型。因为它的强大，ABAC 最初被选
为 Kubernetes 的安全模型。然而，后来社区意识到，ABAC 的概念和它们在 Kubernetes 中
的实现方式很难理解和使用。因此，一种基于 RBAC 的新授权机制被引入。2017 年，基于
RBAC 的授权被转移到测试版，ABAC 被宣布废弃。目前，RBAC 是 Kubernetes 中的首选
授权机制，建议在 Kubernetes 上运行的每一个应用程序都使用。

RBAC 模型包括以下三个主要元素：主体（subject）、资源（resource）和动词（verb）。
主体代表想要访问资源的用户或进程，而动词是可以针对资源执行的操作。

那么，这些元素是如何映射到 Kubernetes API 对象上的呢？ RBAC 资源由普通的
Kubernetes 资源表示，如 Pod 或 Deployment。为了表示动词，Kubernetes 中引入了两组新
的专门资源。动词由 Role 和 RoleBinding 资源表示，而主体由 User 和 ServiceAccount 资源
表示（见图 6.8）。

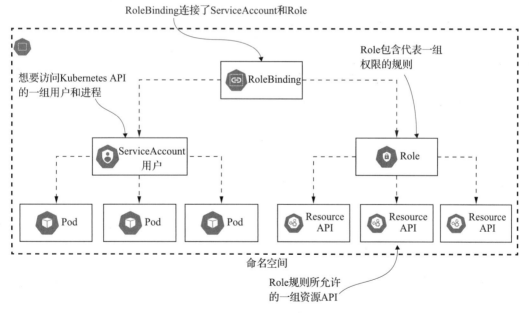

图 6.8　Kubernetes RoleBinding 将角色中定义的权限授予用户和 ServiceAccount。ServiceAccount
　　　　为在 Pod 中运行的进程提供一个身份

Role 和 RoleBinding

Role 资源是为了连接动词和 Kubernetes 资源。在代码 6.4 中，有一个角色定义的例子。

代码 6.4 示例 Role（http://mng.bz/0mKx）

```
apiVersion: rbac.authorization.k8s.io/v1
kind: Role
metadata:
  name: sample-role
rules:
- apiGroups:
  - ""
  resources:
  - configmaps
  verbs:
  - get
  - list
```

verbs 部分包含允许的行为列表。所以，总的来说，该 Role 允许列出集群的 configmap，并获得每个 configmap 的详细信息。Role 的优点是，它是一个可重复使用的对象，可以用于不同的主题。例如，你可以定义只读的 Role，并把它分配给不同的主体，而无须重复 resources 和 verbs 的定义。

重要的是知道，Role 是命名空间的资源，提供对同一命名空间中定义的资源的访问[○]。这意味着单个 Role 不能提供对多个命名空间或集群级资源的访问。为了提供集群级的访问，你可以使用一个叫作 ClusterRole 的同等资源。除了 Namespace 字段之外，ClusterRole 资源具有与 Role 几乎相同的字段集。

RoleBinding 使 Role 能够与主体关联。代码 6.5 是有一个 RoleBinding 定义的例子。

代码 6.5 示例 RoleBinding（http://mng.bz/KMeK）

```
apiVersion: rbac.authorization.k8s.io/v1
kind: RoleBinding
metadata:
  name: sample-role-binding
roleRef:
  apiGroup: rbac.authorization.k8s.io
  kind: Role
  name: sample-role
subjects:
- kind: ServiceAccount
  name: sample-service-account
```

示例 RoleBinding 将名为 sample-role 的 Role 中定义的一组权限，授予名为 sample-service-account 的 ServiceAccount。与 Role 类似，RoleBinding 也有一个对应的对象 ClusterRoleBinding，它允许将主体与 ClusterRole 连接起来。

用户和服务账户

最后，Kubernetes 主体由 ServiceAccount 和 User 代表。

○ http://mng.bz/9MDl

基本的 Gitops Operator RBAC

我们在第 2 章中配置了 Kubernetes 的 RBAC，同时进行了 GitOps Operator 的基本实现。让我们利用本章中获得的知识，收紧 Operator 的权限，并限制其可以部署的内容。

要开始的话，请确保你已经完成了 GitOps operator 的基本教程。你可能还记得，我们已经配置了一个 CronJob，以及一个 ServiceAccount 和 ClusterRoleBinding 资源。让我们再看看 ServiceAccount 和 ClusterRoleBinding 的定义，看看有哪些地方需要修改以提高安全性（见代码 6.6）。

代码 6.6　rbac.yaml

```
---
    apiVersion: v1
kind: ServiceAccount
metadata:
  name: gitops-serviceaccount
  namespace: gitops

---
    apiVersion: rbac.authorization.k8s.io/v1
kind: ClusterRoleBinding
metadata:
  name: gitops-operator
roleRef:
  apiGroup: rbac.authorization.k8s.io
  kind: ClusterRole
  name: admin
subjects:
- kind: ServiceAccount
  name: gitops-serviceaccount
  namespace: gitops
```

ClusterRoleBinding 定义了名为 admin 的 ClusterRole 与 GitOps Operator CronJob 使用的 ServiceAccount 之间的联系。admin ClusterRole 默认存在于集群中，并提供对整个集群的神级访问。这意味着只要在 Git 仓库中定义，GitOps Operator 没有任何限制，可以部署任何资源。

那么这种 RBAC 配置有什么问题呢？问题在于，只有当我们假定拥有 Git 仓库写入权限的开发者已经拥有完整的集群访问权时，这才是安全的。由于 GitOps Operator 可以创建任何资源，开发人员可能会添加额外的 Role 和 RoleBinding 的清单，并授予自己管理权限。这不是我们想要的，尤其是在多租户环境下。

另一个考虑是人为错误。当一个集群被多个团队使用时，我们需要确保一个团队不能接触另一个团队的资源。正如你在第 3 章学到的，团队之间通常用 Kubernetes 命名空间来分隔。因此，将 GitOps Operator 的权限限制在一个命名空间是合理的。

最后，我们要控制 GitOps Operator 可以管理哪些命名空间级别的资源。虽然完全可以让开发者管理 Deployment、ConfigMap 和 Secret 等资源，但有些资源应该只由集群管理员管理。NetworkPolicy 是限制网络资源的很好的一个例子。NetworkPolicy 控制允许哪些流量进入命名空间内的 Pod，这通常由集群管理员管理。

让我们继续下去，更新 Operator 的 RBAC 配置。我们必须做出以下修改以确保安全配置：

❑ 将 GitOps Operator 的权限限制在只有一个命名空间。

❑ 删除安装集群级资源的权限。

❑ 将 Operator 的权限限制在选定命名空间的资源上。

更新后的 RBAC 配置如代码 6.7 所示。

代码 6.7　updated-rbac.yaml

```
---
apiVersion: v1
kind: ServiceAccount
metadata:
  name: gitops-serviceaccount
  namespace: gitops


---
apiVersion: rbac.authorization.k8s.io/v1
kind: Role
metadata:
  name: gitops-role
  namespace: gitops
rules:
- apiGroups:
  - ""
  resources:
  - secrets
  - configmaps
  verbs:
  - '*'
- apiGroups:
  - "extensions"
  - "apps"
  resources:
  - deployments
  - statefulsets
  verbs:
  - '*'


---
apiVersion: rbac.authorization.k8s.io/v1
kind: RoleBinding
metadata:
  name: gitops-role-binding
  namespace: gitops
roleRef:
  apiGroup: rbac.authorization.k8s.io
  kind: Role
  name: gitops-role
subjects:
- kind: ServiceAccount
  name: gitops-serviceaccount
```

以下是应用变更的总结：

❏ ClusterRoleBinding 被替换成 RoleBinding，以确保只有命名空间级别的访问。

❏ 我们没有使用内置的管理角色，而是使用自定义的命名空间 Role。

❏ 命名空间中的角色只提供对指定的 Kubernetes 资源的访问。这确保 Operator 不能修改 NetworkPolicy 等资源。

6.2.3 镜像仓库访问

通过保护 Kubernetes 集群，我们保证集群配置描述了正确的工作负载，引用了正确的 Docker 镜像，最终运行了我们想要的软件。受保护的部署仓库和完全自动化的 GitOps 驱动的部署过程提供了可审计性和可观测性。最后一个仍未被保护的部分是 Docker 镜像本身。

我们将最后讨论 Docker 镜像保护，但这绝对不是最不重要的话题。镜像内容最终决定了什么二进制文件将在集群中执行。因此，即使其他一切都很安全，Docker 镜像仓库防护的漏洞也会使所有其他的安全门槛失效。

那么，Docker 镜像保护在实践中意味着什么？我们将必须考虑到以下两个问题：

❏ 未经许可，镜像仓库的镜像不能被改变。

❏ 镜像能被安全地分发到 Kubernetes 集群中。

仓库镜像保护

与 Git 仓库类似，Docker 仓库的保护也是由托管服务提供的。最受欢迎的 Docker 仓库托管服务可能是 DockerHub。该服务允许访问成千上万的 Docker 镜像，它由 Docker 公司提供，对任何开源项目完全免费。

为了获取 DockerHub 的实践经验，你需要在 DockerHub 上获取一个账户，创建一个仓库并推送一个镜像。如果你还没有账户，请访问 https://hub.docker.com/signup 并创建一个。下一步，如 DockerHub 文档[⊖]中所述，你需要创建一个名为 gitops-k8s-security-alpine 的 Docker 仓库。最后，在你准备验证 DockerHub 是否在保护仓库之前，你需要获取一个示例 Docker 镜像。创建一个镜像最简单的方法是拉取一个现有的镜像并重新命名。下面的命令将从官方 DockerHub 仓库中拉取 Alpine Linux 镜像，并重命名为 <username> /gitops-k8s-security-alpine，其中 <username> 是你的 DockerHub 账户名称：

```
docker pull alpine
docker tag alpine <username>/gitops-k8s-security-alpine:v0.1
```

下一条命令是将镜像推送到 gitops-k8s-security-alpine Docker 镜像仓库：

```
docker push <username>/gitops-k8s-security-alpine:v0.1
```

然而，本地 Docker 客户端没有访问 DockerHub 仓库的凭证，所以 push 命令应该失败。要解决这个错误，请运行以下命令，并提供你的 DockerHub 账户用户名和密码：

⊖ https://docs.docker.com/docker-hub/repos

```
docker login
```

一旦你成功登录，Docker 客户端就知道你是谁，Docker push 命令就可以执行了。

确保镜像分发安全

镜像交付到集群中的安全性意味着回答这样一个问题：我们是否信任镜像的来源？而信任意味着我们要确定镜像是由授权作者创建的，并且镜像内容在从存储库传输时没有被修改。所以这就是保护镜像作者身份的问题。而这个解决方案与保护 Git 提交者身份的解决方案非常相似：

❏ 个人或自动程序使用数字签名来签署镜像的内容。

❏ 使用者可以用这个签名来验证镜像是由受信任的作者创建的，而且内容没有被篡改过。

好消息是，Docker 客户端和镜像仓库已经支持这个功能。名为"内容信任"（Content Trust）的 Docker 功能允许对镜像进行签名，并将其与签名一起推送到镜像仓库。消费者可以使用"内容信任"功能来验证签名的镜像内容没有被改变。

因此，在理想的情况下，CI 流水线应该发布有签名的镜像，而 Kubernetes 应该被配置为在生产中运行的每个镜像都要求具备有效的签名。坏消息是，截至 1.17 版本，Kubernetes 仍然没有提供一个强制执行镜像签名验证的配置。所以我们能做的就是在修改 Kubernetes 清单之前验证镜像的签名。

内容信任的配置相当简单。你需要设置 DOCKER_CONTENT_TRUST 环境变量：

```
export DOCKER_CONTENT_TRUST=1
```

一旦环境变量被设置，Docker 命令的 run 和 pull 将会验证镜像的签名。我们可以通过拉取刚刚推送到 gitops-k8s-security-alpine 仓库的未签名镜像来确认：

```
$ docker pull <username>/gitops-k8s-security-alpine:v0.1
Error: remote trust data does not exist for docker.io/<username>/gitops-k8s-
    security-alpine: notary.docker.io does not have trust data for
    docker.io/<username>/gitops-k8s-security-alpine
```

该命令按预期失败，因为 <username>/gitops-k8s-security-alpine:v0.1 镜像没有签名。让我们来解决这个问题。确保 DOCKER_CONTENT_TRUST 环境变量仍被设置为 1，并使用以下命令创建一个签名的镜像：

```
$ docker tag alpine <username>/gitops-k8s-security-alpine:v0.2
$dockerpush<username>/gitops-k8s-security-alpine:v0.2
The push refers to repository [docker.io/<username>/gitops-k8s-security-
    alpine]
6b27de954cca: Layer already exists
v0.2: digest: sha256:3983cc12fb9dc20a009340149e382a18de6a8261b0ac0e8f5fcdf
    11f8dd5937e size: 528
Signing and pushing trust metadata
You are about to create a new root signing key passphrase. This passphrase
will be used to protect the most sensitive key in your signing system. Please
choose a long, complex passphrase and be careful to keep the password and the
```

```
key file itself secure and backed up. It is highly recommended that you use a
password manager to generate the passphrase and keep it safe. There will be no
way to recover this key. You can find the key in your config directory.
Enter passphrase for new root key with ID cfe0184:
Repeat passphrase for new root key with ID cfe0184:
Enter passphrase for new repository key with ID c7eba93:
Repeat passphrase for new repository key with ID c7eba93:
Finished initializing "docker.io/<username>/gitops-k8s-security-alpine"
Successfully signed docker.io/<username>/gitops-k8s-security-alpine:v0.2
```

这一次，`docker push` 命令在推送前对镜像进行签名。如果你是第一次推送签名的镜像，Docker 会在 ~/.docker/trust/ 目录下生成密钥，并提示你提供用于根密钥和仓库密钥的口令。在提供口令后，签名的镜像会被推送到 DockerHub。最后，我们可以通过再运行一次 `docker pull` 命令来验证推送的镜像是否有正确的签名。

```
docker pull <username>/gitops-k8s-security-alpine:v0.2
```

该命令成功完成。我们的镜像有正确的签名，而且 Docker 客户端也能够验证它！

6.3　模式

好吧，让我们去面对——未开发的全新项目并不总会以一个完美的安全部署过程开始。事实上，不成熟的项目甚至没有一个自动化的部署过程。首席工程师可能是唯一能够部署项目的人，他们可能从自己的笔记本电脑上进行部署。通常情况下，当部署所有的应用服务变得越来越耗时时，一个团队就会开始增加自动化。随着未授权访问的潜在成本和损害的增加，自动化的安全性变得越来越重要。

6.3.1　完全访问

几乎每个新项目的初始安全模式都完全基于团队成员之间的信任。每个团队成员都有完全的访问权（见图 6.9），而部署的变化不一定被记录下来，也不一定可以在以后的审计中使用。

在开始时，薄弱的安全性不一定是一件坏事。完全访问意味着更少的障碍，使团队能够更加灵活，行动更加迅速。当生产中没有重要的客户数据时，这是一个专注于速度和塑造项目的绝佳机会，直到你准备好进入生产。但你可能迟早都需要在适当的地方设置适当的安全控制，不仅是为了生产中的客户数据，也是为了确保部署到生产中的代码的完整性。

6.3.2　部署仓库访问

从安全角度来说，默认情况下禁止开发者直接访问 Kubernetes，这是一个很大的进步。如果你正在使用 GitOps，这是最常见的模式。在这种模式下，开发人员仍然可以完全访问部署仓库，但必须依靠 GitOps Operator 将变化推送到 Kubernetes 集群上（见图 6.10）。

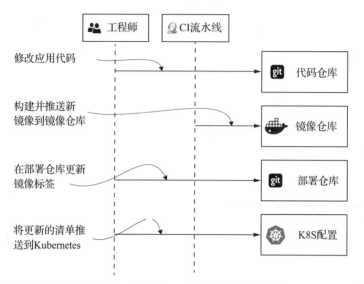

图 6.9 完全访问的安全模型假定工程师和 CI 系统都可以完全访问 Kubernetes 集群。权衡
的结果是速度大于安全。这种模式更适用于起步阶段的新项目

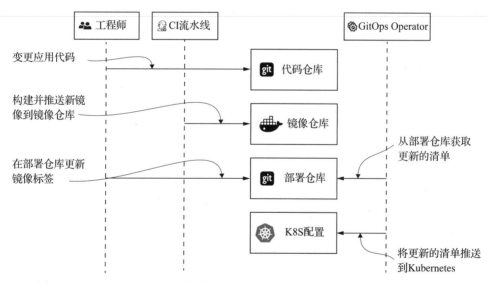

图 6.10 GitOps Operator 允许删除集群访问。这时，工程师只需要访问部署仓库

除了更好的安全性外，这种模式还提供了可审计性。假设没有人能够访问 Kubernetes
配置，部署仓库的历史记录包含了所有集群配置的变化。

这种模式仍然不完美。当项目逐渐成熟，团队不断改进部署配置时，手动更新部署仓
库貌似完全没问题。然而，一段时间后，每个应用程序的发布都只需要改变镜像标签。在这
个阶段，部署仓库的维护仍然是非常有价值的，但可能会让人觉得开销很大。

6.3.3　仅限代码访问

仅限代码访问（code-access-only）模式（见图 6.11）是仅部署存储库访问（deployment-repository-access-only）方法的逻辑延续。如果部署库中的发布变更是可预测的，就有可能在 CI 流水线中对配置变更过程进行编码。

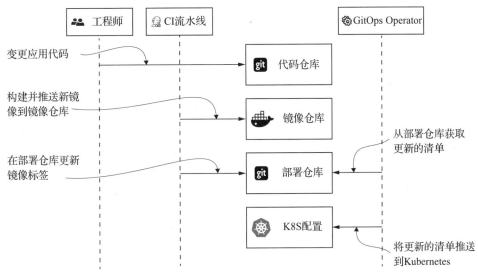

图 6.11　仅限代码访问模式假定部署仓库和 Kubernetes 集群的变化都是全自动的。工程师只需要访问代码仓库

该模式简化了开发过程，大大减少了手工作业量。它还从以下两个方面提高了部署的安全性：

❑ 开发团队不再需要访问部署资源库。只有专门的自动化账户有推送到仓库的权限。
❑ 由于部署仓库中的变更是自动化的，所以在 CI 流水线里配置 GPG 签名过程并自动化要容易得多。

练习 6.6　选择最适合你的项目的模式。尝试详细说明每种模式的优缺点，并解释为什么更喜欢所选模式。

6.4　安全考量

从最基本的保护开始，一直到配置更改和新镜像的身份保护，我们已经学会了如何端到端保护我们的部署过程。最后，让我们学习必须涵盖的重要边缘情况，以确保你的集群的安全。

6.4.1　防止从不受信任的镜像仓库拉取镜像

在 6.2.3 节中，我们展示了如何对公共镜像仓库（如 docker.io）实施安全控制，以确保镜像由授权用户按计划发布，并且在被拉取时没有被篡改。然而，事实上，公共镜像仓库是在你的视野和控制之外的。你必须相信公共镜像仓库的维护者遵循安全的最佳实践。即使如此，它作为公共镜像仓库的事实意味着互联网上的任何人都可以向它推送镜像。对于一些有很高安全需求的企业来说，这是不可以接受的。

为了解决这个问题，许多企业会维护自己的私有 Docker 镜像仓库，以保证可靠性、性能、隐私和安全。在这种情况下，新的镜像应该被推送到私有镜像仓库（如 docker.mycompany.com）而不是公共镜像仓库（如 docker.io）。这可以通过修改 CI 流水线，将成功构建的新镜像推送到私有镜像仓库来实现。

在 Kubernetes 上的部署也应该只从私有镜像仓库拉取镜像。但是，这一点如何能被强制执行呢？如果一个开发者不小心从 docker.io 拉取了一个被病毒或恶意软件感染的镜像怎么办？或者一个没有权限向私有镜像仓库推送镜像的恶意开发者试图从他们的公共 DockerHub 仓库中侧载（side-load）一个镜像怎么办？当然，使用 GitOps 会确保这些行为被记录在审计跟踪中，以便能够识别出那些责任人。然而，如何才能从一开始就防止这种情况呢？

这可以通过 Open Policy Agent（OPA）和一个准入 Webhook 来实现，该 Webhook 可以拒绝引用来自禁用镜像仓库里镜像的配置清单。

6.4.2 Git 仓库中的集群级资源

正如你在本章中了解到的，Kubernetes 的访问设置是通过 Role 和 ClusterRole 等 Kubernetes 资源控制的。RBAC 资源管理是 GitOps Operator 的一个完全适用的功能。通常的做法是将应用部署的定义与所需的 Kubernetes 访问设置一起打包。然而，这存在一个可以用来提升权限的潜在安全漏洞。因为 Kubernetes 访问设置是由资源管理的，所以这些资源可以被放入部署仓库并由 GitOps Operator 交付。入侵者可能会创建一个 ClusterRole，并给服务账户赋权，以后可能会被当作后门使用。

防止权限升级的经验法则是限制 GitOps Operator 的权限。如果使用 GitOps Operator 的开发团队不应该管理 ClusterRoles，那么 GitOps Operator 就不应该有这个权限。如果 GitOps Operator 被多个团队共享，那么 Operator 应该被适当地配置，并且应该执行特定于团队的安全检查。

练习 6.7 参照简易 GitOps Operator 教程，查看 RBAC 配置，检查它是否允许安全权限升级攻击。

6.5 总结

❑ 由于工程师和 CI 系统都可以访问，传统的 CIOps 安全模型有一个广泛的攻击面。而 GitOps 安全模型则大大降低了集群的攻击面，因为只有 GitOps Operator 可以访问集群。

❑ Git 的底层数据结构使用默克尔树，它提供了一个具有加密保护的树状结构，以提供一个防篡改的提交日志。

❑ 除了 Git 的数据结构安全优势外，使用拉取请求的代码审查过程以及使用 kubeaudit 和 kubesec 等工具的自动检查可以发现清单中的安全漏洞。

❑ Git 本身并不保护提交者的身份。使用 GPG 可以通过在提交元数据中注入数字加密签名来保证提交者的真实性。

❑ RBAC 是在 Kubernetes 中实现访问控制的首选方式。用户和 GitOps Operator 的访问控制都可以通过 RBAC 进行配置。

❑ 与 Git 类似，所有 Docker 镜像都应该用数字签名来通过内容信任功能验证真实性。

❑ 新项目开始时可以有完全的访问权（集群、部署仓库和代码仓库），以便工程师在初期专注于开发速度。随着项目的成熟并为初始的生产发布做好准备，集群和部署仓库的访问应该受到限制，以强调安全而不是速度。

Chapter 7 第 7 章

Secret

本章包括：
- ❑ Kubernetes Secret
- ❑ 管理 Secret 的 GitOps 策略
- ❑ 管理 Secret 的工具

Kubernetes 提供了一种机制，允许用户在受保护的资源对象中存储少量的敏感信息，称为 Secret。Secret 是任何你想严格控制访问的资源。存储在 Secret 中的数据的常见例子包括：用户名和密码凭证、API 密钥、SSH 密钥以及 TLS 证书等。在本章中，你将了解使用 GitOps 系统时不同的 Secret 管理策略，以及几种可用于存储和管理 Secret 的不同工具的简要介绍。

我们建议你在阅读本章之前先阅读第 1 章和第 2 章。

7.1　Kubernetes Secret

一个简单的 Kubernetes Secret 是一个由以下 3 部分信息组成的数据结构：
- ❑ Secret 的名称。
- ❑ Secret 的类型（可选）。
- ❑ 字段名与敏感数据的映射，用 Base64 编码。

一个基本的 Secret 看起来像代码 7.1 这样。

代码 7.1　example-secret.yaml

```
apiVersion: v1
kind: Secret
metadata:
  name: login-credentials
type: Opaque                          Secret的类型，用于方便对
data:                                 机密数据进行程序化处理
  username: YWRtaW4=                                        字符串"admin"
  password: UEA1NXcwcmQ=                                    的Base64编码
                        字符串"P@55w0rd"
                        的Base64编码
```

当首次看到一个 Secret 的值时，第一眼你可能会误以为 Secret 的值被加密保护了，因为这些字段是人类无法阅读的，也不是以纯文本形式呈现的。但你被误导了，以下是需要重点理解的：

❑ Secret 值是 Base64 编码的。

❑ Base64 编码与加密不是一回事。

❑ 查看 Base64 值和查看纯文本没区别。

Base64 编码　Base64 是一种编码算法，允许你将任何字符转化为由拉丁字母、数字、加号和斜线组成的字母表。它允许二进制数据以 ASCII 字符串格式表示。Base64 不提供加密功能。

Kubernetes 之所以对数据进行 Base64 编码，是因为它允许 Secret 存储二进制数据。这对于将证书等东西存储为 Secret 非常重要。如果没有 Base64 编码，就不可能将二进制配置存储为 Secret。

7.1.1　为什么使用 Secret

在 Kubernetes 中，使用 Secret 是可选的，但它比其他技术（比如将敏感值直接放在 Pod 声明配置中，或是在构建时将这些值烧制到容器镜像中）更方便、更灵活、更安全。正如 ConfigMaps 一样，Secret 允许将应用程序的配置与构建制品分开。

7.1.2　如何使用 Secret

Kubernetes Secret 和 ConfigMap 一样，可以以多种方式使用：

❑ 作为挂载到 Pod 中的文件（见图 7.1）。

❑ 作为 Pod 中的环境变量。

❑ Kubernetes API 访问。

将卷上的 Secret 作为 Pod 中的文件进行挂载

利用 Secret 的第一个技巧是将它们作为一个卷挂入 Pod。为此，首先声明代码 7.2 的内容。

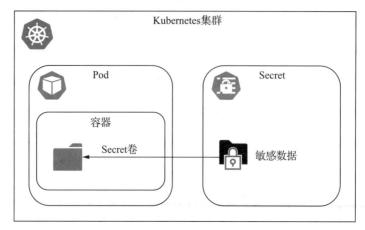

图 7.1 Secret 卷用来传递敏感信息（如密码）给 Pod。Secret 卷是由 tmpfs（一个由 RAM 支持的文件系统）支持的，所以它们不会被写入非易失性存储

代码 7.2 secret-volume.yaml

```
apiVersion: v1
kind: Pod
metadata:
  name: secret-volume-pod
spec:                          在Pod中声明了一个Secret
  Volumes:                     类型的卷，名称任意
  - name: foo  ◁──
    secret:
      secretName: mysecret
  containers:
  - name: mycontainer          为需要Secret的容器指定一个
    image: redis               Secret数据卷的挂载路径
    volumeMounts:  ◁──
    - name: foo
      mountPath: /etc/foo
      readOnly: true
```

当把一个 Secret（或 ConfigMap）作为文件卷映射到 Pod 中时，对底层 Secret 的更改最终会更新 Pod 中挂载的文件。这使得应用程序有机会重配置或热加载，而无须重新启动容器或 Pod。

使用 Secret 作为环境变量

利用 Kubernetes Secret 的第二种方式是将它们设置为环境变量，如代码 7.3 所示。

代码 7.3 secret-environment-variable.yaml

```
apiVersion: v1
kind: Pod
metadata:
  name: secret-env-pod
spec:
```

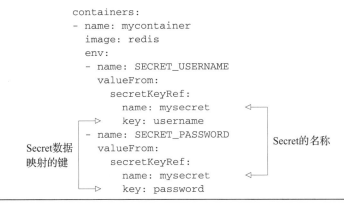

```
        containers:
        - name: mycontainer
          image: redis
          env:
          - name: SECRET_USERNAME
            valueFrom:
              secretKeyRef:
                name: mysecret
                key: username
          - name: SECRET_PASSWORD
            valueFrom:
              secretKeyRef:
                name: mysecret
                key: password
```

Secret数据
映射的键

Secret的名称

　　将 Secret 作为环境变量暴露给容器虽然很方便，但可以说不是使用 Secret 的最佳方式，因为它的安全性比作为挂载卷文件使用时差。当 Secret 被设置为环境变量时，容器中的所有进程（包括子进程）将继承操作系统环境，并能够读取环境变量值，从而读取 Secret 数据。例如，一个派生（forked）的 shell 脚本能够通过运行 env 工具来读取环境变量。

　　Secret 环境变量的缺点　使用 Secret 作为环境变量的第二个缺点是，与映射到卷中的 Secret 不同，如果 Secret 在容器启动后被更新，Secret 环境变量的值将不会被更新。容器或 Pod 需要重启来识别到它的变化。

通过 Kubernetes API 使用 Secret

　　最后，Kubernetes Secret 也可以直接从 Kubernetes API 中获取。假设你有如代码 7.4 所示的带有密码字段的 Secret。

代码 7.4　secret.yaml

```
apiVersion: v1
kind: Secret
metadata:
  name: my-secret
type: Opaque
data:
  password: UEA1NXcwcmQ=
```

　　为了检索 Secret，Pod 本身可以直接从 Kubernetes 获取 Secret 值，例如，通过使用 kubectl 命令或 REST API 调用。下面的 kubectl 命令检索了名为 my-secret 的 Secret，对密码字段进行了 Base64 解码，并将纯文本值打印到标准输出：

```
$ kubectl get secret my-secret -o=jsonpath='{.data.password}' | base64 --decode
P@55w0rd
```

这种技巧要求 Pod 具有获取 Secret 的权限。

Secret 类型

Secret 类型字段指明在 Secret 中包含什么类型的数据。它主要被软件程序用来识别它们可能感兴趣的相关 Secret，以及安全地对 Secret 内部的可用字段进行假定。

表 7.1 描述了内置的 Kubernetes Secret 类型，以及每种类型的所需字段。

表 7.1 内置 Secret 类型

类　　型	描　　述	所需字段
Opaque	默认类型。包含任意的用户定义的数据	
kubernetes.io/service-account-token	包含一个令牌，用于识别 Kubernetes API 的服务账户	data["token"]
kubernetes.io/dockercfg	包含一个序列化的～/.dockercfg 文件	data[".dockercfg"]
kubernetes.io/dockerconfigjson	包含一个序列化的～/.docker/ config. json 文件	data[".dockerconfigjson"]
kubernetes.io/basic-auth	包含基本的用户名/密码凭证	data["username"], data["password"]
kubernetes.io/ssh-auth	包含认证所需的私有 SSH 密钥	data["ssh-privatekey"]
kubernetes.io/tls	包含一个 TLS 私钥和证书	data["tls.key"], data["tls.crt"]

7.2　GitOps 与 Secret

在 Kubernetes 上实践 GitOps 的人无一例外地会遇到同样的问题：虽然用户完全可以用 Git 来存储配置，但当涉及敏感数据时，出于安全考虑，他们却不愿意将这些数据存储在 Git 中。Git 被设计成一个协作工具，使得多人和团队可以很容易地访问代码并查看对方的修改。但这些特性也使得用 Git 来保存 Secret 成为一种极其危险的做法。在 Git 中存储 Secret 有很多顾虑和理由，我们接下来会介绍这些内容。

7.2.1　不加密

正如我们前面所了解的，Kubernetes 对 Secret 的内容不提供任何加密，Base64 编码的值应被视为与纯文本相同。此外，Git 本身也不提供任何形式的内置加密。因此，当把 Secret 存储在 Git 仓库中时，Secret 会被任何能访问 Git 仓库的人看到。

7.2.2　分布式 Git 仓库

有了 GitOps，你和你的同事将在本地克隆 Git 仓库到你的笔记本电脑和工作站上，以管理应用程序的配置。但这样做，你也会将 Secret 扩散和分发到许多系统中，并且没有足够的审计或跟踪。如果这些系统中的任何一个遭到破坏（被黑客攻击或甚至物理丢失），有人就会获得对你所有 Secret 的访问权。

7.2.3　没有细粒度的（文件级）访问控制

Git 不提供对 Git 仓库的子路径或子文件的读取保护。换句话说，我们不可能仅限制对 Git 仓库中某些文件的访问，而不限制其他的文件。在处理 Secret 时，理想情况是在需知原则

（need-to-know）的基础上授予对 Secret 的读取权限。例如，如果你有一个临时工需要访问 Git 仓库的部分权限，你会希望尽可能给这个用户最少的权限。不幸的是，Git 并没有提供任何设施来实现这一点，在给一个仓库赋予权限时，这是一个全有或全无（all-or-nothing）的决定。

7.2.4　不安全的存储

Git 从未打算以 Secret 管理系统的定位来使用。因此，它并没有在系统中设计标准的安全功能，如静态加密。因此，被入侵的 Git 服务器有可能泄露它所管理的所有仓库的 Secret，使其成为攻击的主要目标。

Git 供应商的功能　虽然 Git 本身并不提供诸如静态加密的安全功能，但 Git 供应商通常会在 Git 的基础上提供这些功能。例如，GitHub 声称可以对存储库进行静态加密。但这一功能可能因提供商而异。

7.2.5　完整的提交历史

一旦一个 Secret 被添加到 Git 提交历史中，就很难被删除。如果 Secret 被检入 Git，然后又被删除，该 Secret 仍然可以通过检出其被删除前的仓库历史中的一个较早点来获取。即使 Secret 被加密了，并且用来加密 Secret 的密钥在后来被替换，Secret 也用新密钥重新加密过，旧密钥加密的 Secret 仍然会出现在仓库历史中。

7.3　Secret 管理策略

在 GitOps 中，基于灵活性、可管理性和安全性方面进行权衡，有许多不同的策略来处理 Secret。在讨论实现这些策略的工具应用之前，我们先从概念层面上来了解一些策略。

7.3.1　在 Git 中存储 Secret

GitOps 和 Secret 的第一个策略是完全没有策略。换句话说，你会像其他 Kubernetes 资源一样，简单地在 Git 中提交和管理你的 Secret，并接受安全后果。

你可能会想："在 Git 中存储我的 Secret 有什么问题？"即便你有一个只有团队中受信任成员可以访问的私有 GitHub 仓库，你也可能需要允许第三方访问该 Git 仓库——CI/CD 系统、安全扫描器、静态分析等。通过向这些第三方软件系统提供 Git 仓库的 Secret，你反过来就把你的秘密托付给了它们。

因此，在实践中，唯一可以接受的情况是，当 Secret 不包含任何真正的敏感数据时，才可以在 Git 中储存 Secret，比如开发和测试环境。

7.3.2　烧制 Secret 到容器镜像

为了避免在 Git 中存储 Secret，人们可能会想到一个天真的策略，那就是将敏感数据直接烧制到容器镜像中。在这种方法中,Secret 数据作为 Docker 构建过程的一部分被直接复制到容器镜像中(见图 7.2)。

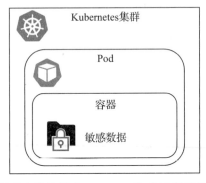

图 7.2 将一个 Secret 烧制到容器镜像中。Docker 构建过程将机密数据烧制到镜像中(例如将机密文件复制到容器中)。虽然没有使用 Secret 存储(Kubernetes 自身或外部),但容器镜像仓库变得机密,因为它成为实际上的 Secret 存储

一个将 Secret 放入镜像的简单 Dockerfile 可能看起来像代码 7.5 这样。

代码 7.5　包含 Secret 的 Dockerfile

```
FROM scratch

COPY ./my-app /my-app
COPY ./credentials.txt /credentials.txt

ENTRYPOINT ["/my-app"]
```

这种方法的优势在于,它将 Git 甚至 Kubernetes 本身从机密管理的复杂局面中抽离。事实上,由于 Secret 数据被烧制到容器镜像中,该镜像可以在任何地方运行,而不仅仅是 Kubernetes,并且不需要任何配置。

然而,将机密数据直接烧制到容器镜像中有一些非常糟糕的缺点,使得它应该自动排除作为一个可行的选择。第一个问题是,容器镜像本身现在是敏感的。由于敏感数据被烧制到了镜像中,任何人或任何可以访问容器镜像的实体(比如通过 `docker pull`),现在都可以轻而易举地复制出和检索出 Secret。

第二个问题是,由于 Secret 被烧制在镜像中,对 Secret 数据的更新是非常繁重的。每当需要轮换凭证时,就需要对容器镜像进行完全重建。

第三个问题是,当同一个镜像需要使用不同的秘密数据集运行时,容器镜像不够灵活,无法适应。假设你有以下 3 个环境,这个容器镜像将被部署:

- ❏ 一个开发环境
- ❏ 一个测试环境
- ❏ 一个生产环境

这些环境中的每一个都需要一组不同的凭证,因为它连接到 3 个不同的数据库。将 Secret 数据烧制到容器镜像中的方法在这里是行不通的,因为它只能选择其中一个数据库凭证来烧制到镜像中。

7.3.3　带外管理

在 GitOps 中处理 Secret 的第二种方法是通过完全带外[⊖](out-of-band)GitOps 来管理 Secret。采用这种方法,除了 Kubernetes Secret 之外的所有东西都将在 Git 中定义,并通过 GitOps 进行部署,但也会使用一些其他机制(即使是手动的)来部署 Secret。

例如,用户可以将他们的 Secret 存储在数据库、云服务提供商管理的机密存储中,甚至是本地工作站上的文本文件中。当需要部署时,用户可以手动运行 `kubectl apply`,将 Secret 部署到集群中,然后让 GitOps Operator 部署其他东西(见图 7.3)。

图 7.3　在带外管理下,GitOps 被用来部署正常的资源。但一些其他机制(如手动的 `kubectl apply`)被用来部署 Secret

这种方法的明显缺点是,你需要有两种不同的机制来向集群部署资源:一种是通过 GitOps 部署常规的 Kubernetes 资源,另一种是针对 Secret 单独采用严格的方式。

7.3.4　外部机密管理系统

在 GitOps 中处理 Secret 的另一个策略是使用外部机密管理系统而非 Kubernetes(见

⊖　在计算机领域,带外管理(out-of-band management)是指使用独立管理通道进行设备维护。它允许系统管理员远程监控和管理服务器、路由器、网络交换机及其他网络设备。在此处指的是脱离 GitOps,在其之外实现 Secret 的管理。——译者注

图 7.4）。在该策略中，不会使用 Kubernetes 的原生功能来存储和加载 Secret，而是应用程序容器自身在运行时，在使用的时刻动态地检索 Secret 的值。

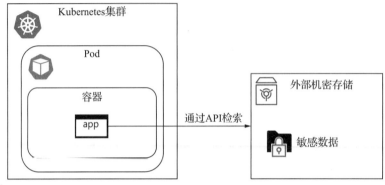

图 7.4 从外部机密存储中读取 Secret。在这种方法中，敏感数据不被存储为 Kubernetes Secret。相反，它被存储在一个外部系统中，该系统将在运行时被容器检索（例如通过 API 调用）

机密管理系统有多种，但最流行和最广泛使用的是 HashiCorp Vault，这是我们在讨论外部机密管理系统时主要关注的工具。个别云供应商也提供自己的机密管理服务，如 AWS Secrets Manager、Google Cloud Secret Manager 和 Microsoft Azure Key Vault。这些工具在能力和功能集方面可能有所不同，但大致的原理是相同的，应该适用于所有人。

通过选择使用外部机密管理系统（如 Vault）来管理你的 Secret，你实际上也做出了不使用 Kubernetes Secret 的决定。这是因为当使用这种策略时，你是在依赖外部机密管理系统而不是 Kubernetes 来存储和检索你的 Secret。一个重大的后果是，你也将无法利用 Kubernetes Secret 提供的一些便利，例如从 Secret 中设置环境变量的值或将 Secret 映射为卷中的文件。

当使用外部机密存储时，应用程序有责任从该存储中安全地检索 Secret。例如，当应用程序启动时，它可以在运行时从秘密存储中动态地检索 Secret 值，而不是使用 Kubernetes 机制（环境变量、卷挂载等）。这就把 Secret 安全保护的负担转移给了必须安全检索 Secret 的应用开发者，以及外部机密存储的管理员。

这种技巧的另一个后果是，由于 Secret 是在一个单独的数据库中管理的，你不会像在 Git 中管理的配置那样，拥有机密修改的历史/记录。这甚至会影响你以可预测的方式进行回滚的能力。例如，在回滚过程中，仅仅应用上一次 Git 提交时的清单可能是不够的。你还必须在 Git 提交的同时，将 Secret 回滚到之前的值。根据所使用的机密存储，最好的情况可能是不方便，最坏的情况则是完全不可能。

7.3.5　在 Git 中加密 Secret

由于 Git 被认为不适合存储纯文本的 Secret，一种策略是对机密数据进行加密，使其可以安全地存储在 Git 中，然后在接近使用的一刻解密加密过的数据（见图 7.5）。解密的执行者必须有必要的密钥来解密加密的 Secret。这可能是应用程序本身，也可能是填充应用程序使用的卷的初始容器，或者是为应用程序无缝处理这些任务的控制器。

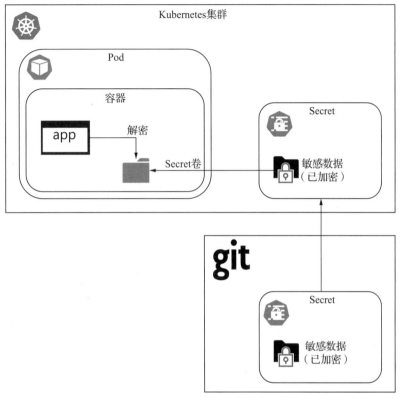

图 7.5　Secret 被加密后，与其他 Kubernetes 资源一起安全地存储在 Git 中。在运行时，应
用程序可以在使用前解密其内容

Bitnami 的 Sealed Secrets 是在 Git 中帮助加密 Secret 的一种流行工具，我们将在本章后
面深入介绍它。

在 Git 中加密 Secret 的挑战在于，仍剩下一个被引入的 Secret，那就是用于加密这些
Secret 的加密密钥。如果没有对加密密钥的充分保护，这种技术就毫无意义，因为任何能够
获得加密密钥的人都有能力解密并获得清单中的敏感数据。

7.3.6　策略的对比

在 Kubernetes 中，有许多不同的方法来管理 Secret，每种方法都有取舍。在决定适合
自己的解决方案和工具之前，请考虑表 7.2 中的优缺点。

表 7.2　GitOps Secret 管理策略

类　型	优　点	缺　点
在 Git 中存储	● 简单方便 ● Secret 和配置在同一个地方（Git）管理	完全不安全

（续）

类　　型	优　　点	缺　　点
烧制到镜像中	简单且方便	• 容器镜像是机密的 • 更新 Secret 需要重建 • 镜像是不可移植的 • Secret 不可跨 Pod 共享
带外管理	仍然能够利用原生的 Kubernetes Secret 系统（如卷挂载和环境变量）	• 部署 Secret 和配置使用不同的过程 • 对 Secret 的修改没有记录在 Git 历史中，可能会影响回滚能力

7.4　工具

在 Kubernetes 生态系统内外，已经出现了许多项目来帮助用户处理 Secret 的问题。所有的项目都使用了之前讨论的机密管理策略之一。在本节中，我们将介绍一些比较流行的工具，它们可以用专注 GitOps 的方法来完善 Kubernetes 环境。

7.4.1　HashiCorp Vault

Vault，由 HashiCorp 开发，是一款专门为了用安全的方式存储和管理 Secret 而建立的开源工具。Vault 提供了 CLI 和 UI，以及用于编程访问 Secret 数据的 API。Vault 不是 Kubernetes 特有的，它作为一个独立的机密管理系统很受欢迎。

Vault 的安装和设置

有许多方法可以安装和运行 Vault。但是，如果你是 Vault 的新手，最简单的方法是使用由 HashiCorp 官方维护的 Helm Chart 来安装 Vault。为了简化我们的教程，我们将在开发模式（dev mode）下安装 Vault，该模式是为了试验、开发和测试做准备的。此外，该命令还安装了 Vault Agent Sidecar Injector，我们将在下一节介绍并使用它：

```
# NOTE: requires Helm v3.0+

$ helm repo add hashicorp https://helm.releases.hashicorp.com

$ helm install vault hashicorp/vault \
    --set server.dev.enabled=true \
    --set injector.enabled=true
```

非 Kubernetes 安装　注意，没有必要在 Kubernetes 环境中运行 Vault。Vault 是一个通用的机密管理系统，对 Kubernetes 以外的应用程序和平台也非常有用。许多企业选择为其公司运行一个集中管理的 Vault 实例，因此一个 Vault 实例可以为多个 Kubernetes 集群和虚拟机提供服务，也可以由开发人员和运维人员从公司网络和工作站访问。

Vault CLI 可以从 https://www.vaultproject.io/downloads 下载，或者（对于 macOS）通过使用 brew 软件包管理器下载：

```
$ brew install vault
```

一旦安装完成，就可以通过标准的端口转发访问 Vault，并访问用户界面 http://localhost:
8200：

```
# Run the following from a different terminal, or background it with '&'
$ kubectl port-forward vault-0 8200

$ export VAULT_ADDR=http://localhost:8200

# In dev mode, the token is the word: root
$ vault login
Token (will be hidden):
Success! You are now authenticated. The token information displayed below
is already stored in the token helper. You do NOT need to run "vault login"
again. Future Vault requests will automatically use this token.

Key                   Value
---                   -----
token                 root
token_accessor        o4SQvGgg4ywEv0wnGgqHhK1h
token_duration        ?
token_renewable       false
token_policies        ["root"]
identity_policies     []
policies              ["root"]

$ vault status
Key              Value
---              -----
Seal Type        shamir
Initialized      true
Sealed           false
Total Shares     1
Threshold        1
Version          1.4.0
Cluster Name     vault-cluster-23e9c708
Cluster ID       543c058a-a9d4-e838-e270-33f7e93814f2
HA Enabled       false
```

使用 Vault

一旦 Vault 被安装在你的集群中，那么是时候在 Vault 中存储你的第一个 Secret 了：

```
$ vault kv put secret/hello foo=world
Key              Value
---              -----
created_time     2020-05-15T12:36:21.956834623Z
deletion_time    n/a
destroyed        false
version          1
```

要读取 Secret，请运行 `vault kv get` 命令：

```
$ vault kv get secret/hello
====== Metadata ======
Key              Value
```

```
---               -----
created_time      2020-05-15T12:36:21.956834623Z
deletion_time     n/a
destroyed         false
version           1

=== Data ===
Key       Value
---       -----
foo       world
```

默认情况下，`vault kv get` 会以表格的形式打印 Secret。虽然这种格式以一种易于阅读的方式呈现，对人类来说是很好的，但它不容易通过自动化来解析，也不容易被一个应用程序所消费。为了对此有所帮助，Vault 提供了其他一些方法来格式化输出和提取 Secret 的特定字段：

```
$ vault kv get -field foo secret/hello
world

$ vault kv get -format json secret/hello
{
  "request_id": "825d85e4-8e8b-eab0-6afb-f6c63856b82c",
  "lease_id": "",
  "lease_duration": 0,
  "renewable": false,
  "data": {
    "data": {
      "foo": "world"
    },
    "metadata": {
      "created_time": "2020-05-15T12:36:21.956834623Z",
      "deletion_time": "",
      "destroyed": false,
      "version": 1
    }
  },
  "warnings": null
}
```

这使得 Vault CLI 很容易被用于启动脚本中，可能有以下用途：

1. 运行 `vault kv get` 命令来获取一个 Secret 的值。

2. 将 Secret 的值设置为一个环境变量或文件。

3. 启动主程序，它现在可以从环境变量或文件中读取 Secret。

一个这样的启动脚本的例子可能如代码 7.6 所示。

代码 7.6 vault-startup.sh

```
#!/bin/sh

export VAULT_TOKEN=your-vault-token
export VAULT_ADDR=https://your-vault-address.com:8200
export HELLO_SECRET=$(vault kv get -field foo secret/hello)
    ./guestbook
```

为了将其与 Kubernetes 应用程序集成，这个启动脚本将被用作容器的入口，用启动脚本取代正常的应用程序命令，在获取 Secret 并设置为环境变量后启动应用程序。

关于这种方法需要注意的一点是，`vault kv get` 命令本身需要访问 Vault 的权限。因此，为了使这个脚本工作，`vault kv get` 需要与 Vault 服务器进行安全通信，通常使用 Vault 令牌。另一种说法是，你仍然需要一个 Secret 来获取更多的 Secret。这就出现了一个鸡生蛋、蛋生鸡的问题，你现在需要以某种方式安全地配置和存储检索应用 Secret 所需的 Vault Secret。解决方案在于 Kubernetes-Vault 集成，我们将在下一节中介绍。

7.4.2　Vault Agent Sidecar Injector

由于 Vault 的流行，为了使其更容易使用，许多 Vault 和 Kubernetes 的集成被创造出来。由 HashiCorp 开发和支持的官方 Kubernetes 集成是 Vault Agent Sidecar Injector。

正如上一节所解释的，对于一个从 Vault 检索 Secret 的应用程序，需要使用一个专门的脚本在启动应用程序之前执行一些先决条件的步骤。这些步骤涉及检索和准备应用程序的 Secret，但该方法有两个问题：

❑ 虽然应用程序的 Secret 是以安全的方式检索的，但该技术仍然需要处理保护用于访问应用程序 Secret 的 Vault Secret。

❑ 容器需要具有 Vault 感知，也就是说，容器需要用一个专门的脚本来构建，该脚本了解如何检索特定的 Vault Secret 并将其传递给应用程序。

为了解决这两个问题，HashiCorp 开发了 Vault Agent Sidecar Injector，它以一种通用的方式解决了这两个问题。Vault Agent Sidecar Injector 自动修改以特定方式注解的 Pod，安全地读取注解中引用的应用程序 Secret，并将这些值渲染到应用容器可访问的共享卷中。通过将 Secret 渲染到共享卷中，Pod 中的容器可以在没有感知 Vault 的情况下使用 Vault 中的 Secret。

如何运作

Vault Agent Sidecar Injector 通过修改 Pod 规格来加入 Vault Agent 容器，该容器将 Vault Secret 填充到应用程序可访问的共享内存卷中。为了实现这一点，需要在 Kubernetes 中使用一个叫作 mutating admission webhook 的功能。

mutating admission webhook　mutating admission webhook 是使用额外功能扩展 Kubernetes API 服务器的众多方法之一。mutating webhook 通过 HTTP 回调实现，能够拦截准入请求（创建、更新、修正请求）并以某种方式修改对象。

图 7.6 解释了 Vault Agent Sidecar Injector 的工作原理。

这种方法涉及的一系列步骤如下：

1. 一个工作负载资源（Deployment、Job、ReplicaSet 等）被部署到集群中，最终会创建一个 Kubernetes Pod。

2. 当 Pod 被创建时，Kubernetes API 服务器向 Vault Agent Sidecar Injector 调用一个 mutating webhook。Vault Agent Sidecar Injector 通过向 Pod 注入一个初始容器（以及一个可

选的 sidecar）来修改 Pod。

 3. 当 Vault Agent 初始容器运行时，它与 Vault 进行安全通信，以检索 Secret。

 4. Secret 被写入一个共享内存卷，该内存卷在初始容器和应用容器之间共享。

 5. 当应用容器运行时，它立即能够从共享内存卷中检索到 Secret。

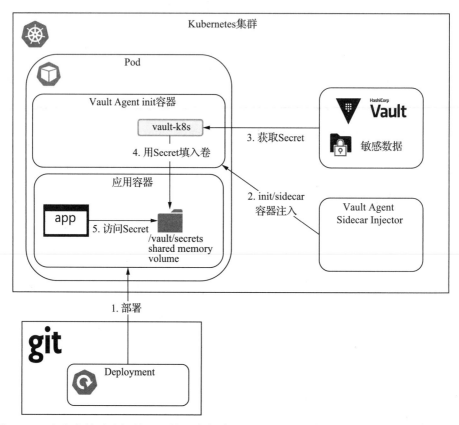

图 7.6 一个含有特殊注解的 Pod 被正常创建，该注解能被 Vault Agent Sidecar Injector 理解。根据注解，一个包含所需 Secret 的目录将被挂载到容器中供应用程序使用

Vault Agent Sidecar Injector 的安装和设置

 在本章前面，我们描述了如何使用官方的 Helm Chart 来安装 Vault。这个图表也包括 Agent Sidecar Injector。重复执行一次安装步骤。注意，这些例子假设你当前的 kubectl 上下文指向默认的命名空间：

```
# NOTE: requires Helm v3.0+

$ helm repo add hashicorp https://helm.releases.hashicorp.com

$ helm install vault hashicorp/vault \
    --set server.dev.enabled=true \
    --set injector.enabled=true
```

使用

当一个应用程序希望从 Vault 检索 Secret 时，Pod 规范至少需要有代码 7.7 所示的 Vault agent 注解。

代码 7.7 vault-agent-inject-annotations.yaml

```
annotations:
        vault.hashicorp.com/agent-inject: "true"
  vault.hashicorp.com/agent-inject-secret-hello.txt: secret/hello
  vault.hashicorp.com/role: app
```

将其分解开来，这些注解传达了几条信息：

☐ 注解键 `vault.hashicorp.com/agent-inject: "true"` 通知 Vault Agent Sidecar Injector，这个 Pod 应该进行 Vault Secret 注入。

☐ 注解值 `secret/hello` 表示要注入 Pod 的 Vault Secret 键。

☐ 注解的后缀 `hello.txt`，即 `vault.hashicorp.com/agent-inject-secret-hello.txt`，表明 Secret 应该被填充到共享内存卷中一个名为 hello.txt 的文件中，其最终路径为 /vault/secrets/hello.txt。

☐ 来自 `vault.hashicorp.com/role` 的注解值表明在检索 Secret 时应使用哪个 Vault 角色。

现在让我们用一个真实的例子来试试。要运行本教程中的所有 Vault 命令，你需要首先获得 Vault 内部的控制台访问权。运行 `kubectl exec` 来访问 Vault 服务器的交互式控制台：

```
$ kubectl exec -it vault-0 -- /bin/sh
/ $
```

如果你还没有 Secret，请按照前面的指南在 Vault 中创建你的第一个名为 "hello" 的 Secret：

```
$ vault kv put secret/hello foo=world
Key               Value
---               -----
created_time      2020-05-15T12:36:21.956834623Z
deletion_time     n/a
destroyed         false
version           1
```

接下来，我们需要配置 Vault 以允许 Kubernetes Pod 验证和检索 Secret。为此，运行以下 Vault 命令以启用 Kubernetes `auth` 方法：

```
$ vault auth enable kubernetes
Success! Enabled kubernetes auth method at: kubernetes/

$ vault write auth/kubernetes/config \
    token_reviewer_jwt="$(cat /var/run/secrets/kubernetes.io/serviceaccount/
    token)" \
    kubernetes_host="https://$KUBERNETES_PORT_443_TCP_ADDR:443" \
```

```
        kubernetes_ca_cert=@/var/run/secrets/kubernetes.io/serviceaccount/ca.crt
Success! Data written to: auth/kubernetes/config
```

这两条命令将为 Vault 配置使用 Kubernetes 认证方法来使用服务账户令牌、Kubernetes 主机的位置及其证书。

接下来，我们定义一个名为"app"的策略，以及一个名为"app"的角色，它将拥有对"hello"Secret 的读取权限。

```
# Create a policy "app" which will have read privileges to the "secret/hello"
    secret
$ vault policy write app - <<EOF
path "secret/hello" {
  capabilities = ["read"]
}
EOF

# Grants a pod in the "default" namespace using the "default" service account
# privileges to read the "hello" secret
$ vault write auth/kubernetes/role/app \
   bound_service_account_names=default \
   bound_service_account_namespaces=default \
   policies=app \
   ttl=24h
```

现在是时候部署一个 Pod 了，它将自动获取我们注入的 Vault Secret。应用代码 7.8 中的 Deployment 清单，其中有我们之前描述的 Pod 上的 Vault 注解。

代码 7.8　vault-agent-inject-example.yaml

```
apiVersion: apps/v1
kind: Deployment
metadata:
  name: vault-agent-inject-example
spec:
  selector:
    matchLabels:
      app: vault-agent-inject-example
  template:
    metadata:
      labels:
        app: vault-agent-inject-example
      annotations:
      vault.hashicorp.com/agent-inject: "true"
      vault.hashicorp.com/agent-inject-secret-hello.txt: secret/hello
      vault.hashicorp.com/role: app
spec:
  containers:
  - name: debian
    image: debian:latest
    command: [sleep, infinity]
```

当部署启动和运行时，我们可以访问 Pod 的控制台，并验证 Pod 确实有 Secret 挂载在其中：

```
$ kubectl exec deploy/vault-agent-inject-example -it -c debian -- bash
root@vault-agent-inject-example-5c48967c97-hgzds:/# cat /vault/secrets/
    hello.txt
data: map[foo:world]
metadata: map[created_time:2020-10-14T17:58:34.5584858Z deletion_time:
    destroyed:false version:1]
```

正如你所看到的，使用 Vault Agent Sidecar Injector 是以安全的方式将 Vault Secret 无缝接入你的 Pod 的最简单的方法之一。

7.4.3　Sealed Secrets

Bitnami 的 Sealed Secrets 是另一个解决 GitOps Secret 问题的方案，它恰当地将这个问题描述为：“我可以在 Git 中管理我的所有 Kubernetes 配置，除了 Secret。”虽然不是唯一的工具，但目前 Sealed Secrets 是最流行和最广泛使用的工具，适合那些希望在 Git 中加密 Secret 的团队。这样一来，包括 Secret 在内的所有东西都可以在 Git 中得到完全的管理。

Sealed Secrets 遵循的策略是对敏感数据进行加密，使其能够安全地存储在 Git 中，并在集群内进行解密。它的独特之处在于，它提供了一个控制器和命令行界面，这有助于实现这一过程的自动化。

如何运作

Sealed Secrets 包括以下内容：

❑ 一个新的 CustomResourceDefinition，称为 SealedSecret，它将生成一个正常的 Secret。

❑ 一个在集群中运行的控制器，负责解密 SealedSecret，并使用解密后的数据生成一个正常的 Kubernetes Secret。

❑ 一个命令行工具 kubeseal，可以将敏感数据加密成 SealedSecret，安全地存储在 Git 中。

当用户希望使用 Git 来管理一个 Secret 时，他们将使用 kubeseal CLI 将 Secret 密封，即加密成一个 SealedSecret 的自定义资源，该资源与其他应用资源（Deployment、ConfigMap 等）一起存储在 Git 中。SealedSecret 的部署与其他 Kubernetes 资源一样。

当 SealedSecret 被部署时，`sealed-secrets-controller` 将解密数据并生成一个具有相同名称的普通 Kubernetes Secret（见图 7.7）。在这一点上，SealedSecret 和普通的 Kubernetes Secret 在体验上没有区别，因为普通的 Kubernetes Secret 是可以被 Pod 使用的。

安装

CRD 和控制器：

```
$ kubectl apply -f https://github.com/bitnami-labs/sealed-secrets/releases/
    download/v0.12.4/controller.yaml
```

Kubeseal CLI：

❑ 从 https://github.com/bitnami-labs/sealed-secrets/releases 下载二进制文件。

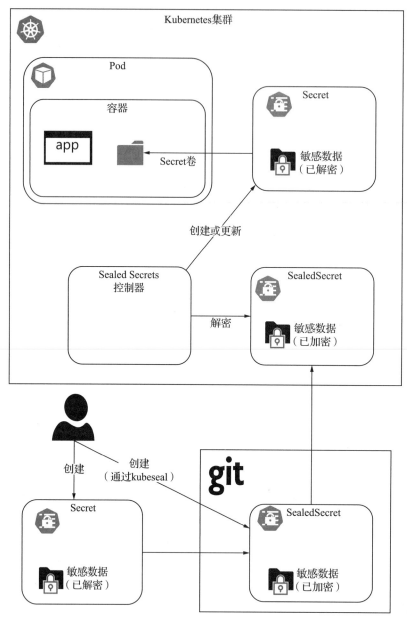

图 7.7 用户将 Secret 加密成 SealedSecret，并存储在 Git 中。Sealed Secrets 控制器对 SealedSecret 进行解密，并创立相应的 Kubernetes Secret，供 Pod 按照通常的 Kubernetes 方式使用

使用

要使用 SealedSecret，首先你要像平常那样创建一个普通的 Kubernetes Secret，并将其放在某个本地文件路径上。对于这个简单的例子，我们将使用 `kubectl create secret` 命令来创建一个密码 Secret。`--dry-run` 标志用于将值打印到标准输出，然后被重定向到

一个临时文件。我们把它存储在一个临时位置，因为包含未加密数据的 Secret 应该被丢弃，而不是在 Git（或其他任何地方）持久保存。

```
$ kubectl create secret generic my-password --from-literal=password=Pa55Word1
    --dry-run -o yaml > /tmp/my-password.yaml
```

不要使用 kubectl create secret -from-literal　在前面的例子中，使用 `--from-literal` 只是为了演示和练习，它绝对不能用于任何敏感数据。这是因为你的 shell 将最近运行的命令记录到历史文件中以方便检索。如果你希望使用 kubectl 来生成一个 Secret，可以考虑使用 `--from-file` 来代替。

前面的命令将产生代码 7.9 所示的临时 Kubernetes Secret 文件。

代码 7.9　my-password.yaml

```
apiVersion: v1
kind: Secret
metadata:
  name: my-password
data:
  password: UGE1NVdvcmQx
```

下一步是使用 kubeseal CLI 对临时 Secret 进行密封或加密。下面的命令基于我们刚刚创建的临时 Secret 文件，创建了一个 SealedSecret 对象：

```
$ kubeseal -o yaml </tmp/my-password.yaml > my-sealed-password.yaml
```

这将产生代码 7.10 所示的 SealedSecret 资源，可以安全地存储在 Git 中。

代码 7.10　my-sealed-password.yaml

```
apiVersion: bitnami.com/v1alpha1
kind: SealedSecret
metadata:
  creationTimestamp: null
  name: my-password
  namespace: default
spec:
  encryptedData:
    password: AgAF7r6v4LG/
      JPU7TiOi77bhd1NJ9ua9gldvzNw7wBKK2LLJyndSR8GShF3f1zRY+cNM0iOGTkcaFrNRCG/
      CMrLiwNltQv1gZKqryFugjcp7tiM0dwmmi4M0aIeqRfXq3+vL/Mmdc/xEsK/FtuKOg18rWoG/
      wEhvNhtvXu1t4kXHTSVL5xa4KmYD8Hn8p8CNZrGATLfy6rIlZsydM9DoB1nSFDsfG5kHlE++
      RbyXxd6Y6vckK1DPl6oqI5GidnrEQlQmkhEr+h/YuUrajAxMFNZpqzs9yaTkURdc0xDp2w
      MiycBooEn7eRzTt2aTohO4q9rgoiWwjztCyXdOCyCt+eisoG0QsqC697PiQV35IFuNbkpty
      FUU04nfMtxYfb2aZEHfVt8/j3xl9JlqKQ16zy9g0jhj1QLxhBjmRK9EyqTxqVGRTfrHaHqqz
      7mzSy/x2H6lkfBBVFLWSvwOFkYD82wdQRfTYBF5Uu/cnjeB2Uob8JkM91nEtXhLWAwtl2K5
      w0LYyUd3qOaNEEXgyv+dN/4pTHK1V+LF6IHNDOFau8QVNmqJrxrXv8yEnRGzBYg60J99Kl9
      vhp8pfbHAYfn2Tb9o8WxWjWD0YAc+pAuFAGjUmJKEJmaPr0vUo0k67BlXj77LVuHPH6
      Ei6JxGYOZA0B2WElmOwILHzDl7unWXnI+Q7Hmk2TEYSeEo81x+I9mLd8D6EpunG2lFndo=
  template:
    metadata:
      creationTimestamp: null
      name: my-password
      namespace: default
```

SealedSecret 现在可以和你的其他应用清单一起存储，并像普通资源一样部署，而无须进行任何特殊处理。

在没有集群访问的情况下密封 Secret 默认情况下，kubeseal 将使用 `sealed-secrets-controller` 的证书对 Secret 进行加密。为此，它需要访问 Kubernetes 集群，以便直接从 `sealed-secrets-controller` 中获取证书。我们可以在不直接访问集群的情况下离线密封 Secret。另外，证书也可以使用不同的方式提供，通过使用 `kubeseal --cert` 标志，你可以指定一个本地路径的证书，或是指向一个证书的 URL。

在比较原始的 Kubernetes Secret 和 SealedSecret 时，你可能已经注意到一件事，即 SealedSecret 在元数据中指定了一个命名空间，而原始 Secret 则没有。这意味着 SealedSecret 的可移植性要比原始 Secret 差得多，因为它不能被部署在不同的命名空间中。这实际上是 SealedSecret 的一个安全特性，即所谓的严格范围（strict scope）。通过严格范围，SealedSecret 对 Secret 进行了加密，使其只能用于被加密的命名空间，并且有完全相同的 Secret 名称（在我们的例子中是 my-password）。该功能可防止攻击者将 SealedSecret 部署到攻击者有权限的不同命名空间或名称上，以查看所产生的 Secret 的敏感数据。

在非多租户环境中，严格范围可以被放宽，以便相同的 SealedSecret 可以被用于集群中的任何命名空间。为此，你可以在密封过程中指定 `--scope cluster-wide` 标志。

```
$ kubeseal -o yaml --scope cluster-wide </tmp/my-password.yaml > my-cluster-
    sealed-password.yaml
```

这产生了一个略有不同的集群范围的 SealedSecret，现在它不再包含命名空间，如代码 7.11 所示。

代码 7.11 my-clusterwide-sealed-password.yaml

```yaml
apiVersion: bitnami.com/v1alpha1
kind: SealedSecret
metadata:
  annotations:
    sealedsecrets.bitnami.com/cluster-wide: "true"
  creationTimestamp: null
  name: my-password
spec:
  encryptedData:
    password: AgBjcpeaU2SKqOTMQ2SxYnxoJgy19PR7uzi1qrP5e3PqCPRi7yWD6TvozJE2r9O
      rey0zLL0/yTuIHn0Z5S7FBQT6p7FA19FGxcCu+Xdd1p/purofibL5xR8Zfk/VxEAH2RSVPS
      UGdMwpMRqhKFrsK2rZujjrDjOdC/7zTRgueSMJ6RTIWSCctXZ5htaWIBvN3nUJKGAWsrG/
      cF1xA6pPANE6eZTjyX3+pEQ3YPmPqkc4chseU/aUqk3fXN5tEcwuLWFXFkihN5hMnhKUH8
      CePk7IWB/BXATxLNY1GRzrcYAoXZOyYGkU1w24yVM10AbpmlmqYiCdlnQMEhTilc9iyKKT3
      ASplH+T/WMr7DdKcDpbTcgL0wI0EeBtUXV2zBWdNWquVA6oPCJmo4TruiBtLDZjeu6xj9fV
      tlZD/HETGLgeDuBSw/BN7fUqi6GuRObFMiZUhoN4ynm2jNHTe0bVDV6QOidbTvy6FcPjHV
      qjwKsLu2jN/TYhLTkbzHjL9Or2dZX8gI/BrmMOtoRDzSK2C4T9KqyAxipRgYkSH9cImdT9
      ChCPA9jIQUZRZGMS48Yg/SDRvA/d+QaGdMhhbhtmApWPWMaA/0+adxnPcoKBnVtuzAlPla
      YN64JCBzyJkKDVutm/wvMYtoZ95vMnLDG1d/b9CmYobAyeuz9AGZ5UeZWoZ32DMMhc5kXecR/
      FsnfMWeCaHiT+6423nJU=
  template:
    metadata:
```

```
annotations:
  sealedsecrets.bitnami.com/cluster-wide: "true"
creationTimestamp: null
name: my-password
```

使用集群范围内的 SealedSecret 的后果之一是，SealedSecret 现在可以在集群的任意命名空间中部署和解密。这意味着任何拥有集群中单个命名空间权限的人都可以简单地在他们的命名空间中部署 SealedSecret，以查看敏感数据。

使用 SealedSecret 的一个挑战是，用于加密 Secret 的加密密钥对每个集群都是不同的。当 `sealed-secrets-controller` 将一个普通的 Kubernetes Secret 转换并加密为 SealedSecret 时，该 SealedSecret 对象只对签署控制器有效，而对其他地方无效。这意味着在 Git 中，每个集群都有不同的 SealedSecret 对象。如果你只处理一个集群，这个挑战对你来说可能不是问题。然而，如果同一个秘密需要被部署到更多的集群中，那么这就成了一个配置管理问题，因为需要为每个环境制作 SealedSecret。

虽然有可能在多个集群中使用相同的加密密钥，但这带来了不同的挑战：很难在所有集群中安全地分发、管理和保护该密钥。加密密钥将分布在许多地方，为它被入侵提供了更多的机会，并最终允许攻击者获得对每个集群中的每个 Secret 的访问。

7.4.4　Kustomize Secret generator 插件

使用 Kustomize 管理其 Kubernetes 配置的用户有一个独特的功能，即 Kustomize 插件，可以利用它来检索 Secret。Kustomize 的插件功能允许 Kustomize 在构建过程中调用用户定义的逻辑来生成或转换 Kubernetes 资源。该插件非常强大，可以写成从外部来源（如数据库、RPC 调用）甚至是外部机密存储（如 Vault）检索 Secret（见图 7.8）。该插件甚至可以被写成对加密数据进行解密，并将其转化为 Kubernetes Secret。重要的启示是，Kustomize 插件为生成 Secret 提供了非常灵活的机制，并且可以用任何适合你的需求的逻辑来实现。

如何运作

正如我们在前几章所了解的，Kustomize 是一个配置管理工具，通常不从事管理或检索 Secret 的工作。但通过使用 Kustomize 的插件功能，可以注入一些用户定义的逻辑，作为 `kustomize build` 命令的一部分来生成 Kubernetes 清单。由于 `kustomize build` 通常是实际部署渲染清单前的最后一个步骤，所以这是一个完美的机会，我们可以在部署前对 Secret 进行安全检索，并最终避免将 Secret 存储在 Git 中。

Kustomize 有两种类型的插件：exec 插件和 Go 插件。exec 插件是一个简单的可执行文件，接受一个命令行参数：插件 YAML 配置文件的路径。Go 插件是用 Go 语言编写的，但开发起来更复杂。在下面的练习中，我们将编写一个 exec 插件，因为它更容易编写和理解。

在这个练习中，我们将实现一个 Kustomize Secret retriever 插件，它将通过一个密钥名称"检索"一个特定的 Secret，并从中生成一个 Kubernetes Secret。"检索"这个词是带引号的，因为实际上这个例子将只是假装检索一个 Secret，并将使用一个硬编码的值来代替。

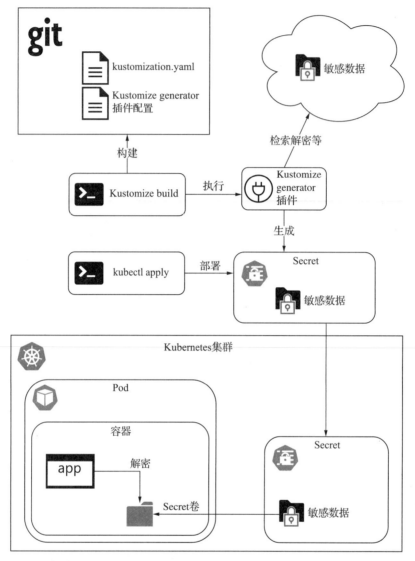

图 7.8　不在 Git 中存储 Secret，而是存储生成或检索该 Secret 的操作步骤（作为 Kustomize Secret
generator）。这种方法意味着渲染后的 Secret 将被立即应用于集群（Kustomize build）

要使用 Kustomize generator 插件，我们只需引用 kustomization.yaml（见代码 7.12）中
的插件配置。

代码 7.12　kustomization.yaml

```
apiVersion: kustomize.config.k8s.io/v1beta1
kind: Kustomization

generators:
- my-password.yaml
```

引用的插件配置 YAML 的内容是特定于该插件的。对于 Kustomize 插件清单规范中的内容并没有标准。在这个练习中，插件规范非常简单，只包含两部分必要信息（见代码 7.13）：

❑ 要创建的 Kubernetes Secret 的名称（我们将使用与插件配置名称相同的名称）。

❑ 要检索的外部 Secret 存储中的密钥（该插件将假装获得该密钥）。

代码 7.13　my-password.yaml

```
apiVersion: gitopsbook          apiVersion和kind字段被Kustomize
kind: SecretRetriever           用来发现要运行的插件
metadata:
  name: my-password             在这个例子中，该插件将选择使用配
spec:                           置名称作为产生的Kubernetes Secret的
  keyName: foo                  名称。然而，Kustomize插件可以不受
              keyName将是从外部   限制地忽略metadata.name
              存储"检索"的密钥
```

最后，我们进入了实际的插件实现，我们将把它写成一个 shell 脚本（见代码 7.14）。这个插件接受插件配置的路径，并解析出 Secret 名称和密钥，以检索生成最终的 Kubernetes Secret 来部署。

代码 7.14　gitopsbook/secretretriever/SecretRetriever

```
                      Kustomize插件的第一个参数是插件配置文
                      件的路径，在kustomization.yaml中被引用。
#!/bin/bash           这一行只是抓取其内容                    解析该插件的配置，并使用
                                                            该配置的名称作为产生的
config=$(cat $1)                                            Kubernetes Secret的名称

secretName=$(echo "$config" | grep "name:" | awk -F: '{print $2}')

keyName=$(echo "$config" | grep "keyName:" | awk -F: '{print $2}')

                        为了演示，我们使用了一个           从插件配置中解析keyName，
password="Pa55w0rd!"    硬编码的值。这通常会被替           并将其作为Kubernetes Secret
                        换成检索或解密的逻辑               中的一个密钥

base64password=$(echo -n $password | base64)      Kubernetes Secret需要进行
                                                  Base64编码

echo "           打印最终的Kubernetes
kind: Secret     Secret到标准输出
apiVersion: v1
metadata:
  name: $secretName
data:
  $keyName: $base64password
"
```

这个例子也可以从 GitOps 资源的 Git 仓库运行：

```
$ git clone https://github.com/gitopsbook/resources

$ cd resources/chapter-07/kustomize-secret-plugin
```

```
$ export KUSTOMIZE_PLUGIN_HOME=$(pwd)/plugin

$ kustomize build ./config --enable_alpha_plugins
apiVersion: v1
data:
  foo: UGE1NXcwcmQh
kind: Secret
metadata:
  name: my-password
```

　　使用 Kustomize 插件，可以选择几乎任何技术来生成 Secret，包括本章提到的所有不同策略。这包括通过引用检索一个 Secret，在 Git 中解密一个加密了的 Secret，访问一个 Secret 管理系统，等等。这些选择留给用户，让他们决定哪种策略对他们的情况最有意义。

7.5　总结

- ❑ Kubernetes Secret 是一种简单的数据结构，允许将应用程序的配置与构建制品分开。
- ❑ Kubernetes Secret 可以被 Pod 以多种方式使用，包括卷挂载、环境变量或直接从 Kubernetes API 检索。
- ❑ 由于缺乏加密和路径级访问控制，Git 不适用于 Secret。
- ❑ 在容器中烧制 Secret 意味着容器本身也是敏感的，并且没有将配置与构建制品分开。
- ❑ 带外机密管理支持使用本地 Kubernetes 设施，但导致管理 / 部署 Secret 和配置的机制不同。
- ❑ 外部机密管理提供灵活性，但失去了使用 Kubernetes 原生 Secret 功能的能力。
- ❑ HashiCorp Vault 是一个安全的外部 Secret 存储，可以使用 brew 安装。Vault 还提供了一个 CLI vault 来管理存储中的 Secret。启动时的 Pod 可以使用 CLI 和脚本从外部存储中获取 Secret。
- ❑ Vault Agent Sidecar Injector 可以在没有 CLI 和脚本的情况下自动将 Secret 注入 Pod 中。
- ❑ Sealed Secrets 是一个 CustomResourceDefinition（CRD），用于保护 Kubernetes Secret 中数据的安全。Sealed Secrets 可以通过应用 Sealed Secrets 清单安装到集群上。Sealed Secrets 带有一个 CLI 工具 kubeseal，用于加密 Kubernetes Secret 中的数据。
- ❑ Kustomize Secret generator 插件使用用户定义的逻辑能够在构建过程中向清单中注入 Secret。

第 8 章 *Chapter 8*

可 观 测 性

本章包括：

❏ 将 GitOps 与可观测性联系起来

❏ 向集群运维人员提供 Kubernetes 的可观测性

❏ 通过 Kubernetes 的可观测性启用 GitOps

❏ 利用 GitOps 提高系统的可观测性

❏ 使用工具和技术来确保你的云原生应用也是可观测的

可观测性对于正确管理一个系统，确定它是否正常工作，以及决定需要哪些变化来修复、改变或改进其行为（比如如何控制系统）至关重要。一段时间以来，可观测性一直是云原生社区关注的领域，许多项目和产品被开发出来，以实现系统和应用程序的可观测性。云原生计算基金会最近还成立了一个专门研究可观测性的特别兴趣小组（SIG）[一]。

在本章中，我们将在 GitOps 和 Kubernetes 的背景下讨论可观测性。如前所述，GitOps 必须由管理和控制 Kubernetes 集群的 GitOps Operator（或控制器）或者 Service 实现。GitOps 的关键功能是将系统的期望状态（存储在 Git 中）与系统当前的实际状态进行比较，并执行必要的操作来收敛两者。这意味着 GitOps 依靠 Kubernetes 和应用程序的可观测性来完成其工作。但 GitOps 自身也是一个必须提供可观测性的系统。我们将从两个方面探讨 GitOps 的可观测性。

我们建议你在阅读本章之前先阅读第 1 章和第 2 章。

㊀ https://github.com/cncf/sig-observability

8.1 什么是可观测性

可观测性是一种系统能力，就像可靠性、可扩展性和安全性一样，必须在系统设计、编码和测试期间设计并实施到系统中。在本节中，我们将探讨 GitOps 和 Kubernetes 为集群提供可观测性的各种方式。例如，最近部署到集群上的是应用程序的哪个版本？是谁部署的？一个月前为该应用配置了多少个副本？应用程序性能的下降是否可以与应用程序或 Kubernetes 配置的变化相关联？

当管理一个系统时，重点是控制该系统，并应用以某些方式促进系统改进的变更——无论是通过额外的功能、性能的提升、稳定性的改善，还是其他一些有益的变更。但是，你怎么知道如何控制系统以及要做哪些改变呢？一旦变更被应用，你怎么知道它们改善了系统，而不是让它变得更糟呢？

请回想一下前面几章的内容。我们之前讨论了 GitOps 如何以声明的形式在 Git 中存储系统的期望状态。GitOps Operator（或 Service）改变（控制）系统的运行状态，使之与系统的期望状态相匹配。GitOps Operator 必须能够观测到被管理的系统，在我们的例子中就是 Kubernetes 和运行在 Kubernetes 上的应用程序。更重要的是，GitOps Operator 本身也必须提供可观测性，以便用户最终能够控制 GitOps。

好吧，但从实际情况来看，这到底意味着什么？

正如前面提到的，可观测性是一个系统的能力，包含多个方面。这些方面中的每一个都必须被设计和构建在系统中。让我们逐个对这三个方面简要分析一下：事件日志、度量指标和追踪（见图 8.1）。

8.1.1 事件日志

大多数开发人员都熟悉日志的概念。随着代码的执行，日志信息可以输出，以标明重大事件、错误或变化。每个事件日志都有时间戳，它是一个特定系统组件内部运行的不可变记录（见图 8.2）。当罕见或不可预测的故障发生时，事件日志可以提供细粒度的上下文，指出出错的原因。

调试工作异常的应用程序的第一步往往是查看应用程序的日志以寻找线索。日志是开发人员观察与调试系统和应用程序的相当有用的工具。日志的记录和保留也需要遵循适当的行业标准。

对于 Kubernetes 而言，可观测性的一个基本方面是显示集群中所有不同 Pod 的日志输出。应用程序将其运行状态的调试信息输出到 stdout（标准输出），由 Kubernetes 捕获并保存至 Pod/容器所在 Kubernetes 节点上的文件。特定 Pod 的日志可以通过 `kubectl logs <pod_name>` 命令来显示。

为了说明日志、指标和追踪的各个方面，我们将使用一个名为 Hot ROD[⊖]的共享乘车应用程序作为例子。让我们在 minikube 集群中启动该应用程序，这样我们就可以查看它的日

⊖ http://mng.bz/4Z6a

志了。代码 8.1 是应用程序部署的清单。

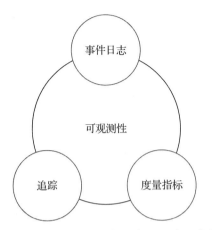

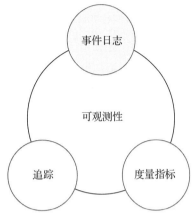

图 8.1　可观测性由三个主要方面组成：事件日
　　　　志、度量和追踪。这些方面结合在一起，
　　　　提供了运维方面的洞察力，使系统的正
　　　　确管理成为可能

图 8.2　事件日志是有时间戳的，它提供了一
　　　　个特定系统组件内部运行的不可改变的
　　　　记录

代码 8.1　Hot ROD 应用程序部署（http://mng.bz/vzPJ）

```
apiVersion: v1
kind: List
items:
  - apiVersion: apps/v1
    kind: Deployment
    metadata:
      name: hotrod
    spec:
      replicas: 1
      selector:
        matchLabels:
          app: hotrod
      template:
        metadata:
        labels:
          app: hotrod
      spec:
        containers:
          - args: ["-m", "prometheus", "all"]
            image: jaegertracing/example-hotrod:latest
            name: hotrod
            ports:
              - name: frontend
                containerPort: 8080
  - apiVersion: v1
    kind: Service
    metadata:
      name: hotrod-frontend
    spec:
```

```
    type: LoadBalancer
    ports:
      - port: 80
        targetPort: 8080
    selector:
      app: hotrod
```

使用下列命令部署 Hot ROD 应用程序：

```
$ minikube start
$ kubectl apply -f hotrod-app.yaml
deployment.apps/hotrod created
service/hotrod-frontend created
```

现在让我们来看看 Pod 的日志信息：

```
$ kubectl get pods
NAME                     READY    STATUS    RESTARTS    AGE
hotrod-59c88cd9c7-dxd55  1/1      Running   0           6m4s

$ kubectl logs hotrod-59c88cd9c7-dxd55
2020-07-10T02:19:56.940Z   INFO   cobra@v0.0.3/command.go:792   Using Prometheus
                                                                 as metrics
                                                                 backend
2020-07-10T02:19:56.940Z   INFO   cobra@v0.0.3/command.go:762   Starting all
                                                                 services
2020-07-10T02:19:57.048Z   INFO   route/server.go:57   Starting {"service":
    "route", "address": "http://0.0.0.0:8083"}
2020-07-10T02:19:57.049Z   INFO   frontend/server.go:67   Starting {"service":
    "frontend", "address": "http://0.0.0.0:8080"}
2020-07-10T02:19:57.153Z   INFO   customer/server.go:55   Starting {"service":
    "customer", "address": "http://0.0.0.0:8081"}
```

输出告诉我们，每个微服务（`route`、`frontend` 和 `customer`）都是 "Starting"。但此时，日志中并没有太多的信息，而且当前信息可能并不完全清楚地知道每个微服务是否已被成功启动。

使用 `minikube service hotrod-frontend` 命令，在你的工作站上创建一个通往 `hotrod-frontend` 服务的通道，并在网页浏览器中打开该 URL：

```
$ minikube service hotrod-frontend
|-----------|-----------------|--------------|-------------------------|
| NAMESPACE |      NAME        | TARGET PORT  |          URL            |
|-----------|-----------------|--------------|-------------------------|
| default   | hotrod-frontend |          80  | http://172.17.0.2:31725 |
|-----------|-----------------|--------------|-------------------------|
🏃 Starting tunnel for service hotrod-frontend.
|-----------|-----------------|--------------|-------------------------|
| NAMESPACE |      NAME        | TARGET PORT  |          URL            |
|-----------|-----------------|--------------|-------------------------|
| default   | hotrod-frontend |              | http://127.0.0.1:53457  |
|-----------|-----------------|--------------|-------------------------|
🎉 Opening service default/hotrod-frontend in default browser...
```

它将开启一个网络浏览器来访问应用程序（见图 8.3）。当页面打开时，点击每一个按钮来模拟每个客户的乘坐请求。

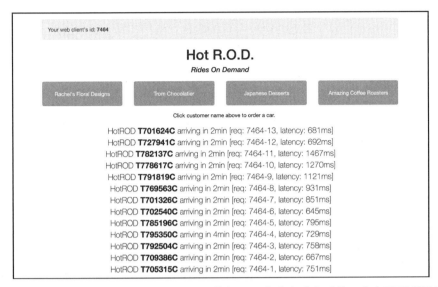

图 8.3　Hot ROD 示例应用程序的截图，它模拟了一个共享乘车系统。点击页面顶部的按
　　　　钮会启动一个进程，调用多个微服务来为客户匹配司机和路线

现在，在另一个终端窗口，让我们看一下应用程序的日志：

```
$ kubectl logs hotrod-59c88cd9c7-dxd55
:
2020-07-10T03:02:13.012Z  INFO  frontend/server.go:81  HTTP request received
    {"service": "frontend", "method": "GET", "url": "/
    dispatch?customer=567&nonse=0.6850439192313089"}
2020-07-10T03:02:13.012Z  INFO  customer/client.go:54  Getting customer
    {"service": "frontend", "component": "customer_client", "customer_id":
    "567"}
http://0.0.0.0:8081/customer?customer=567
2020-07-10T03:02:13.015Z  INFO  customer/server.go:67  HTTP request received
    {"service": "customer", "method": "GET", "url": "/
    customer?customer=567"}
2020-07-10T03:02:13.015Z  INFO  customer/database.go:73  Loading customer
    {"service": "customer", "component": "mysql", "customer_id": "567"}
2020-07-10T03:02:13.299Z  INFO  frontend/best_eta.go:77  Found customer
    {"service": "frontend", "customer": {"ID":"567","Name":"Amazing Coffee
    Roasters","Location":"211,653"}}
2020-07-10T03:02:13.300ZINFO  driver/client.go:58  Finding nearest drivers
    {"service": "frontend", "component": "driver_client", "location":
    "211,653"}
2020-07-10T03:02:13.301Z  INFO  driver/server.go:73  Searching for nearby
    drivers  {"service": "driver", "location": "211,653"}
2020-07-10T03:02:13.324Z  INFO  driver/redis.go:67  Found drivers
    {"service": "driver", "drivers": ["T732907C", "T791395C", "T705718C",
    "T724516C", "T782991C", "T703350C", "T771654C", "T724823C", "T718650C",
    "T785041C"]}
:
```

日志是非常灵活的，因为它也可以用来推断出很多应用程序有关的信息。例如，你可以在日志片段的第一行看到 `HTTP request received`，表示一个前端服务请求。你还可以看到与加载客户信息、定位最近的司机等有关的日志信息。每条日志信息上还有一个时间戳，所以你可以通过从结束时间减去开始时间来计算某个请求所花费的时间。你也可以计算出在一个给定的时间区间内被处理的请求数。为了大规模地进行这种类型的日志分析，你需要集群级日志[⊖]和集中式日志后端，如 Elasticsearch 加 Kibana[⊖]或 Splunk[⊜]。

再单击 Hot ROD 应用程序中的几个按钮。我们可以通过计算前端服务 HTTP 请求的接收信息数量来确定请求的数量：

```
$ kubectl logs hotrod-59c88cd9c7-sdktk | grep -e "received" | grep frontend |
    wc -l
    7
```

从这个输出中，我们可以看到，自从 Pod 启动以来，已经收到了 7 个前端请求。

然而，尽管日志是非常关键和灵活的，但有时它并不是观测系统某些方面的最佳工具。日志是可观测性的一个非常底层的方面，使用日志信息来得出指标（如处理的请求数、每秒的请求数等）的成本可能非常高，而且可能无法提供你所需要的所有信息。另外，如果没有对代码的深入理解，通过解析日志消息来确定系统在任何特定时刻的状态是相当棘手的，甚至是不可能的。通常情况下，日志信息来自系统的不同线程和子进程，必须相互关联才能了解系统的当前状态。因此，尽管很重要，但 Pod 日志只是勉强触及了 Kubernetes 的可观测能力的表面。

在下一节中，我们将看到如何使用度量指标来观测系统的属性，而不是底层的日志解析。

练习 8.1 使用 `kubectl logs` 命令显示 Hot ROD Pod 的日志消息并查找任何错误消息（提示：`grep` 搜索字符串 `ERROR`）。如果是这样，你看到的错误类型是什么？

8.1.2 度量指标

可观测性的另一个重要方面是用于度量系统或应用性能和运行的指标。从基本层次看，指标是一组提供系统运行信息的键值对（见图 8.4）。你可以把指标看作系统中每个组件的可观测属性。CPU、内存、磁盘和网络利用率是适用于所有组件的一些核心资源指标。还有其他一些指标可能是特定于应用程序的，比如遇

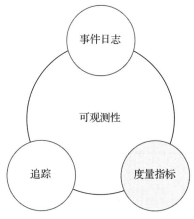

图 8.4　度量指标是一组提供关于系统运行信息的键值对

⊖　https://kubernetes.io/docs/concepts/cluster-administration/logging/

⊖　https://www.elastic.co/what-is/elk-stack

⊜　https://www.splunk.com/

到的特定类型的错误的数量，或者队列中等待处理的项目的数量。

Kubernetes 使用一个叫作 `metrics-server` 的可选组件提供基本的度量指标。`metrics-server` 可以在 minikube 中通过运行以下命令启用：

```
$ minikube addons enable metrics-server
🌼 The 'metrics-server' addon is enabled
```

一旦 `metrics-server` 启用，在等待几分钟后就能收集到足够的指标。你就可以使用 `kubectl top nodes` 和 `kubectl top pods` 命令访问 `metrics-server` 的数据了（见代码 8.2）。

代码 8.2 `kubectl top nodes` 和 `kubectl top pods` 的输出

```
$ kubectl top nodes
NAME        CPU(cores)   CPU%    MEMORY(bytes)    MEMORY%
minikube    211m         5%      805Mi            40%


$ kubectl top pods --all-namespaces
NAMESPACE     NAME                                    CPU(cores)    MEMORY(bytes)
default       hotrod-59c88cd9c7-sdktk                 0m            4Mi
kube-system   coredns-66bff467f8-gk4zp                4m            8Mi
kube-system   coredns-66bff467f8-qqxdv                4m            20Mi
kube-system   etcd-minikube                           28m           44Mi
kube-system   kube-apiserver-minikube                 62m           260Mi
kube-system   kube-controller-manager-minikube        26m           63Mi
kube-system   kube-proxy-vgzw2                         0m            22Mi
kube-system   kube-scheduler-minikube                 5m            12Mi
kube-system   metrics-server-7bc6d75975-lc5h2         0m            9Mi
kube-system   storage-provisioner                     0m            35Mi
```

以上输出显示了节点（minikube）和运行中的 Pod 的 CPU 与内存的使用率。

除了在所有 Pod 中通用的常规 CPU 和内存利用率外，应用程序可以通过暴露 HTTP 度量指标端点来提供自己的指标，该端点以键值对的形式返回度量指标列表。让我们看看在上一节中使用的 Hot ROD 应用的度量指标端点。

在另一个终端使用 `kubectl port-forward` 命令，将工作站上的一个端口转发到 Hot ROD 的度量指标端点，该端点在 Pod 的 8083 端口暴露：

```
$ kubectl port-forward hotrod-59c88cd9c7-dxd55 8083
Forwarding from 127.0.0.1:8083 -> 8083
Forwarding from [::1]:8083 -> 8083
```

建立了端口转发连接后，在你的网络浏览器中打开 http://localhost:8083/metrics，或从命令行中运行 `curl http://localhost:8083/metrics`（见代码 8.3）。

代码 8.3 Hot ROD 度量指标端点的输出

```
$ curl http://localhost:8083/metrics
# HELP go_gc_duration_seconds A summary of the GC invocation durations.
# TYPE go_gc_duration_seconds summary
```

```
go_gc_duration_seconds{quantile="0"} 6.6081e-05
go_gc_duration_seconds{quantile="0.25"} 8.1335e-05
go_gc_duration_seconds{quantile="0.5"} 0.000141919
go_gc_duration_seconds{quantile="0.75"} 0.000197202
go_gc_duration_seconds{quantile="1"} 0.000371112
go_gc_duration_seconds_sum 0.000993336
go_gc_duration_seconds_count 6
# HELP go_goroutines Number of goroutines that currently exist.
# TYPE go_goroutines gauge
go_goroutines 26
# HELP go_info Information about the Go environment.
# TYPE go_info gauge
go_info{version="go1.14.4"} 1
   :
   :
```

就这些度量指标而言，它们提供了一个系统组件在某个特定时间点的性能和运行状态的快照。通常，指标被定期收集并存储在一个时间序列数据库中，进而观察指标的历史趋势（见图 8.5）。在 Kubernetes 中，这通常是由云原生计算基金会（CNCF）的一个开源项目 Prometheus（https://prometheus.io）来完成的。

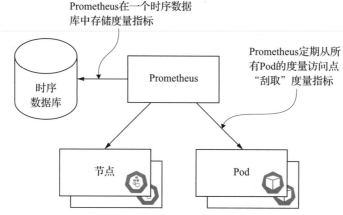

图 8.5 单个 Prometheus 部署可以收集集群中的节点和 Pod 的度量指标端点。指标以可配置的时间间隔进行收集，并存储在一个时间序列数据库中

正如本章前面提到的，一些指标可以通过检查日志信息来推断。但是让系统或应用程序直接度量其指标，并提供查询指标值的程序化访问会更有效率。

练习 8.2 找出不同的 HTTP 请求的数量（提示：搜索名为 http_requests 的指标）。应用程序处理了多少个 GET /dispatch、GET /customer 和 GET /route 请求？你如何从应用程序的日志中获得类似的信息？

8.1.3 追踪

通常情况下，分布式追踪数据需要一个特定的应用程序代理，它知道如何收集被追踪

代码的详细执行路径。分布式追踪框架可以捕捉到系统内部运行的详细数据（见图 8.6），从

最初的终端用户请求开始，到可能几十（或是
上百？）个不同的微服务和其他外部依赖的调
用，这些外部依赖或许是由另一个系统托管
的。度量指标通常提供了一个特定系统中的应
用程序的汇总视图，而追踪数据通常提供了一
个单独请求执行流程的详细描述，它可能跨越
多个服务和系统。这在微服务时代尤为重要，
因为微服务时代中的一个"应用"可能会利用
几十或几百个服务的功能，并跨越多个操作边
界。正如 8.1.1 节所提到的，Hot ROD 应用是
由四个不同的微服务（前端、客户、司机和路
线）和两个模拟的存储后端（MySql 和 Redis）
组成。

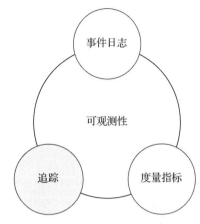

图 8.6　追踪捕获了系统内部运行的详细数据

为了说明这一点，让我们看一个流行的追踪框架——Jaeger，以及在 8.1.1 节和 8.1.2 节
中提到的 Hot ROD 应用示例。首先，在 minikube 集群上安装 Jaeger，并使用以下命令来验
证它是否成功运行：

```
$ kubectl apply -f https://raw.githubusercontent.com/gitopsbook/resources/
    master/chapter-08/jaeger/jaeger-all-in-one.yaml
deployment.apps/jaeger created
service/jaeger-query created
service/jaeger-collector created
service/jaeger-agent created
service/zipkin created

$ kubectl get pods -l app=jaeger
NAME                        READY    STATUS    RESTARTS    AGE
jaeger-f696549b6-f7c9h      1/1      Running   0           2m33s
```

现在 Jaeger 正在运行，我们需要更新 Hot ROD 应用程序的部署，以便向 Jaeger 发送追
踪数据。通过在 hotrod 容器中添加 JAEGER_AGENT_HOST 环境变量来实现，该变量表示
上一步中由 jaeger-all-in-one.yaml 部署的 jaeger-agent 服务：

```
$ diff --context=4 hotrod-app.yaml hotrod-app-jaeger.yaml
*** hotrod-app.yaml         2020-07-20 17:57:07.000000000 -0700
--- hotrod-app-jaeger.yaml  2020-07-20 17:57:07.000000000 -0700
***************
*** 22,29 ****
--- 22,32 ----
                #- "--fix-disable-db-conn-mutex"
                - "all"
            image: jaegertracing/example-hotrod:latest
            name: hotrod
+           env:
```

```
+                          - name: JAEGER_AGENT_HOST
+                            value: "jaeger-agent"
                      ports:
                        - name: frontend
                          containerPort: 8080
                        - name: customer
***************
*** 41,45 ****
              - port: 80
                targetPort: 8080
          selector:
            app: hotrod
!         type: LoadBalancer
\ No newline at end of file
--- 44,48 ----
              - port: 80
                targetPort: 8080
          selector:
            app: hotrod
!         type: LoadBalancer
```

由于我们已经配置了 hotrod-app 来发送数据给 Jaeger，我们需要通过打开 hotrod-app 用户界面并点击几个按钮来生成一些追踪数据，就像我们在事件日志部分所做的那样。

使用 minikube service hotrod-frontend 命令，在你的工作站上创建一个通往 hotrod-frontend 服务的隧道，并在网页浏览器中打开该 URL：

```
$ minikube service hotrod-frontend
|-----------|----------------|-------------|------------------------|
| NAMESPACE |      NAME      | TARGET PORT |          URL           |
|-----------|----------------|-------------|------------------------|
| default   | hotrod-frontend|             | http://127.0.0.1:52560 |
|-----------|----------------|-------------|------------------------|
🏎 Opening service default/hotrod-frontend in default browser...
```

它将打开访问该应用程序的网络浏览器。当页面打开时，点击每一个按钮，模拟每个客户的乘坐请求。

现在我们应该有一些追踪数据，通过运行 minikube service jaeger-query 打开 Jaeger 用户界面：

```
$ minikube service jaeger-query
|-----------|--------------|-------------|----------------------------|
| NAMESPACE |     NAME     | TARGET PORT |            URL             |
|-----------|--------------|-------------|----------------------------|
| default   | jaeger-query | query-http  | http://192.168.99.120:30274|
|-----------|--------------|-------------|----------------------------|
🏎 Opening service default/jaeger-query in default browser...
```

它将在你的默认浏览器中打开 Jaeger 用户界面，或者你也可以自己打开前面输出中列出的 URL（如 http://127.0.0.1:51831）。当你完成了本章的 Jaeger 练习后，你可以按 Ctrl+C 关闭通往 jaeger-query 服务的隧道。

在 Jaeger 用户界面，你可以选择服务"frontend"和操作"HTTP GET /dispatch"，然

后单击 Find Traces 以获得所有 GET /dispatch 调用图示追踪的列表（见图 8.7）。

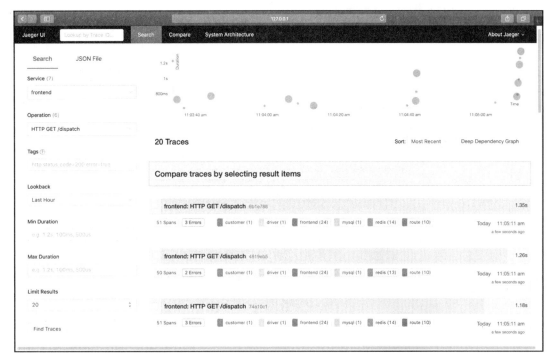

图 8.7　Jaeger Search 标签显示了过去一小时内发生的来自前端服务的 GET /dispatch 请求。右上
方的图表显示了每个请求随时间变化的持续时间，每个圆圈的大小代表每个请求中的时间段
数量。右下方列出了所有的请求，可以点击每一行查看更多的细节

从那里你可以选择要调查的追踪，图 8.8 显示了 Jaeger 用户界面中的前端 GET /dispatch
请求的调用图。

从图 8.8 可以看出，关于 GET /dispatch 请求的处理，有很多有价值的信息。从中
你可以看到正在调用什么代码，它的响应是什么（成功或失败），以及它花了多长时间。例
如，在截图中，这个请求所使用的 SQL 查询似乎花了 930.37 ms。这是正常的吗？应用程序
开发人员可以做更多的测试和深入挖掘，看看这个查询是否可以优化，或者是否有一个不同
区域的代码可以从额外的优化中受益。

同样，正如前面提到的，开发人员可以在他们的代码中加上日志语句，以便在他们的
应用程序日志中拥有"追踪数据"，但这是一种高成本、低效率的方法。使用一个适当的框
架进行追踪是更可取的，从长远来看，这会提供一个更好的结果。

你可以想象，追踪数据的量可能相当大，而且收集每一个请求的数据可能不可行。追
踪数据通常是以配置好的比率取样的，其保留时间可能比应用日志或度量指标等要短得多。

追踪与 GitOps 有什么关系呢？实际上，没有什么关系。但是，随着帮助提供、管理和
分析分布式追踪数据的工具和服务方面的大量新的进展，追踪已成为可观测性中一个重要且

日益增长的部分。在未来，追踪工具（如 OpenTelemetry）也有可能通过涵盖度量指标和日志的扩展，以用于可观测性的更多方面。

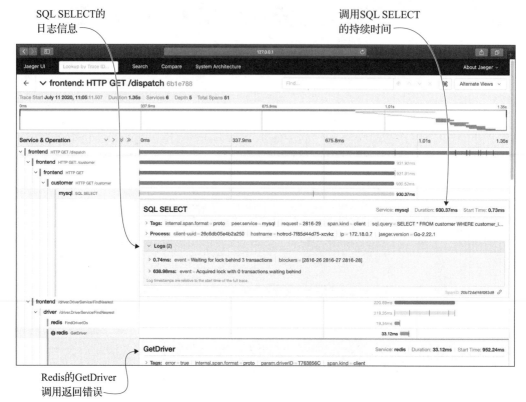

图 8.8　在这个 GET /dispatch 追踪的详细视图中，Jaeger 显示了从起始请求发起的所有调用跨度。这个例子显示了诸如 SQL SELECT 调用的持续时间和日志以及 Redis GetDriver 调用的返回错误等细节

练习 8.3　使用 Jaeger 分布式追踪平台⊖确定 Hot ROD 的性能瓶颈。为此，在一个浏览器窗口中打开 Hot ROD 用户界面。在 Hot ROD 用户界面中点击一些客户（如 Japanese Desserts 和 Amazing Coffee Roasters）以在应用程序中调度乘车。实际上，要不断地点击不同的客户按钮。

一旦你熟悉了这个应用程序，就可以按照本节前面的描述，打开 Jaeger 用户界面。使用搜索功能来寻找各种服务和请求的追踪以回答以下问题。你可能想把限制结果（Limit Results）改成一个更大的值，比如 200。

1. 你是否有任何包含错误的追踪？如果有的话，是什么组件导致了这些错误？

2. 你是否注意到当你缓慢地点击客户按钮和快速地点击客户按钮时，请求的延迟有什么不同？你是否有任意调度请求需要超过 1000 ms 的时间？

⊖　https://github.com/jaegertracing/jaeger/tree/master/examples/hotrod

3. 根据 Hot ROD 应用程序，使用司机 ID（用黑体字表示）搜索 Jaeger，找出延迟最长的追踪。提示：使用标签过滤器，搜索"driver=T123456C"，其中"T123456C"是延迟最长的请求的司机 ID。

4. 应用程序在哪里花费的时间最多？什么 span 是最长的？

5. 最长 span 的日志是怎么说的？提示：日志信息以 Waiting for... 开头。

6. 根据你在上一个问题中的发现，可能是什么影响了 Hot ROD 应用程序的性能？检查 http://mng.bz/QmRw 中的代码。

练习 8.4　通过在 hotrod 容器中添加 --fix-disable-db-conn-mutex 参数并更新部署，修复 Hot ROD 应用程序的性能瓶颈。（提示：查看 GitHub hotrod-app-jaeger.yaml 文件，并取消注释适当的行。）这模拟了修复代码中的数据库锁争用。

1. 通过添加 --fix-disable-db-conn-mutex 参数来更新 hotrod 容器。

2. 重新部署更新的 hotrod-app-jaeger.yaml 文件。

3. 测试 hotrod 用户界面。你是否注意到每个调度的延迟有差异？你能让一个调度请求的时间超过 1000ms 吗？

4. 看一下 Jaeger 的用户界面。你注意到追踪的不同吗？添加 --fix-disable-db-conn-mutex 参数后有什么不同？

要深入了解 Jaeger 和 Hot ROD 示例应用程序，请参考 README 页面⊖顶部的博客和视频链接。

8.1.4　可视化

可观测性所有讨论的方面实际上都是关于系统提供自身相关的数据。而这些数据加起来，可能很难让人理解。可观测性的最后一个方面是可视化工具，它有助于将所有可观测性数据转化为信息和洞察。

许多工具提供了可观测性数据的可视化。在上一节中，我们讨论了 Jaeger，它提供了追踪数据的可视化。但现在，让我们看看另一个提供 Kubernetes 集群当前运行状态可视化的工具——Kubernetes Dashboard。

你可以使用以下命令启用 minikube 中的 Kubernetes Dashboard 插件⊜：

```
$ minikube stop                             ◁─── 如果minikube已经在
✋ Stopping "minikube" in docker ...              运行，则停止它
⬤ Powering off "minikube" via SSH ...
⬤ Node "minikube" stopped.
$ minikube addons enable dashboard          ◁─── 启用Dashboard插件
✿ The 'dashboard' addon is enabled
```

⊖　http://mng.bz/XdqG

⊜　https://minikube.sigs.k8s.io/docs/tasks/addons/

一旦启用，你就可以启动你的 minikube 集群并显示 Dashboard：

```
$ minikube start
😀  minikube v1.11.0 on Darwin 10.15.5
✨  Using the docker driver based on existing profile
👍  Starting control plane node minikube in cluster minikube
🎉  minikube 1.12.0 is available! Download it: https://github.com/kubernetes/
    minikube/releases/tag/v1.12.0
💡  To disable this notice, run: 'minikube config set WantUpdateNotification
    false'

🔄  Restarting existing docker container for "minikube" ...
🐳  Preparing Kubernetes v1.18.3 on Docker 19.03.2 ...
    ? kubeadm.pod-network-cidr=10.244.0.0/16
🔎  Verifying Kubernetes components...
🌟  Enabled addons: dashboard, default-storageclass, metrics-server, storage-
    provisioner
🏄  Done! kubectl is now configured to use "minikube"
$ minikube dashboard
```

Dashboard插件从 minikube开始

命令 `minikube dashboard` 将打开一个浏览器窗口，看起来与图 8.9 类似。

所有工作负载的
CPU使用率

所有工作负载的
内存使用率

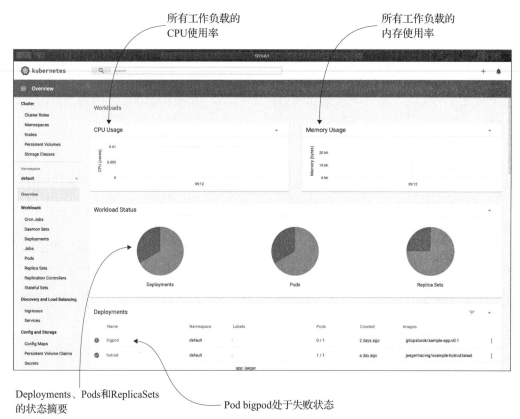

Deployments、Pods和ReplicaSets
的状态摘要

Pod bigpod处于失败状态

图 8.9 Kubernetes Dashboard 的 Overview 页面显示了当前在集群上运行的工作负载的 CPU 和内存使用情况，以及每种类型的工作负载（Deployments、Pods 和 ReplicaSets）的总览图表。该页面的右下窗格显示了每个工作负载的列表 GET /dispatch，可以点击每一行查看更多细节

Kubernetes Dashboard 提供了 Kubernetes 集群很多不同方面的可视化信息，包括 Deployments、Pods 和 ReplicaSets 的状态。我们可以看到 bigpod 的部署出现了问题。看到这一点，Kubernetes 管理员应该采取行动，使这个部署恢复到健康状态。

练习 8.5　在 minikube 上安装 Dashboard 插件。打开 Dashboard 用户界面，探索可用的不同面板，并执行以下操作：

1. 将视图切换到所有命名空间。minikube 上总共有多少个 Pod 在运行？

2. 选择 Pod 面板。通过点击 Pod 面板右上方的过滤器图标，过滤出那些名称中含有 "dns" 的 Pod。通过点击 Pod 的操作图标并选择删除，删除其中一个与 DNS 相关的 Pod。会发生什么？

3. 点击 Dashboard UI 右上方的加号图标（+），并选择"从表单创建"。使用 nginx 镜像创建一个包含 3 个 Pod 的新 NGINX 部署。试验一下"从输入创建"和"从文件创建"选项，可以使用前面章节的代码列表。

8.1.5　GitOps中可观测性的重要性

好了，现在你知道了什么是可观测性，也知道了它通常是个好事情，但你可能会想，为什么一本关于 GitOps 的书要用一整章来讨论可观测性？可观测性与 GitOps 有什么关系？

正如第 2 章所讨论的，使用 Kubernetes 的声明式配置可以精确定义系统的期望状态。但是，你怎么知道系统的运行状态是否已经与期望的状态一致？你怎么知道某次部署是否成功？更广泛地说，你如何知道你的系统是否按预期运行？这些关键问题都应该由 GitOps 和可观测性来帮助回答。

Kubernetes 中的可观测性有几个方面，对于 GitOps 系统的良好运行和回答关于系统的关键问题至关重要：

❑ 应用程序健康状况：应用程序是否正常运行？如果使用 GitOps 部署新版本的应用程序，系统是否比以前"更好"？

❑ 应用程序同步状态：应用程序的运行状态是否与部署 Git 仓库中定义的期望状态相同？

❑ 配置漂移：应用程序的配置是否在声明式的 GitOps 系统之外被改变过（比如手动或强制的）？

❑ GitOps 变更日志：最近对 GitOps 系统做了哪些变更？是谁做的？出于什么原因？

本章的其余部分将介绍 Kubernetes 系统和应用程序的可观测性是如何让 GitOps 系统来回答这些问题的，以及反过来 GitOps 系统如何提供可观测的能力。

8.2　应用程序健康状况

可观测性与 GitOps 相关的第一个也是最重要的方式是观测应用程序健康状况的能力。

在这一章的开头，我们谈到了运维一个系统实际上就是管理这个系统，使其随着时间的推移不断改善，而不是越来越差。GitOps 的关键在于，系统的期望状态（大概是比当前状态"更好"的状态）被提交到 Git 仓库中，然后 GitOps Operator 将该期望状态应用到系统中，使其成为当前状态。

举个例子，想象一下当本章前面讨论的 Hot ROD 应用最初部署时，它对运行的需求相对较小。然而，随着时间的推移，随着应用程序变得越来越受欢迎，数据集越来越大，分配给 Pod 的内存已经不够用了。Pod 会定期耗尽内存并被终止（一个叫作"OOMKilled"的事件）。Hot ROD 应用程序的应用健康状况会显示它定期崩溃和重新启动。系统运维人员可以签入对 Hot ROD 应用的修改到 Git 部署仓库，增加其要求的内存。然后，GitOps Operator 将应用该更改，增加运行中的 Hot ROD 应用程序的内存。

也许我们可以忽略这件事。毕竟，有人提交了对系统的修改，GitOps 应该按要求行事。但如果提交的修改实际上使事情变得更糟呢？如果应用在部署了最新的修改后重新启动，却开始返回比以前更多的错误，怎么办？或者更糟糕的是，如果它根本就没有恢复起来呢？在这个例子中，如果运维人员为 Hot ROD 应用程序增加了太多的内存，导致在集群上运行的其他应用程序的内存耗尽怎么办？

在 GitOps 中，我们至少希望能发现那些系统在部署后比以前"更糟糕"的情况，并至少提醒用户也许他们应该考虑回滚最近的变更。只有当系统和应用具有很强的可观测性，并且 GitOps Operator 可以观测到时，这才有可能实现。

8.2.1 资源状况

从基本层面来看，Kubernetes 实现其内部状态的可观测性的一个关键特性是如何通过声明式配置维护所需的配置和活动状态。这使得每一个 Kubernetes 资源都可以在任何时候被检查，进而了解该资源是否处于期望的状态。每个组件或资源在任何时候都会处于一个特定的运行状态。例如，一个资源可能处于 INITIALIZED 或 NOT READY 状态。它也可能处于 PENDING、RUNNING 或 COMPLETED 状态。通常情况下，一个资源的状态是特定于类型的。

应用程序健康状况的第一个方面是确定所有与应用程序相关的 Kubernetes 资源都处于良好状态。例如，所有的 Pod 都被成功调度了，它们是否处于 Running 状态？让我们看看如何确定这一点。

Kubernetes 为每个 Pod 提供了额外的信息来表明一个 Pod 是否健康。让我们对 etcd Pod 运行 kubectl describe 命令：

```
$ kubectl describe pod etcd-minikube -n kube-system
Name:                 etcd-minikube
Namespace:            kube-system
Priority:             2000000000
Priority Class Name:  system-cluster-critical
Node:                 minikube/192.168.99.103
Start Time:           Mon, 10 Feb 2020 22:54:14 -0800
```

```
                    :
Status:             Running
IP:                 192.168.99.103
IPs:
  IP:               192.168.99.103
Controlled By:  Node/minikube
Containers:
  etcd:
      :
    Command:
        :
    State:          Running
      Started:      Mon, 10 Feb 2020 22:54:05 -0800
    Ready:          True
    Restart Count:  0
    Liveness:       http-get http://127.0.0.1:2381/health delay=15s
      timeout=15s period=10s #success=1 #failure=8
    Environment:    <none>
    Mounts:
        :
Conditions:
  Type              Status
  Initialized       True
  Ready             True
  ContainersReady   True
  PodScheduled      True
Volumes:
    :
QoS Class:          BestEffort
Node-Selectors:     <none>
Tolerations:        :NoExecute
Events:             <none>
```

为了简洁起见，这个输出已经被截断了，但是请仔细看看，并与你的 minikube 的输出进行比较。你看到 Pod 的哪些属性可能有助于可观测性？靠近顶部的一个非常重要（也很明显）的属性是 Status:Running，它表示 Pod 所处的阶段。Pod 的阶段（见表 8.1）是对 Pod 在其生命周期中所处位置的一个简单、高层次的总结。Conditions 数组、reason 和 message 字段以及各个容器的 status 数组包含了有关 Pod 状态的更多细节。

表 8.1   Pod 阶段

阶段值	描　述
Pending	Kubernetes 系统已经接受了 Pod，但是容器镜像还没有被创建。这包括被调度之前的时间，以及通过网络下载镜像的时间。这些可能需要一段时间来完成
Running	Pod 已经被绑定到一个节点上，并且所有的容器都已经被创建。至少有一个容器仍在运行，或者正在启动或重启过程中
Succeeded	Pod 中的所有容器都已成功终止，不会再被重新启动
Failed	Pod 中的所有容器都已经完成，并且至少有一个容器以失败告终。该容器要么以非零状态退出，要么被系统终止
Unknown	由于某种原因，无法获得 Pod 的状态，通常是由于与 Pod 的主机通信时出现错误

这就是可观测性：一个 Pod 的内部状态可以很容易地被查询到，因此可以做出控制系

统的决定。对于 GitOps 来说，如果一个应用程序的新版本被部署，那么查看由此产生的新 Pod 的状态以确保其成功是很重要的。

但 Pod 的状态（阶段）只是一个总结，要了解为什么一个 Pod 处于一个特定的状态，你需要查看一下 Conditions。一个 Pod 有 4 个状况（见表 8.2），它们的值将是 True、False 或 Unknown。

表 8.2　Pod 状况

阶段值	描　述
PodScheduled	该 Pod 已被成功调度到集群中的一个节点
Initialized	所有 init 容器都已成功启动
ContainersReady	Pod 中的所有容器都已准备就绪
Ready	该 Pod 可以处理请求，并应被添加到所有匹配服务的负载均衡池中

练习 8.6　使用 kubectl describe 命令来显示在 kube-system 命名空间中运行的其他 Pod 的信息。

Pod 进入不良状态的一个简单例子是提交一个 Pod，其清单要求的资源比集群中的可用资源多。这将导致该 Pod 进入 Pending 状态。Pod 的状态可以通过运行 kubectl describe pod <pod_name> 来"观测"（见代码 8.4）。

代码 8.4　http://mng.bz/yYZG

```
apiVersion: v1
kind: Pod
metadata:
  name: bigpod
spec:
  containers:
    - command:
        - /app/sample-app
image: gitopsbook/sample-app:v0.1
name: sample-app
ports:
  - containerPort: 8080
resources:
  requests:
    memory: "999Gi"        ◁── 要求获得不可能的内存量
    cpu: "99"              ◁── 要求获得不可能的 CPU 数
```

如果你应用这个 YAML 并检查 Pod 状态，你会注意到 Pod 是 Pending。当你运行 kubectl describe 时，你会发现 Pod 处于 Pending 状态，因为 minikube 集群无法满足 999GB 内存或 99 个 CPU 的资源请求：

```
$ kubectl apply -f bigpod.yaml
deployment.apps/bigpod created

$ kubectl get pod
```

```
NAME                        READY   STATUS    RESTARTS   AGE
bigpod-7848f56795-hnpjx     0/1     Pending   0          5m41s

$ kubectl describe pod bigpod-7848f56795-hnpjx
Name:            bigpod-7848f56795-hnpjx
Namespace:       default
Priority:        0
Node:            <none>
Labels:          app=bigpod
                 pod-template-hash=7848f56795
Annotations:     <none>
Status:          Pending
IP:
IPs:             <none>
Controlled By:   ReplicaSet/bigpod-7848f56795
Containers:
  bigpod:
    Image:       gitopsbook/sample-app:v0.1
    Port:        8080/TCP
    Host Port:   0/TCP
    Command:
      /app/sample-app
    Requests:
      cpu:       99
      memory:    999Gi
    Environment:  <none>
    Mounts:
      /var/run/secrets/kubernetes.io/serviceaccount from default-token-8dzwz
      (ro)
Conditions:
  Type            Status
  PodScheduled    False
Volumes:
  default-token-8dzwz:
    Type:        Secret (a volume populated by a Secret)
    SecretName:  default-token-8dzwz
    Optional:    false
QoS Class:       Burstable
Node-Selectors:  <none>
Tolerations:     node.kubernetes.io/not-ready:NoExecute for 300s
                 node.kubernetes.io/unreachable:NoExecute for 300s
Events:
  Type      Reason           Age         From              Message
  ----      ------           ----        ----              -------
  Warning   FailedScheduling <unknown>   default-scheduler 0/1 nodes are
     available: 1 Insufficient cpu, 1 Insufficient memory.
  Warning   FailedScheduling <unknown>   default-scheduler 0/1 nodes are
     available: 1 Insufficient cpu, 1 Insufficient memory.
```

← Pod的状态是Pending

← PodScheduled的条件为False

没有节点有足够的内存或CPU来调度Pod

练习 8.7 更新 bigpod.yaml，对 CPU 和内存设置一个更合理的值，并重新部署 Pod。（提示：将 CPU 改为 99m，内存改为 999Ki。）对更新的 Pod 运行 kubectl describe，并将输出与修改前的输出进行比较。更新后的 Pod 的 Status、Conditions 和 Events 是什么？

8.2.2 就绪探针和存活探针

如果你仔细看一下表 8.2 中列出的 Pod Conditions，有些内容可能会很突出。Ready 状态声称"Pod 可以处理请求"。它是怎么知道的？如果 Pod 需要执行一些初始化呢？Kubernetes 如何知道 Pod 已经准备好了？答案是，Pod 本身根据自己的应用程序特定的逻辑，通知 Kubernetes 它已经准备好了。

Kubernetes 使用就绪探针（readiness）来决定 Pod 何时可以接受流量。Pod 中的每个容器都可以以命令或 HTTP 请求的形式指定一个就绪探针，这将表明该容器何时就绪（Ready）。这取决于容器是否能提供关于其内部状态的可观测性。一旦所有的 Pod 容器都就绪，那么 Pod 本身就被认为是就绪了，可以被添加到匹配服务的负载均衡器中并开始处理请求。

同样，每个容器都可以指定一个存活探针（liveness），表明该容器是否存活，例如处于某种死锁状态。Kubernetes 使用存活探针来知道何时重新启动进入坏状态的容器。

所以这里又是 Kubernetes 中内置可观测性的一个方面。应用程序 Pod 通过就绪探针和存活探针提供其内部状态的可见性，以便 Kubernetes 系统能够决定如何控制它们（见图 8.10）。应用程序开发人员必须正确实现这些探针，以便应用程序提供其运行的正确可观测性。

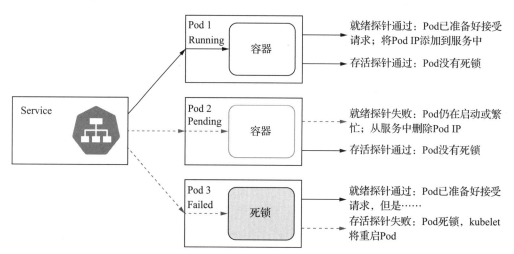

图 8.10 Kubernetes 使用就绪探针和存活探针来确定哪些 Pod 可以接受流量。Pod 1 处于运行状态，就绪探针和存活探针都通过了。Pod 2 处于待定状态，虽然存活探针通过了，但由于 Pod 仍在启动中，所以就绪探针没有通过。Pod 3 通过了就绪探针，但没有通过存活探针，这意味着它可能很快就会被 kubelet 重新启动

练习 8.8 创建一个 Pod 规范，使用 init 容器来创建一个文件，并配置应用程序容器的就绪和存活探针要求该文件存在。创建 Pod，然后看看它的行为。在 Pod 中执行删除文件并查看其行为。

8.2.3 应用程序监控和告警

除了状态和就绪 / 存活探针，应用程序通常有重要的指标可用于确定其整体健康状况。这是运行监控和告警的基础：观察一组指标，当它们偏离允许的值时发出告警。但是，哪些指标应该被监测，允许的值是什么？

幸运的是，研究人员在这个问题上已经做了很多研究，而且在其他书籍和文章中也有很好的阐述。Rob Ewaschuk 描述了"四个黄金信号"（见图 8.11），作为从高维度需要关注的最重要指标。这为思考度量指标提供了一个有用的框架[⊖]：

- ❑ 延迟：服务一个请求所需的时间。
- ❑ 流量：衡量对系统的需求量有多大。
- ❑ 错误：不成功的请求率。
- ❑ 饱和度：你的服务有多"满"。

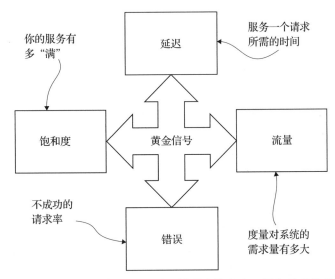

图 8.11 四个黄金信号，即延迟、流量、错误和饱和度，是衡量系统整体健康状况的关键指标。每个指标都衡量系统的一个具体运行方面。系统中的任何问题都有可能通过对一个或多个黄金信号指标的不利影响而表现出来

Brendan Gregg 提出了 USE 方法，用于描述系统资源（如基础设施，如 Kubernetes 节点）的性能[⊖]：

- ❑ 利用率（Utilization）：资源忙于服务工作的平均时间。
- ❑ 饱和度（Saturation）：资源无法服务更多工作的程度，通常是在队列等待的工作。
- ❑ 错误（Errors）：错误事件的数量。

⊖ https://landing.google.com/sre/sre-book/chapters/monitoring-distributed-systems/

⊖ http://www.brendangregg.com/usemethod.html

对于请求驱动的应用程序（如微服务），Tom Wilkie 定义了 RED 方法[一]：

❏ 速率（Rate）：一个服务每秒处理的请求数。

❏ 错误（Errors）：每秒失败的请求数。

❏ 持续时间（Duration）：每个请求所需时间的分布情况。

通过指标确定应用程序健康状况的更深入讨论超出了本书的范围，因此我们强烈建议阅读前面的三个相关的脚注中的参考资料。

一旦你确定了评估应用程序健康状况的指标，你就需要对它们进行监控，并在它们超出允许值的时候产生告警。在传统的运行环境中，这通常是由盯着仪表盘的运维人员完成的，但也有可能是一个自动化系统。如果监测到一个问题，就会发出告警，触发值班工程师去查看系统。值班工程师分析系统并决定采取正确的行动来解决告警，这可能是停止向服务器群推出新版本，甚至可能是回滚到以前的版本。

所有这些都需要时间，并延长了系统恢复到最佳运行状态的时间。如果 GitOps 系统可以帮助改善这种情况呢？

考虑一下这样的情况：所有的 Pod 都成功启动。所有的就绪检查都成功了，但一旦应用程序开始处理，发现处理每个请求所需的时长突然增加了两倍（RED 方法中的持续时间）。这可能是最近的代码修改引入了一个性能错误，使应用程序的性能下降。

理想情况下，这样的性能问题应该在生产前的测试中被发现。如果没有，GitOps Operator 和部署机制是否有可能在特定的黄金信号指标突然下降且偏离既定基线时自动停止或回滚部署？

作为高级可观测性用例讨论的一部分，8.3 节将更详细地介绍这一点。

8.3　GitOps 的可观测性

通常情况下，管理员会根据观察到的应用程序健康特征来改变 GitOps 中定义的系统配置。如果一个 Pod 由于内存不足而陷入 `CrashLoopBackoff` 状态，那么 Pod 的清单可能会被更新，以便为该 Pod 申请更多的内存。如果内存泄漏导致应用程序出现内存不足的情况，也许 Pod 镜像将被更新为包含内存泄漏修复的镜像。也许应用程序的黄金信号表明它已经达到饱和，无法处理负载，所以 Pod 的清单可能会被更新以请求更多的 CPU，或者增加 Pod 的副本数量以横向扩展应用程序。

这些都是基于应用程序的可观测性而采取的 GitOps 操作。但 GitOps 过程本身呢？一个 GitOps 部署的可观测特征是什么？

8.3.1　GitOps 度量指标

如果 GitOps Operator 或 Service 是一个应用程序，它的黄金信号是什么？让我们考虑每

[一]　http://mng.bz/MX97

个领域, 以了解 GitOps Operator 提供的一些可观测性特征 (见图 8.12):

❑ 延迟

■ 部署和使系统的运行状态符合其期望状态所需的时间。

❑ 流量

■ 部署的频率。

■ 正在进行的部署的数量。

❑ 错误

■ 部署失败的次数以及当前处于失败状态的部署数量。

■ 系统运行状态与预期状态不一致的不同步部署的数量。

❑ 饱和度

■ 部署被排队且未被处理的时间长度。

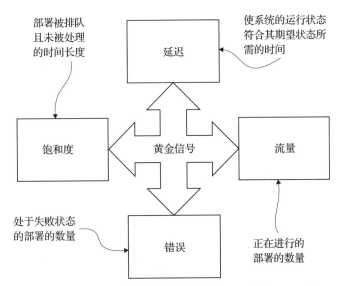

图 8.12 GitOps 的 4 个黄金信号表明了 GitOps 持续部署系统的健康状况。GitOps Operator/Service 的任何问题都可能通过对这些黄金信号中的一个或多个指标产生不利影响而表现出来

每种 GitOps 工具对这些指标的实现以及暴露方式都是不同的。这将在本书的第三部分中详细介绍。

8.3.2 应用程序同步状态

GitOps Operator 必须提供的最重要的状态是 Git 仓库中的应用程序的期望状态是否与应用程序的当前状态相同 (同步) 或不同 (不同步)。如果应用程序不同步, 应该提醒用户可能需要进行部署 (或重新部署)。

但是, 什么会造成一个应用程序不同步? 这是 GitOps 常规操作的一部分: 一个用户提交了一个对系统所需状态的变更。在提交该变更的那一刻，应用程序的当前状态与期望状态不一致。

让我们考虑一下 2.5.1 节中描述的 GitOps 基本操作是如何运作的。在那个例子中，一个 CronJob 会定期运行简易的 GitOps Operator，这样仓库就会被签出，并且仓库中包含的清单会自动应用到运行的系统中。

在这个基础 GitOps Operator 的例子中，为了简化，应用同步状态的问题被完全回避了。这个简易的 GitOps Operator 做出的假设是应用程序在每次计划执行（或轮询间隔）时都不同步，需要进行部署。这种简单化的方法并不适合真实世界的生产使用，因为用户对是否存在需要部署的变化以及这些变化是什么并不了解。它还可能给 GitOps 操作、Git 服务器和 Kubernetes API 服务器增加不必要的额外负载。

示例应用

让我们用 sample-app 运行几个不同的部署场景，以探索应用同步状态的多个方面。sample-app 是一个简单的 Go 应用程序，它返回一个 HTTP 响应消息 Kubernetes ♡ <input>。

首先，登录 GitHub，复刻 https://github.com/gitopsbook/sample-app-deployment 仓库。如果你以前复刻过这个仓库，建议删除旧的复刻并重新复刻，以确保从一个干净的仓库开始，没有以前练习中进行的任何改动。

复刻后，使用以下命令克隆你的复刻仓库：

```
$ git clone git@github.com:<username>/sample-app-deployment.git
$ cd sample-app-deployment
```

让我们手动将 sample-app 部署到 minikube：

```
$ minikube start
😄  minikube v1.11.0 on Darwin 10.14.6
✨  Automatically selected the hyperkit driver
👍  Starting control plane node minikube in cluster minikube
🔥  Creating hyperkit VM (CPUs=2, Memory=2200MB, Disk=20000MB) ...
🐳  Preparing Kubernetes v1.16.10 on Docker 19.03.8 ...
🔎  Verifying Kubernetes components...
🌟  Enabled addons: default-storageclass, storage-provisioner
🏄  Done! kubectl is now configured to use "minikube"
$ kubectl create ns sample-app
namespace/sample-app created
$ kubectl apply -f . -n sample-app
deployment.apps/sample-app created
service/sample-app created
```

注 在撰写本书时，Kubernetes v1.18.3 报告了使用 kubectl diff 命令的额外差异。如果你在完成以下练习时遇到这个问题，可以使用 minikube start -kubernetes-version=1.16.10 命令，用较早的 Kubernetes 版本启动 minikube。

检测差异

现在，sample-app 已经成功部署，让我们对部署做一些改变。在 deployment.yaml 文

件中将 `sample-app` 的副本数量增加到 3 个。使用以下命令来改变 Deployment 资源的副本数：

```
$ sed -i '' 's/replicas: .*/replicas: 3/' deployment.yaml
```

你也可以用文本编辑器将 deployment.yaml 文件中的 `replicas: 1` 改为 `replicas: 3`。一旦对 deployment.yaml 进行了修改，运行下面的命令就可以看到 Git 复刻仓库中未提交的差异：

```
$ git diff
diff --git a/deployment.yaml b/deployment.yaml
index 5fc3833..ed2398a 100644
--- a/deployment.yaml
+++ b/deployment.yaml
@@ -3,7 +3,7 @@ kind: Deployment
 metadata:
   name: sample-app
 spec:
- replicas: 1
+ replicas: 3
   revisionHistoryLimit: 3
   selector:
     matchLabels:
```

最后，使用 `git commit` 和 `git push` 将改动推送到远程 Git 复刻仓库：

```
$ git commit -am "update replica count"
[master 5a03ca3] update replica count
 1 file changed, 1 insertion(+), 1 deletion(-)
$ git push
Enumerating objects: 5, done.
Counting objects: 100% (5/5), done.
Delta compression using up to 4 threads
Compressing objects: 100% (3/3), done.
Writing objects: 100% (3/3), 353 bytes | 353.00 KiB/s, done.
Total 3 (delta 1), reused 0 (delta 0)
remote: Resolving deltas: 100% (1/1), completed with 1 local object.
To github.com:tekenstam/sample-app-deployment.git
   09d6663..5a03ca3  master -> master
```

现在你已经提交了对 `sample-app` 部署仓库的修改，`sample-app` 的 GitOps 同步状态是不同步的，因为部署的当前状态仍然只有一个副本。让我们确认一下情况是否如此：

```
$ kubectl get deployment sample-app -n sample-app
NAME          READY   UP-TO-DATE   AVAILABLE    AGE
sample-app    1/1     1            1            3m27s
```

从这个命令中，你看到 **sample-app** 部署有 1/1 READY 副本。但是否有更好的方法来比较代表期望状态的部署仓库和运行中的应用程序的实际状态？幸运的是，Kubernetes 提供了检测差异的工具。

kubectl diff

Kubernetes 提供了 `kubectl diff` 命令，它将文件或目录作为输入，并显示这些文件中定义的资源与当前 Kubernetes 集群中相同名称的资源之间的差异。如果我们对现有的部

署仓库运行 `kubectl diff`，会看到以下情况：

```
$ kubectl diff -f . -n sample-app
@@ -6,7 +6,7 @@
   creationTimestamp: "2020-06-01T04:17:28Z"
-  generation: 2
+  generation: 3
   name: sample-app
   namespace: sample-app
   resourceVersion: "2291"
@@ -14,7 +14,7 @@
   uid: eda45dca-ff29-444c-a6fc-5134302bcd81
 spec:
   progressDeadlineSeconds: 600
-  replicas: 1
+  replicas: 3
   revisionHistoryLimit: 3
   selector:
     matchLabels:
```

从这个输出中，我们可以看到 `kubectl diff` 正确地识别出 `replicas` 从 1 改为 3。

虽然这是一个说明问题的简单例子，但同样的技术可以识别多个不同资源之间更广泛的变化。这使 GitOps Operator 或 Service 有能力确定在 Git 中包含期望状态的部署仓库与 Kubernetes 集群的当前实时状态不同步。更重要的是，`kubectl diff` 输出提供了一个预览，如果部署仓库被同步，将应用于集群的变化。这是 GitOps 可观测性的一个重要特征。

练习 8.9 创建一个 `sample-app` 部署库的复刻。按照 sample-app-deployment README.md 中的描述，将 `sample-app` 部署到你的 minikube 集群。现在把 `sample-app` 服务改为 `type: LoadBalancer`。运行 `kubectl diff -f . -n sample-app` 命令。你是否看到了任何意外的变化？为什么？使用 `kubectl apply -f . -n sample-app` 应用这些变化。现在你应该使用 `minikube service sample-app -n sample-app` 命令看到 `sample-app` 网页。

kubediff

在前面的小节中，我们介绍了如何使用 `git diff` 查看 Git 仓库中不同版本的差异，以及如何使用 `kubectl diff` 查看 Git 仓库和实时 Kubernetes 集群之间的差异。在这两种情况下，diff 工具都会给你一个非常原始的差异视图，输出差异前后的行数以说明情况。`kubectl diff` 也可能报告系统管理的差异（如 `generation`），但与 GitOps 的使用情况不相关。如果有一个工具能给你一个简明的报告，说明每个资源的具体属性不同，那不是很好吗？事实证明，Weaveworks[⊖]的人已经发布了一个开源工具，叫作 kubediff[⊖]，它正是这样做的。

这是在我们的 `sample-app` 的部署仓库上运行 kubediff 的输出：

[⊖] https://www.weave.works/

[⊖] https://github.com/weaveworks/kubediff

```
$ kubediff --namespace sample-app .
## sample-app/sample-app (Deployment.v1.apps)

.spec.replicas: '3' != '1'
```

`kubediff` 也可以输出 JSON 结构的输出，使其更容易被程序使用。下面是运行同一命令时的 JSON 输出：

```
$ kubediff --namespace sample-app . --json
{
  "./deployment.yaml": [
    ".spec.replicas: '3' != '1'"
  ]
}
```

练习 8.10 针对 sample-app-deployment 仓库运行 kubediff。如果你的环境中没有安装 Python 和 pip，你将首先需要安装它们，并运行 pip install -r requirements.txt，如 kubediff README 中所述。

8.3.3 配置漂移

但是，应用程序怎么会与 Git 仓库中定义的期望状态不同步呢？可能是用户直接修改了正在运行的应用程序（比如在部署资源上执行 kubectl edit），而不是向 Git 仓库提交所需的修改。我们把这称为配置漂移。

在用 GitOps 管理系统时，这通常是一个很大的"禁区"——你应该避免在 GitOps 之外直接修改系统。例如，如果你的 Pod 已经没有容量了，你或许能简单地执行 kubectl edit 来增加副本数量以增加容量。

这种情况有时会发生。当它发生时，GitOps Operator 需要"观测"当前的状态，发现与期望状态的差异，并向用户指出应用程序不同步。一个特别激进的 GitOps Operator 可能会自动重新部署之前最近一次的部署配置，从而覆盖了手动更改。

使用 minikube 和我们在前面几节中一直使用的 sample-app-deployment 仓库，运行 kubectl apply -f . -n sample-app 以确保当前内容被部署到 Kubernetes。现在运行 kubectl diff -f . -n sample-app，你应该看到没有差异。

现在，让我们通过运行以下命令来模拟在 GitOps 系统之外对应用程序的部署进行修改：

```
$ kubectl scale deployment --replicas=4 sample-app -n sample-app
deployment.apps/sample-app scaled
```

现在，如果我们重新运行 kubectl diff 命令，就能看到应用程序不同步了，我们经历了配置漂移：

```
$ kubectl diff -f . -n sample-app
@@ -6,7 +6,7 @@
    creationTimestamp: "2020-06-01T04:17:28Z"
-   generation: 6
+   generation: 7
    name: sample-app
```

```
    namespace: sample-app
    resourceVersion: "16468"
@@ -14,7 +14,7 @@
    uid: eda45dca-ff29-444c-a6fc-5134302bcd81
 spec:
   progressDeadlineSeconds: 600
-  replicas: 4
+  replicas: 3
   revisionHistoryLimit: 3
   selector:
     matchLabels:
```

或者如果你运行 `kubediff`，你会看到以下内容：

```
$ kubediff --namespace sample-app .
## sample-app/sample-app (Deployment.v1.apps)

.spec.replicas: '3' != '4'
```

配置漂移与应用程序的不同步非常相似。事实上，正如你所看到的，其效果是一样的——当前配置的实时状态与 Git 部署仓库中定义的期望配置不同。不同的是，当一个新的版本被提交到 Git 部署仓库但还没有被部署时，应用程序通常会失去同步性。相比之下，配置漂移则发生在 GitOps 系统之外对配置进行修改的时候。

一般来说，当遇到配置漂移时，必然发生两件事中的一件。有些系统会认为配置漂移是一种错误状态，并允许启动自我修复程序，将系统同步回声明状态。其他系统可能会检测到这种漂移，并允许将手动更改整合回保存在 Git 中的声明状态（例如双向同步）。然而，我们的观点是，双向同步是不可取的，因为它允许并鼓励对集群进行手动更改，并绕过了 GitOps 作为其核心优势之一提供的安全和审查过程。

练习 8.11 从 sample-app-deployment 中，运行 `kubectl delete -f . -n sample-app` 命令。哎呀，你刚刚删除了你的应用程序！运行 `kubectl diff -f . -n sample-app`。你看到了什么不同？你如何将你的应用程序恢复到运行状态？提示：这应该很容易。

8.3.4 GitOps 变更日志

在本章的前面，我们讨论了事件日志是如何成为可观测性的一个关键方面的。对于 GitOps 来说，应用部署的"事件日志"主要由部署仓库的提交历史组成。由于对应用部署的所有改变都是通过改变代表应用期望状态的文件来实现的，通过观察提交、拉取请求的批准和合并请求，我们可以了解集群中发生了哪些变化。

例如，在 sample-app-deployment 版本库上运行 `git log` 命令，会显示自该版本库被创建以来的所有提交情况：

```
$ git log --no-merges
commit ce920168912a7f3a6cdd57d47e630ac09aebc4e1 (origin/tekenstam-patch-2)
Author: Todd Ekenstam <tekenstam@gmail.com>
Date:   Mon Nov 9 13:59:25 2020 -0800
```

```
      Reduce Replica count back to 1

commit 8613d1b14c75e32ae04f3b4c0470812e1bdec01c (origin/tekenstam-patch-1)
Author: Todd Ekenstam <tekenstam@gmail.com>
Date:    Mon Nov 9 13:58:26 2020 -0800

      Update Replica count to 3

commit 09d6663dcfa0f39b1a47c66a88f0225a1c3380bc
Author: tekenstam <tekenstam@gmail.com>
Date:    Wed Feb 5 22:14:35 2020 -0800

      Update deployment.yaml

commit 461ac41630bfa3eee40a8d01dbcd2a5cd032b8f1
Author: Todd Ekenstam <Todd_Ekenstam@intuit.com>
Date:    Wed Feb 5 21:51:03 2020 -0800

      Update sample-app image to gitopsbook/sample-app:cc52a36

commit 99bb7e779d960f23d5d941d94a7c4c4a6047bb22
Author: Alexander Matyushentsev <amatyushentsev@gmail.com>
Date:    Sun Jan 26 22:01:20 2020 -0800

      Initial commit
```

从这个输出中，我们可以看到 Alex 在 1 月 26 日向这个仓库发起了第一个提交。最近的一次提交是由 Todd 发起的，根据提交标题，它将 Replica 的数量减少到了 1。我们可以通过运行下面的命令查看提交中的实际差异：

```
$ git show ce920168912a7f3a6cdd57d47e630ac09aebc4e1
commit ce920168912a7f3a6cdd57d47e630ac09aebc4e1 (origin/tekenstam-patch-2)
Author: Todd Ekenstam <tekenstam@gmail.com>
Date:    Mon Nov 9 13:59:25 2020 -0800

      Reduce Replica count back to 1

diff --git a/deployment.yaml b/deployment.yaml
index ed2398a..5fc3833 100644
--- a/deployment.yaml
+++ b/deployment.yaml
@@ -3,7 +3,7 @@ kind: Deployment
 metadata:
   name: sample-app
 spec:
- replicas: 3
+ replicas: 1
   revisionHistoryLimit: 3
   selector:
     matchLabels:
```

从这里我们可以看到，replicas: 3 一行被改成了 replicas: 1。同样的信息在 GitHub 用户界面上也可以看到（见图 8.13 和图 8.14）。

图 8.13　查看部署仓库的 GitHub 提交历史，可以看到随着时间推移对应用程序部署所做的所有更改

图 8.14　可以检查单个提交的细节

为部署在集群上的每一个应用程序建立一个部署审计日志，对于规模化管理这些应用程序至关重要。如果只有一个人改变一个集群，然后有什么东西坏了，很可能这个人就会知

道他们可能做了什么改变而导致它坏了。但是，如果你有多个分布在不同的地理位置和时区的团队，那就必须能够回答"谁最后部署了这个应用，他们做了什么改动"的问题。

正如我们在前几章中所了解到的，GitOps 仓库是对代表系统期望状态的仓库文件的修改、添加和删除的集合。对仓库的每一次修改都被称为提交。就像应用程序的日志有助于提供代码中发生的历史一样，Git 提供了一个日志，提供对仓库的修改历史。我们可以通过检查 Git 日志来观察仓库在一段时间内发生的变化。

对于 GitOps 来说，当涉及 GitOps 系统的可观测性时，查看部署仓库的日志与查看应用程序的日志同样重要。因为 GitOps 仓库是系统期望状态的真实来源，检查仓库的日志可以告诉我们何时、为何（如果提交记录有足够的描述）对系统的理想状态进行了修改，以及谁做了这些修改并得到批准。

这是 GitOps 向用户提供可观测性的一个至关重要的方面。虽然 GitOps Operator 或 Service 也可能提供详细说明其执行情况的应用日志，但部署仓库的 Git 日志通常会让你很好地了解系统中发生了什么变化。

练习 8.12 用你在本章中一直使用的 `sample-app-deployment` 仓库的复刻，运行 `git log` 命令并检查输出。你能追溯经由本章的各个小节中你执行过的操作过程吗？你是否看到了作者对这个仓库的所有早期提交？

8.4 总结

- ❏ 可观测性的各个方面可以通过监测事件日志、度量指标和追踪来衡量。
- ❏ 数据收集器（如 Logstash、Fluentd 或 Scribe）可以在标准输出中收集应用程序的输出（事件），并将日志信息存储在一个集中的数据存储中，以便日后分析。
- ❏ 使用 `kubectl logs` 观察应用程序的输出。
- ❏ Prometheus 从节点和 Pod 中收集指标，以提供所有系统组件的性能和操作的快照。
- ❏ 使用 Jaeger（Open Tracing）监控分布式调用，以获得系统的洞察，如错误和延迟。
- ❏ 应用程序健康状况用于观测：应用程序是否正常运行？如果使用 GitOps 部署应用程序的新版本，系统是否比以前"更好"？
- ❏ 使用 `kubectl describe` 来监控应用程序的健康状况。
- ❏ 应用程序同步状态用于观测：应用程序的运行状态是否与部署 Git 仓库中定义的理想状态相同？
- ❏ 配置漂移用于观测：应用程序的配置是否在声明式的 GitOps 系统之外被改变过（比如手动或强制）？
- ❏ 使用 `kubectl diff` 和 `kubediff` 来检测应用程序的同步状态和配置漂移情况。
- ❏ GitOps 变更日志用于观测：最近对 GitOps 系统做了哪些变更？是谁做的？出于什么原因？

工　具

该部分介绍了几个企业级的 GitOps 工具，它们能够将 GitOps 过程简单化和自动化。

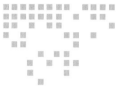

Argo CD

本章包括:

- ❏ Argo CD 是什么
- ❏ 使用 Argo CD 部署应用程序
- ❏ 使用 Argo CD 的企业特性

在本章中,你将学习如何使用 Argo CD GitOps Operator 把示例应用程序部署到 Kubernetes。你还会了解 Argo CD 如何解决企业所关注的场景,例如单点登录(SSO)和访问控制。我们建议你在阅读本章之前先阅读第 1、2、3 和 5 章。

9.1 Argo CD 是什么

Argo CD⊖是一款针对 Kubernetes 的开源 GitOps Operator,它是 Argo 家族中的一员。Argo 家族是一套在 Kubernetes 上运行和管理作业和应用的云原生工具。与 Argo Workflows、Rollouts 和 Events 一样,Argo CD 专注于应用程序交付的使用场景,并可以轻松地组合三种计算模式:服务、工作流和基于事件的处理。在 2020 年,Argo CD 被云原生计算基金会(CNCF)接纳为孵化级托管项目。

CNCF 云原生计算基金会隶属于 Linux 基金会,它托管着全球技术基础设施的关键组件。

⊖ https://argoproj.github.io/projects/argo-cd

Argo CD 背后的公司是 Intuit，该公司是 TurboTax 和 QuickBooks 的缔造者。在 2018 年初，Intuit 决定采用 Kubernetes 来加速云迁移。当时市面上已经有几款成功的 Kubernetes 持续部署工具，但没有一个能完全满足 Intuit 的需求。与其采用现有的解决方案，不如投入一个新项目，因此 Intuit 开始研究 Argo CD。Intuit 的需求有何特别之处？该问题的答案也解释了 Argo CD 与其他 Kubernetes CD 工具的不同之处，以及其主要的使用场景。

9.1.1　主要使用场景

GitOps 方法的重要性，以及将基础设施作为代码呈现的好处是毋庸置疑的。但是，规模化的企业有更多的诉求。Intuit 是一家基于云的软件即服务（SaaS）公司，该公司拥有大约 5000 名开发人员，已成功地在本地和云端运行了数百个微服务。鉴于这种规模，指望各个团队都运行自己的 Kubernetes 集群是不合理的。相反，由一个集中的平台团队为整个公司运行和维护一组多租户集群的决策显然会更加合适。同时，最终用户应该有自由和必要的工具来管理这些集群中的工作负载。这些考量在决定使用 GitOps 的基础上明确了以下额外的要求。

有效的服务　如果你尝试将数百个微服务迁移到 Kubernetes，那么足够简单的引导流程非常重要。你不应要求每个团队安装、配置和维护 Deployment Operator，它应由集中式团队提供。对于成千上万的新用户，SSO 的集成至关重要。该服务必须与各种 SSO 提供商集成，而非引入自己的用户管理方式。

支持多租户和多集群管理　在多租户环境中，用户需要一个有效且灵活的访问控制系统。Kubernetes 内置了一个很棒的基于角色的访问控制系统，但当你面对数百个集群时，这还不够。持续部署工具应在多个集群之上提供访问控制，并与现有 SSO 提供商无缝集成。

支持可观测性　可观测性虽放在最后，但并不代表其不重要。持续部署工具应为开发人员提供托管应用程序状态有关的洞察。一个用户友好的交互方式，理应快速回答以下问题：

- ❏ 应用程序配置是否与 Git 中定义的配置同步？
- ❏ 究竟是什么不匹配？
- ❏ 应用程序是否已启动并正在运行？
- ❏ 究竟是什么出故障了？

Intuit 需要找到匹配其企业规模的 GitOps Operator。团队评估了一些 GitOps Operator，但没有一个能满足所有的需求，所以决定自己实现 Argo CD。

练习 9.1　思考一下你所在组织的需求，并将它们与 Argo CD 关注的使用场景进行比较，尝试判断一下 Argo CD 是否能解决你团队的痛点。

9.1.2　核心概念

为了有效地使用 Argo CD，我们应该了解两个基本概念：应用（Application）和项目（Project）。

Application Application 提供了 Kubernetes 资源的逻辑分组，并定义了资源清单的源和目标（见图 9.1）。

图 9.1 Argo CD Application 的主要属性是源和目标。源指定资源清单在 Git 存储库
中的位置，目标指定应在 Kubernetes 集群中创建资源的位置

Application 的源包括仓库 URL 和仓库中的目录。仓库通常包括多个目录，每个应用程序环境可能会有一个（例如 QA 和 Prod），此类仓库的目录结构示例如下：

```
.
├── prod
│   └── deployment.yaml
└── qa
    └── deployment.yaml
```

目录不一定包含纯 YAML 文件。Argo CD 不捆绑任何配置管理工具，反倒是为多种配置管理工具提供优秀的支持。因此，该目录可能不但包含一个 Helm Chart 的定义，还有由 Kustomize 覆盖处理的 YAML 文件。

Application 目标（destination）定义了资源需要部署的位置，包括目标 Kubernetes 集群的 API 服务器 URL 以及集群内命名空间的名称。API 服务器 URL 标识应用程序清单需要部署的集群。跨多个集群部署应用程序清单是极其困难的，但不同的应用程序可能会部署到不同的集群中。命名空间的名称用于标识应用程序资源的目标命名空间。

因此，Argo CD Application 代表部署在 Kubernetes 集群中的一个环境，并将该环境连接到存储在 Git 仓库中的期望状态。

练习 9.2 思考在你的组织内已实际部署的服务，列出一张 Argo CD 应用的清单。为清单中的某个应用程序定义源仓库 URL、目录和带命名空间的目标集群。

9.1.3 同步状态和健康状态

除了源和目标之外，Argo CD Application 还有两个更重要的属性：同步状态和健康状态。

同步状态回应受观测的应用程序资源状态与 Git 仓库中存储的资源状态是否存在偏离。偏离计算的背后逻辑等同于 `kubectl diff` 命令的逻辑，同步状态的值是 in-sync（同步）和 out-of-sync（不同步）。in-sync 状态意味着每个应用程序资源已被发现，并与预期的资源状态完全匹配。out-of-sync 状态意味着至少一个资源状态与预期状态不匹配或在目标集群中找不到。

健康状态汇聚了所观测到的应用程序的每个资源的健康信息。每种 Kubernetes 资源类型的健康评估逻辑都不同，产生的结果值会是以下之一：

❑ Healthy：例如，如果所需数量的 Pod 均正在运行，并且每个 Pod 成功通过了就绪（readiness）和存活（liveness）探针，则 Kubernetes 的 Deployment 被认为是健康的。

❑ Progressing：表示资源暂时不健康但仍有望达到健康状态。在没有达到 progressingDeadlineSeconds⊖字段指定的时限之前，不健康的 Deployment 都被视为处在 Progressing 状态。

❑ Degraded：Healthy 状态的对立面。无法在预期超时内达到 Healthy 状态的 Deployment，就处于 Degraded 状态。

❑ Missing：表示资源存储在 Git 中，但是未部署到目标集群。

应用程序的聚合状态是每个应用程序资源的最差状态。Healthy 状态最好，Progressing、Degraded 和 Missing（最差）状态依次降低。因此，如果所有应用程序资源都是 Healthy 状态，但只有一个资源是 Degraded 状态，那么应用程序的聚合状态也会是 Degraded。

练习 9.3　思考一下由两个 Deployment 组成的应用程序，下面是相关资源的已知信息：
❑ Deployment 1 的镜像与存储在 Git 仓库中的镜像不匹配。当 Deployment 的 progressingDeadlineSeconds 设置为 10min 时，所有部署 Pod 几小时都无法启动。
❑ Deployment 2 与预期状态不完全匹配，但所有 Pod 都在运行。
应用程序的同步状态和健康状态是什么？

健康状态和同步状态回答了有关应用程序的最重要的两个问题：
❑ 我的应用程序正在工作吗？
❑ 我的运行是按预期吗？

Project　Argo CD Application 提供了一种非常灵活的方式来管理彼此间互相独立的不同应用程序。该功能为团队提供了基础设施各个部分非常有用的洞察，并极大地提高了生产力。但是，这不足以支撑具有不同访问级别的多个团队：
❑ 复杂的应用程序列表会造成混乱，从而造成人为错误的可能性。
❑ 不同的团队有不同的访问级别。正如第 6 章所述，怀有恶意的人可能会使用 GitOps Operator 提升自己的权限，以获得集群的完全访问。

针对这些问题的一个临时解决方法，是为每个团队提供一个单独的 Argo CD 实例。但这不是一个完美的解决方案，因为每多一个实例都意味着多一些管理开销。为了避免这些，Argo CD 引入了 Project 这一抽象。图 9.2 说明了 Application 和 Project 之间的关系。Project 提

⊖　http://mng.bz/aomz

供了 Application 的逻辑分组，将团队间彼此隔离，支持每个 Project 中访问控制的细粒度调整。

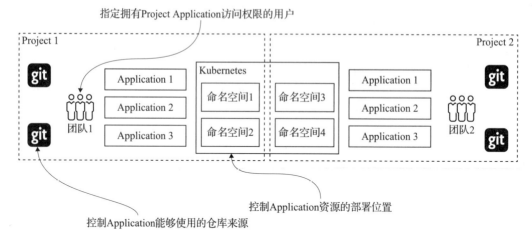

图 9.2　Application 和 Project 之间的关系。Project 提供了 Application 的逻辑分组，以此将团队彼此隔离并支持在多租户环境中使用 Argo CD

除了分离应用集之外，Project 还提供以下功能集：

❑ 约束 Project 里的 Application 可以使用哪些 Kubernetes 集群和 Git 仓库。

❑ 约束 Project 里的 Application 可以部署哪些 Kubernetes 资源。

练习 9.4　尝试列出你组织中的项目清单。使用 Project，你可以约束用户部署的资源类型、源仓库和 Project 中可用的目标集群。你会为项目设置哪些约束？

9.1.4　架构

初看起来 GitOps Operator 的实现似乎并不太复杂。理论上来说，你只需要克隆 Git 仓库里的清单，并使用 kubectl diff 和 kubectl apply 来检测和处理配置漂移即可。在你还没有为多个团队自动执行此过程，并同时管理数十个集群的配置之前，这个理解是正确的。从逻辑上讲，该过程分为三个阶段，但每个阶段都有相应的挑战：

❑ 检索资源清单。

❑ 识别并修复偏差。

❑ 向最终用户呈现结果。

以上每个阶段使用不同的资源，而且每个阶段的实现必须以不同的方式扩展，因此每个阶段都由一个单独的 Argo CD 组件负责（见图 9.3）。

让我们来看看每个阶段和对应 Argo CD 组件的实现细节。

检索资源清单

Argo CD 中清单的获取由 argocd-repo-server 组件实现，这个阶段展示了一系列挑战。

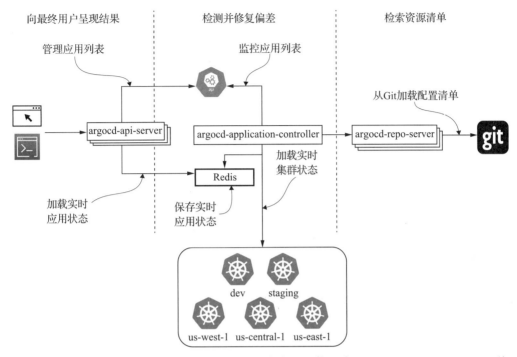

图 9.3　Argo CD 由实现 GitOps 协商周期阶段的三个主要组件组成：`argocd-repo-server` 从 Git 中检索清单；`argocd-application-controller` 将来自 Git 的清单与 Kubernetes 集群中的资源进行比较；`argocd-api-server` 向用户呈现协商结果

　　获取清单要求你下载 Git 仓库内容，并生成随时可用的 YAML 清单。首先，每次需要检索期望的资源清单时都下载整个仓库的内容太耗时了。Argo CD 通过将仓库内容缓存在本地磁盘上，并使用 `git fetch` 命令从远程 Git 仓库仅下载最近的更改来解决此问题（见图 9.4）。下一个挑战与内存使用有关，在真实场景中，资源清单很少存储为纯 YAML 文件。在大多数情况下，开发人员更喜欢使用 Helm 或 Kustomize 等配置管理工具，每次工具的调用都会导致内存使用量激增。为了处理内存使用问题，Argo CD 允许用户限制并行获取清单的数量，也可以通过扩展 `argocd-repo-server` 实例的数量来提高性能。

检测并修复偏差

　　协商阶段由 `argocd-application-controller` 组件实现。该控制器加载 Kubernetes 集群的实时状态，将其与 `argocd-repo-server` 提供的预期清单进行比较，并修复偏离的资源（见图 9.5）。这可能是最具挑战性的阶段，为了正确识别偏差，GitOps Operator 需要了解集群中的每个资源，并比较和更新数千个资源。

　　控制器维护着每个托管集群的轻量级缓存，并使用 Kubernetes watch API 在后台更新它。这样能支持控制器在几分之一秒内对应用程序执行协商，并使其能够同时扩展和管理数十个集群。每次协商后，控制器都有每个应用程序相关资源的详尽信息，包括同步状态和健康状态。控制器将该信息保存到 Redis 集群中，以便后续将其呈现给最终用户。

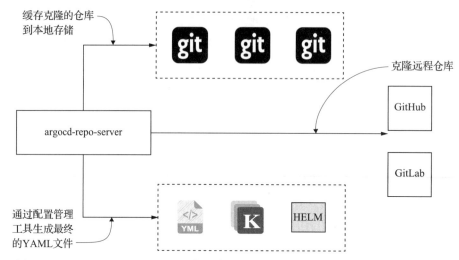

图 9.4 `argocd-repo-server` 将克隆的仓库缓存在本地存储上，并封装了与获取最终资源清单所需的配置管理工具的交互

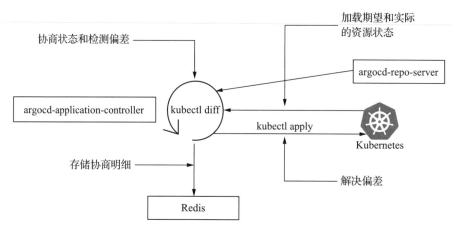

图 9.5 `argocd-application-controller` 进行资源协商，控制器利用 `argocd-repo-server` 组件检索预期的清单，并将清单与轻量级内存中缓存的 Kubernetes 集群状态进行比较

向最终用户呈现结果

最后，必须将协商结果呈现给最终用户。此任务由 `argocd-server` 组件执行。虽然繁重的工作已经由 `argocd-repo-server` 和 `argocd-application-controller` 完成，但最后一个阶段对弹性的要求最高。`argocd-server` 是一个无状态的 Web 应用程序，它加载协商结果有关的信息，并在 Web 用户界面显示。

这样的架构设计支持 Argo CD 以最小的维护开销为大型企业提供 GitOps 操作。

练习 9.5 Argo CD 中哪些组件用于用户请求并需要多个副本以实现弹性？哪些组件可

能需要大量内存才能扩展?

9.2　部署应用

虽然 Argo CD 是一个企业就绪的复杂分布式系统,但它仍是轻量的,并能轻松地在 minikube 上运行。Argo CD 的安装很容易,仅包括几个简单的步骤。有关如何安装 Argo CD 的更多信息请参阅附录 B,或按照 Argo CD 官方说明⊖进行操作。

9.2.1　部署第一个应用程序

Argo CD 一旦成功运行,就可以部署第一个应用程序。正如之前提到的,要部署 Argo CD 应用程序,我们需要指定包含部署清单的 Git 仓库,并以 Kubernetes 集群和命名空间作为目标。要为该练习创建 Git 仓库,请打开以下 GitHub 仓库并创建一个仓库复刻(fork)⊖:

https://github.com/gitopsbook/sample-app-deployment

Argo CD 可以向外部集群部署应用程序,也可以把应用程序部署到安装它的同一个集群。这里我们使用第二个选项,将应用程序部署到 minikube 集群的默认命名空间中。

重置你的复刻　在学习前几章时,你是否已经复刻了部署仓库?请确保还原更改来获得最佳体验,最简单的方法是删除之前复刻的仓库并再次复刻。

我们可以使用 Web 用户界面、CLI 命令行,甚至 REST 或 gRPC API 接口的方式来创建应用程序。由于我们已经安装并配置了 Argo CD CLI,那就使用它来部署应用程序。继续并执行以下命令来创建一个应用程序:

一旦创建了应用程序,我们就可以使用 Argo CD CLI 获取应用程序状态相关的信息。使用以下命令来获取 sample-app 应用的状态信息:

```
argocd app get sample-app
Name:              sample-app
Project:           default
```

返回应用程序状态
相关信息的CLI命令

　⊖　https://argoproj.github.io/argo-cd/getting_started/

　⊖　https://help.github.com/en/github/getting-started-with-github/fork-a-repo

```
Server:              https://kubernetes.default.svc
Namespace:           default
URL:                 https://<host>:<port>/applications/sample-app
Repo:                https://github.com/<username>/sample-app-deployment
Target:
Path:                .
SyncWindow:          Sync Allowed
Sync Policy:         <none>
Sync Status:         OutOfSync from  (09d6663)          应用程序同步状态，用于回应应用
Health Status:       Missing                            程序状态是否与预期状态匹配


GROUP    KIND          NAMESPACE    NAME          STATUS       HEALTH    HOOK   MESSAGE
         Service       default      sample-app    OutOfSync    Missing
apps     Deployment    default      sample-app    OutOfSync    Missing
                                                                         应用程序的
                                                                         聚合健康状态
```

在命令的输出中我们可以看到，应用程序不同步且不健康。如果 Argo CD 检测到偏差，默认情况下不会将 Git 仓库中的资源定义推送到集群中。除了高维度的应用状态概览之外，我们还可以看到每个应用程序资源的详细信息。在该输出中，Argo CD 检测到应用程序应该有一个 Deployment 和一个 Service，但是这两个资源都丢失了。对于资源的部署，我们可以使用同步策略⊖配置自动化的应用程序同步，也可以是手动触发同步。要手工触发同步并部署资源，可以使用以下命令：

```
                                          触发应用程序同步的CLI命令
$ argocd app sync sample-app
TIMESTAMP                    GROUP     KIND          NAMESPACE     NAME         STATUS
     HEALTH        HOOK   MESSAGE
2020-03-17T23:16:50-07:00    Service   default       sample-app   OutOfSync Missing
2020-03-17T23:16:50-07:00    apps      Deployment    default       sample-app
     OutOfSync   Missing
                                                            同步操作前的初始应用程序状态

Name:                sample-app
Project:             default
Server:              https://kubernetes.default.svc
Namespace:           default
URL:                 https://<host>:<port>/applications/sample-app
Repo:                https://github.com/<username>/sample-app-deployment
Target:
Path:                .
SyncWindow:          Sync Allowed
Sync Policy:         <none>
Sync Status:         OutOfSync from  (09d6663)
Health Status:       Missing

Operation:           Sync
Sync Revision:       09d6663dcfa0f39b1a47c66a88f0225a1c3380bc
Phase:               Succeeded
Start:               2020-03-17 23:17:12 -0700 PDT
Finished:            2020-03-17 23:17:21 -0700 PDT
```

⊖ https://argoproj.github.io/argo-cd/user-guide/auto_sync/

```
Duration:              9s
Message:               successfully synced (all tasks run)

GROUP   KIND       NAMESPACE    NAME          STATUS    HEALTH       HOOK    MESSAGE
        Service    default      sample-app    Synced    Healthy              service/
    sample-app created
apps    Deployment default      sample-app    Synced    Progressing          deployment
    .apps/sample-app created
```

同步完成后的
最终应用状态

一旦触发同步，Argo CD 将存储在 Git 中的清单推送到 Kubernetes 集群，然后重新评估应用程序的状态。同步完成后，最终的应用程序状态将输出到控制台。可以看到示例应用程序已成功同步，并且每个结果都与预期状态匹配。

9.2.2　使用用户界面检查应用程序

除了 CLI 和 API 之外，Argo CD 还提供了一个用户友好的 Web 界面。使用 Web 界面，你可以获得跨多个集群部署的所有应用程序的高级视图，以及有关每个应用程序资源非常详细的信息。打开 https://<host>:<port>URL 来查看 Argo CD 用户界面中的应用程序列表（见图 9.6）。

图 9.6　Application 列表界面显示活动的 Argo CD 应用程序。该页面提供有关每个应用程序的高级信息，例如同步状态和健康状态

应用列表页面提供所有已部署应用程序相关的高级信息，包括运行状态和同步状态。使用此页面，你可以快速发现任何应用程序是否已降级或存在配置偏差。用户界面专为大型企业设计，能够处理数百个应用程序。你可以使用搜索和各种过滤器快速找到所需的应用程序。

练习 9.6　尝试过滤器和页面视图设置，了解在应用程序列表页面中还有哪些其他功能可用。

应用详情页面

有关应用的其他信息可在应用的详情页面上找到。通过单击 sample app 应用，导航到应用详情页面。应用详情页面将应用程序的资源层次结构可视化，并提供有关同步状态和健康状态的其他详细信息（见图 9.7）。让我们仔细看看应用资源树，并了解它提供了哪些功能。

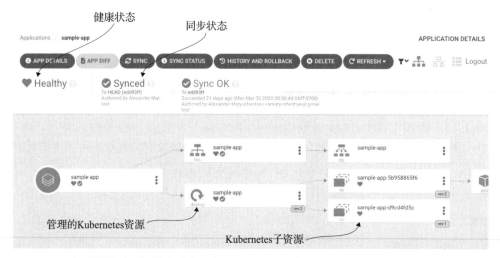

图 9.7　应用详情页面提供有关应用资源层次结构的信息以及有关每个资源的详细信息

资源树的根元素是应用本身，第二个层次由托管资源组成。托管资源是在 Git 中清单定义的资源，并由 Argo CD 显式地控制。正如我们在第 2 章中了解到的，Kubernetes 控制器常常利用委派功能，并通过创建子资源来进行委派工作。第三个层次代表这样的资源：它提供了每个应用程序元素有关的完整信息，并使应用详情页面呈现了一个非常强大的 Kubernetes 仪表板。

除了这些信息之外，用户界面还支持对每个资源执行各种操作。可以删除任何资源、通过运行同步操作重新创建它们、使用内置 YAML 编辑器更新资源定义，甚至运行资源特定的操作，例如重启 Deployment。

练习 9.7　使用应用详情页面检查你的应用程序。尝试找到如何查看资源清单、定位 Pod 以及查看实时日志。

9.3　深入了解 Argo CD 的功能

到目前为止，我们已经学习了如何使用 Argo CD 部署新的应用程序，并使用 CLI 和用户界面获取详细的应用信息。接下来，让我们学习如何结合 GitOps 与 Argo CD 部署新的应用程序版本。

9.3.1　GitOps驱动的部署

为了执行 GitOps 部署，我们需要更新资源清单并让 GitOps Operator 将变更推送到 Kubernetes 集群中。第一步，使用以下命令克隆 Deployment 仓库：

```
$ git clone git@github.com:<username>/sample-app-deployment.git
$ cd sample-app-deployment
```

接下来，使用以下命令更改 Deployment 的镜像版本：

```
$ sed -i '' 's/sample-app:v.*/sample-app:v0.2/' deployment.yaml
```

使用 `git diff` 命令确保你 Git 仓库的更改符合预期：

```
$ git diff
diff --git a/deployment.yaml b/deployment.yaml
index 5fc3833..397d058 100644
--- a/deployment.yaml
+++ b/deployment.yaml
@@ -16,7 +16,7 @@ spec:
       containers:
       - command:
         - /app/sample-app
-         image: gitopsbook/sample-app:v0.1
+         image: gitopsbook/sample-app:v0.2
         name: sample-app
         ports:
         - containerPort: 8080
```

最后，使用 `git commit` 和 `git push` 将更改推送到远程 Git 仓库：

```
$ git commit -am "update deployment image"
$ git push
```

让我们使用 Argo CD CLI 来确保 Argo CD 正确检测到 Git 中的清单更改，并触发同步过程将变更推送到 Kubernetes 集群：

```
$ argocd app diff sample-app --refresh
===== apps/Deployment default/sample-app ======
21c21
<           image: gitopsbook/sample-app:v0.1
---
>           image: gitopsbook/sample-app:v0.2
```

练习 9.8　打开 Argo CD UI，使用应用详情页面检查应用程序同步和托管资源的状态。

使用 `argocd sync` 命令触发同步过程：

```
$ argocd app sync sample-app
```

很棒，你刚刚使用 Argo CD 执行了 GitOps 部署！

9.3.2　资源钩子

资源清单同步只是基本的使用场景。在真实环境中，我们经常需要在实际的部署前后执行额外的步骤。比如，设置维护页面，执行新版本部署前的数据库迁移，最后取消维护页面。

传统上，这些部署的步骤是在 CI 流水线中由脚本来实现的。但是，它需要再一次从 CI 服务器进行生产环境的访问，这涉及安全威胁。为了解决这个问题，Argo CD 提供了一个称为资源钩子（resource hooks）的功能。这些钩子允许在同步过程中从 Kubernetes 集群内部运行自定义脚本，通常是将脚本打包成一个 Pod 或一个 Job。

钩子是 Kubernetes 的一个资源清单，存储在 Git 仓库中，并使用 `argocd.argoproj.io/hook` 注解进行注释。注解的值包含一个以逗号分隔的阶段列表，列出了钩子应该执行的各个阶段。钩子支持以下阶段（见图 9.8）：

❏ pre-sync：在应用清单之前执行。

❏ sync：在所有 pre-sync 钩子成功完成后，与清单的应用同时执行。

❏ skip：指明 Argo CD 跳过清单的应用。

❏ post-sync：在所有 sync 钩子成功完成、清单成功应用、所有资源均处于健康状态之后执行。

❏ sync-fail：在同步操作失败时执行。

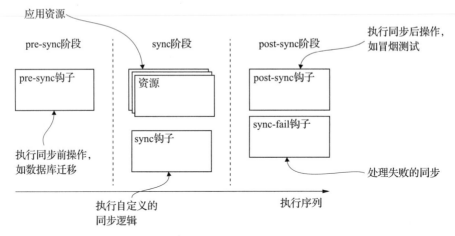

图 9.8 同步过程包括三个主要阶段：pre-sync 阶段用于执行数据库迁移等准备任务；sync 阶段包括应用资源的同步；post-sync 阶段运行后处理任务，例如电子邮件通知

钩子在集群内部执行，因此不需要从 CI 流水线访问集群。指定同步阶段的功能提供了必要的灵活性，并允许一种机制来解决大多数实际中面临的部署场景。

是时候看看钩子功能的实际应用了！将钩子定义添加到示例应用程序部署仓库，并将更改推送到远程仓库（见代码 9.1）：

```
$ git add pre-sync.yaml
$ git commit -am 'Add pre-sync hook'
$ git push
```

代码 9.1 http://mng.bz/go71

```
apiVersion: batch/v1
kind: Job
metadata:
  name: before
  annotations:
    argocd.argoproj.io/hook: PreSync
spec:
  template:
    spec:
      containers:
      - name: sleep
        image: alpine:latest
        command: ["echo", "pre-sync"]
      restartPolicy: Never
  backoffLimit: 0
```

Argo CD 用户界面提供了比 CLI 更好的动态过程可视化，让我们用它来更好地理解钩子是如何工作的。使用以下命令打开 Argo CD UI：

```
$ minikube service argocd-server -n argocd --url
```

导航到 sample-app 详情页面，并使用"同步"按钮触发同步过程。同步过程如图 9.9 所示。

图 9.9 应用详情页面允许用户触发同步并查看同步进度的详细信息（包括同步钩子）

同步开始后，应用详情页面会在右上角显示实时的进度状态，状态包括操作开始时间和持续时间有关的信息。你可以通过单击同步状态图标查看包含详细信息（包括同步钩子结果）的同步状态面板。

钩子作为常规资源清单存储在 Git 仓库中，并在应用资源树中可视化为常规资源。你可以查看"before"作业的实时状态，并使用 Argo CD 用户界面检查子 Pod。

除了定义阶段之外，你还可以自定义钩子的删除策略。删除策略允许自动删除钩子资源，这将为你节省大量的手动工作。

练习 9.9　在 Argo CD 文档⊖中阅读更多详细信息，并更改"before"作业的删除策略。使用 Argo CD 用户界面观察各种删除策略如何影响钩子的行为。同步应用程序并观察 Argo CD 如何创建和删除钩子资源。

9.3.3　部署后验证

资源钩子允许封装应用程序同步逻辑，因此我们不必再使用脚本和持续集成工具。但是，其中一些场景本质上属于持续集成过程，最好仍使用 Jenkins 之类的工具。

部署后验证就是这样的一个场景。我们面临的挑战在于 GitOps 部署本质上是异步的，在将提交推送到 Git 仓库后，我们仍然需要确保将变更传递至 Kubernetes 集群。即使在传递变更之后，开始运行测试也是不稳妥的。因为在大多数情况下，Kubernetes 资源的更新也不是即时的。例如，Deployment 资源更新触发滚动更新的过程。如果新的应用程序版本有问题，滚动更新可能需要几分钟甚至失败。因此，如果你过早地开始部署后的测试，最终可能测试到先前部署的应用程序版本。

Argo CD 通过提供有助于监控应用程序状态的工具，让该问题的处理变得容易。`argocd app wait` 命令监视应用程序并在应用程序达到同步和健康状态后退出。一旦命令退出，你就可以假设所有更改都已成功推出，并且可以安全地开始部署后验证。`argocd app wait` 命令通常与 `argocd app sync` 结合使用。使用以下命令同步你的应用程序并等待更改完全推行，这时应用程序就准备好进行测试了：

```
$ argocd app sync sample-app && argocd app wait sample-app
```

9.4　企业特性

Argo CD 非常轻巧，也非常容易上手。同时它对于大型企业的扩展性也很好，能够适应多团队的需求。Argo CD 的企业特性可以按需配置，如果你要在组织内推行 Argo CD，那么第一个问题是如何配置最终用户并有效管理访问控制。

9.4.1　单点登录

Argo CD 没有引入自己的用户管理系统，而是提供与多个 SSO 服务的集成，包括 Okta、Google OAuth、Azure AD 等。

SSO　SSO 是一种会话和用户身份验证服务，它允许用户使用一组登录凭据访问多个应用程序。

SSO 的集成很棒，因为它能为你节省了大量的管理开销，并且最终用户不必记住多组登录凭据。SSO 有多种用于交换身份验证和授权数据的开放标准，最受欢迎的是 SAML、

⊖　http://mng.bz/e5Ez

OAuth 和 OpenID Connect（OIDC）。这三者中，SAML 和 OIDC 是满足典型的企业需求的最佳选择，它们可用于实现 SSO。Argo CD 的选择是 OIDC，因为它的功能强大且简单。

配置 OIDC 集成所需的步骤取决于你的 OIDC 提供商。Argo CD 社区已经为 Okta 和 Azure AD 等主流的 OIDC 提供商提供了许多说明。在 OIDC 提供商那端进行配置后，需要在 `argocd-cm` ConfigMap 中添加相应的配置。以下代码段是 Okta 配置的示例：

```
apiVersion: v1
kind: ConfigMap
metadata:
  name: argocd-cm
  namespace: argocd
  labels:
    app.kubernetes.io/name: argocd-cm
    app.kubernetes.io/part-of: argocd
data:
  url: https://<myargocdhost>          ←── 面向外部访问的
                                            Argo CD URL
  oidc.config: |                     ←──
    name: Okta                              包含Okta应用Clinet ID和
    issuer: https://yourorganization.oktapreview.com   Client Secret的OIDC配置
    clientID: <your client id>
    clientSecret: <your client secret>
    requestedScopes: ["openid", "profile", "email", "groups"]
    requestedIDTokenClaims: {"groups": {"essential": true}}
```

如果你的组织没有与 OIDC 兼容的 SSO 服务该怎么办？在这种情况下，你可以使用 Argo CD 中默认配套的联合 OIDC 提供商 Dex[a]。Dex 充当其他身份提供商的代理，并允许与 SAML、LDAP 提供商，甚至 GitHub 和 Active Directory 等服务建立集成。

GitHub 通常是一个相当有吸引力的选择，尤其是当你组织中的开发人员已经在使用它时。此外，在 GitHub 中配置的组织和团队十分适合规划集群访问所需的访问控制模型。你很快就会了解到，使用 GitHub 团队成员身份对 Argo CD 访问进行建模非常容易。让我们使用 GitHub 来增强 Argo CD 的安装并启用 SSO 集成。

首先，我们需要创建一个 GitHub OAuth 应用。导航到 https://github.com/settings/applications/new 并配置应用设置，如图 9.10 所示。

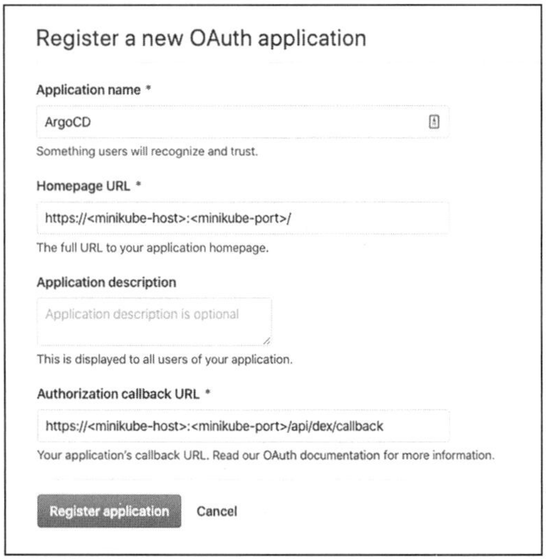

指定你选择的应用名称和与 Argo CD

图 9.10　新建 GitHub OAuth 应用设置包括应用名称和描述、主页 URL，以及最重要的授权回调 URL

_____

[a] https://github.com/dexidp/dex

Web 用户界面 URL 匹配的主页 URL，最重要的应用程序设置是回调 URL。回调 URL 的值是 Argo CD Web 用户界面 URL 加上 /api/dex/callback 路径。minikube 示例中的 URL 可能是 http://192.168.64.2:32638/api/dex/callback。

在创建应用后，你将被重定向到 OAuth 应用设置页面（见图 9.11）。复制应用的 Client ID 和 Client Secret，这些值将用于 Argo CD 的设置。

图 9.11　GitHub OAuth 应用设置页面显示 Client ID 和 Client Secret 的值，这是配置 SSO 集成所必需的

用你的环境值替换 argocd-cm.yaml 文件中占位符的值（见代码 9.2）。

代码 9.2　http://mng.bz/pV1G

```
apiVersion: v1
kind: ConfigMap
metadata:
  name: argocd-cm
  labels:
    app.kubernetes.io/name: argocd-cm
    app.kubernetes.io/part-of: argocd
data:
  url: https://<minikube-host>:<minikube-port>          面向外部访问的
                                                         Argo CD URL

  dex.config: |
    connectors:
      - type: github
        id: github
        name: GitHub
config:                                GitHub OAuth应用
  clientID: <client-id>                的Client ID
  clientSecret: <client-secret>            GitHub OAuth应用
  loadAllGroups: true                      的Client Secret
```

使用 `kubectl apply` 命令更新 Argo CD 的 ConfigMap：

```
$ kubectl apply -f ./argocd-cm.yaml -n argocd
```

一切就绪！在浏览器中打开 Argo CD 用户界面，并使用 Login Via GitHub 按钮登陆。

9.4.2　访问控制

你可能会注意到，在使用 GitHub SSO 集成成功登录后，应用程序列表页面为空。如果你尝试创建新应用程序，你将看到"权限拒绝"（permission denied）的错误。这种行为是意料之中的，因为我们尚未向新的 SSO 用户授予任何权限。为了向用户提供适当的访问权限，我们需要更新 Argo CD 访问控制设置。

Argo CD 提供灵活的基于角色的访问控制（RBAC）系统，其实现基于 Casbin[⊖]，它是一个强大的开源访问控制库。Casbin 提供了非常坚实的基础，并支持配置各种访问控制规则。

Argo CD 的 RBAC 设置使用 `argocd-rbac-cm` ConfigMap 进行配置。为了快速深入了解配置细节，让我们一起更新 ConfigMap 的字段来完成每个更改。

将 `<username>` 占位符替换为 argocd-rbac-cm.yaml 文件中的 GitHub 账户用户名（见代码 9.3）。

代码 9.3　http://mng.bz/OEPn

```
apiVersion: v1
kind: ConfigMap
metadata:
  name: argocd-rbac-cm
  labels:
    app.kubernetes.io/name: argocd-rbac-cm
    app.kubernetes.io/part-of: argocd
data:
                                          policy.csv包含基于
                                          角色的访问规则
  policy.csv: |
    p, role:developer, applications, *, */*, allow
    g, role:developer, role:readonly

    g, <username>, role:developer
                                          scopes设置指定使用哪个
                                          JWT声明来表示用户组
  scopes: '[groups, preferred_username]'
```

使用 `kubectl apply` 命令应用 RBAC 更改：

```
$ kubectl apply -f ./argocd-rbac-cm.yaml -n argocd
```

此配置中的 `policy.csv` 字段定义了一个名为 `role:developer` 的角色，该角色具有对 Argo CD 应用程序的全部权限，以及对 Argo CD 系统设置的只读权限。该角色被授予名称与你 GitHub 账户用户名匹配的组里面的所有用户。应用更改后，立即刷新应用程序列表页面，并尝试同步示例应用程序。

至此我们引入了很多新的术语。让我们后退一步，讨论下什么是角色（role）、群组（group）和声明（claim），以及它们如何协同工作的。

⊖　https://github.com/casbin/casbin

角色

角色用于允许或拒绝对特定主体的 Argo CD 对象的一组操作，角色会被定义在以下表单中：

```
p, subject, resource, action, object, effect
```

其中：

- ❑ p 是表示这一行是 RBAC 策略。
- ❑ subject（主体）是一个群组。
- ❑ resource（资源）是 Argo CD 资源类型之一。Argo CD 支持以下资源："clusters"（集群）、"projects"（项目）、"applications"（应用）、"repositories"（仓库）、"certificates"（证书）、"accounts"（账户）。
- ❑ action 是针对资源执行的操作名称。所有的 ArgoCD 资源都支持以下操作："get"（获取）、"create"（创建）、"update"（更新）、"delete"（删除），"*" 值匹配任意操作。
- ❑ object（对象）是标识特定资源实例的模式，"*" 值匹配任意实例。
- ❑ effect（作用）定义角色是授予还是拒绝该操作。

本示例中的 role:developer 角色允许对任何 Argo CD 应用程序执行任何操作：

```
p, role:developer, applications, *, */*, allow
```

群组

群组提供了识别一组用户的能力，并与 OIDC 集成一起工作。成功执行 OIDC 身份验证后，最终用户会收到一个 JWT 令牌，用于验证用户身份并提供存储在令牌声明中的其他元数据。

JWT 令牌 JWT 令牌是一种互联网标准，用于创建基于 JSON 的访问令牌，这些令牌断言了一些声明[⊖]。

令牌随着每个 Argo CD 请求提供，Argo CD 从配置的令牌声明列表中提取用户所属的群组列表，并使用它来验证用户权限。

以下是由 Dex 生成的令牌声明示例：

```
{
  "iss": "https://192.168.64.2:32638/api/dex",
  "sub": "CgY0MjY0MzcSBmdpdGh1Yg",
  "aud": "argo-cd",
  "exp": 1585646367,
  "iat": 1585559967,
  "at_hash": "rAz6dDHslBWvU6PiWj_o9g",
  "email": "AMatyushentsev@gmail.com",
  "email_verified": true,
  "groups": [
```

⊖ https://en.wikipedia.org/wiki/JSON_Web_Token

```
    "gitopsbook"
  ],
  "name": "Alexander Matyushentsev",
  "preferred_username": "alexmt"
}
```

令牌包含两个对授权有用的声明：

❑ groups 包括用户所属的 GitHub 组织和团队的列表。

❑ preferred_username 是 GitHub 的账户用户名。

默认情况下，Argo CD 使用 groups 从 JWT 令牌中检索用户组。我们使用 scopes（范围）设置添加了 preferred_username 声明，以支持按名称识别 GitHub 用户。

练习 9.10　更新 argocd-rbac-cm ConfigMap，根据 GitHub 用户的电子邮件向其提供管理员访问权限。

注　本章涵盖了 Argo CD 重要的基础知识，让你为更进一步的学习做好准备。建议浏览 Argo CD 文档来了解差异逻辑定制、微调配置管理工具、高级安全功能（例如身份验证令牌）等细节。Argo CD 项目在不断发展过程中，并且在每个版本中都能获得新的功能。查阅 Argo CD 博客以了解最新变化，并可随时在 Slack 频道 Argoproj 中提问。

9.4.3　声明式管理

你可能已经注意到，Argo CD 提供了很多配置的设置。RBAC 策略、SSO 设置、应用和项目——所有这些设置都是必须由人来管理。好消息是你也可以利用 GitOps 并使用 Argo CD 来管理它！

所有 Argo CD 的设置都保留在 Kubernetes 资源中。SSO 和 RBAC 的配置存储在 ConfigMap 中，应用和项目的配置存储在自定义资源中，因此你可以将这些资源清单存储在 Git 仓库中，并配置 Argo CD 以将其用作可信来源。这种技巧非常强大，它允许我们管理配置的设置以及无缝升级 Argo CD 的版本。

第一步，让我们演示如何将刚刚命令式执行的 SSO 和 RBAC 变更转换为声明式配置。为此，我们需要创建一个 Git 仓库来存储定义每个 Argo CD 组件的清单。你无须从头开始，只需使用 https://github.com/gitopsbook/resources 仓库中的代码清单作为起点即可。导航到仓库 GitHub URL 并创建你的个人分支，以便你可以存储特定于你的环境的设置。

所需的清单文件位于 chapter-09 目录中，我们应该查看的第一个文件如代码 9.4 所示。

代码 9.4　http://mng.bz/YqRN

```
apiVersion: kustomize.config.k8s.io/v1beta1
kind: Kustomization                          包含默认的远程Argo CD清单文件的URL
resources:
- https://raw.githubusercontent.com/argoproj/argo-cd/stable/manifests/
    install.yaml
```

```
patchesStrategicMerge:
- argocd-cm.yaml            ◁         包含argocd-cm ConfigMap修改的文件路径
- argocd-rbac-cm.yaml
- argocd-server.yaml        ◁             包含argocd-rbac-cm ConfigMap修改的文件路径
                                    包含argocd-server服务修改的文件路径
```

kustomization.yaml 文件包含对默认 Argo CD 清单和环境特定更改文件的引用。

下一步是将环境特定的更改带入到 Git 中，并将它们推送到远程 Git 仓库。克隆复刻的 Git 仓库：

```
$ git clone git@github.com:<USERNAME>/resources.git
```

对 argocd-cm.yaml 和 argocd-rbac-cm.yaml 文件重复 9.4.1 节和 9.4.2 节中描述的更改。将 SSO 配置添加到 argocd-cm.yaml 中的 ConfigMap 清单，更新 argocd-rbac-cm.yaml 文件中的 RBAC 策略。文件更新后，提交更改并将更改推送回远程仓库：

```
$ git commit -am  "Update Argo CD configuration"
$ git push
```

最难的部分已经完成了！ Argo CD 配置更改并不是版本控制的，但可以使用 GitOps 方法进行管理。最后一步是创建一个 Argo CD 应用程序，它将基于 Kustomize 的清单，从你的 Git 仓库部署到 argocd 命名空间：

```
$ argocd app create argocd \
--repo https://github.com/<USERNAME>/resources.git \
--path chapter-09 \
--dest-server https://kubernetes.default.svc \
--dest-namespace argocd \
--sync-policy auto
application 'argocd' created
```

创建应用程序后，Argo CD 应立即检测已部署的资源，并可视化检测到的偏差。

那么如何管理应用和项目呢？两者都由 Kubernetes 自定义资源表示，同样也可以使用 GitOps 进行管理。代码 9.5 中的清单呈现的是我们在本章前面手动创建的 Argo CD 应用 sample-app 的声明定义。为了开始以声明方式管理 sample-app，将 sample-app.yaml 添加到 kustomization.yaml 的资源部分，并将更改推送回你的仓库分支。

代码 9.5　http://mng.bz/Gx9q

```
apiVersion: argoproj.io/v1alpha1
kind: Application
metadata:
  name: sample-app
spec:
  destination:
    namespace: default
    server: https://kubernetes.default.svc
  project: default
  source:
    path: .
    repoURL: https://github.com/<username>/sample-app-deployment
```

如你所见，你不必在声明式和命令式的管理风格之间进行选择。Argo CD 同时支持两者的使用，因此某些设置可以使用 GitOps 进行管理，而某些设置可以使用命令式指令进行管理。

9.5　总结

❑ Argo CD 专为企业而设计，可作为集中式服务提供，以此支持大型企业的多租户和多集群场景。
❑ 作为持续部署工具，Argo CD 还提供了 Git、目标 Kubernetes 集群和运行状态之间的详细差异对比，以实现可观测性。
❑ Argo CD 自动化部署的三个阶段：
　■ 检索资源清单。
　■ 识别并修复偏差。
　■ 向最终用户呈现结果。
❑ Argo CD 提供用于配置应用程序部署的 CLI，可以通过脚本整合到 CI 解决方案中。
❑ Argo CD 的 CLI 和 Web 界面可用于检查应用程序的同步状态和健康状态。
❑ Argo CD 提供资源钩子以支持更多部署生命周期的自定义配置。
❑ Argo CD 还提供了确保部署完成和应用程序准备就绪的支持。
❑ Argo CD 支持 SSO 和 RBAC 集成，用于企业级单点登录和访问控制。

Chapter 10 | 第 10 章

Jenkins X

本章包括：

❑ Jenkins X 是什么

❑ 安装 Jenkins X

❑ 导入项目至 Jenkins X

❑ 在 Jenkins X 中将发布晋级到生产环境

Viktor Farcic 和 Oscar Medina 参与了本章的撰写工作。在本章中，你将学习如何使用 Jenkins X 将我们参考的示例应用程序部署到 Kubernetes，以及了解 Prow、Jenkins X 流水线 Operator 与 Tekton 如何一起工作来构建 CI/CD 流水线。我们建议你在阅读本章之前先阅读第 1、2、3 和 5 章。

10.1　Jenkins X 是什么

想要了解 Jenkins X 错综复杂的细节和内部工作原理，我们需要熟知 Kubernetes。但是对于 Jenkins X 的使用来说，我们无须了解 Kubernetes，这也是 Jenkins X 这个项目的主要贡献之一。Jenkins X 让我们能够利用 Kubernetes 的强大能力，但无须花费无穷尽的时间来学习 Kubernetes 日益增长的功能列表。Jenkins X[⊖]是一个开源工具，它将复杂的流程简化为能够快速采用的抽象概念，让你不需要花费数月时间找出"正确的做事方式"。它有助

⊖　https://jenkins-x.io/

于消除和简化由 Kubernetes 及其生态系统的总体复杂度带来的一些问题。如果你是真正的 Kubernetes 忍者，那么你会感谢在 Jenkins X 上付出的所有努力。如果不是，你也能立即投入其中并利用 Kubernetes 的强大能力，而不会因为 Kubernetes 的复杂度而抓狂和沮丧。在 10.2 节中，我们将详细讨论 Jenkins X 模式和工具。

　　注　Jenkins X 是一个免费的开源工具，由 CloudBees 提供企业支持。⊖

　　今天，大多数软件供应商都在构建下一代软件，使其成为 Kubernetes 原生，或者至少在 Kubernetes 中更好地工作。一个完整的生态正在兴起，而 Kubernetes 则被视为生态中的一块空白画布。因此，每天都有新工具诞生，很明显这归功于 Kubernetes 提供了近乎无限的可能性。然而，随之而来的是复杂度的增加，选择想要使用的工具变得比以往任何时候都更难。我们将如何开发我们的应用程序？我们将如何管理不同的环境？我们将如何打包我们的应用程序？我们要为应用程序生命周期选用哪个流程？等等。使用所有的工具和流程组装出 Kubernetes 集群是耗时的，并且学习如何使用我们组装的集群感觉更像是一个没完没了的故事。Jenkins X 的目标就是消除这些以及其他可能面临的障碍。

　　Jenkins X 坚持己见，它定义了软件开发生命周期的许多方面，并为我们做出决策。它告诉我们该做什么以及如何做，就像你在度假期间的导游，向你展示该去哪里、该看什么、何时拍照以及何时该休息。同时它也很灵活，支持高级用户对其进行调整以满足自身的需求。

　　Jenkins X 背后真正的强大之处在于其流程、工具的选择，以及通过黏合将所有内容封装成一个易于学习和使用的内聚单元。从事软件行业工作的人总是倾向于重新发明轮子。我们花了无数个小时试图弄清楚如何更快地开发我们的应用程序，以及如何拥有一个尽可能接近生产的本地环境；我们花时间寻找能够让我们更有效地打包和部署应用程序的工具；我们设计了构成持续交付流水线的步骤；我们编写脚本来自动化执行重复性的任务。可是，我们无法摆脱这样一种感觉——我们似乎正在重复别人已经做过的事情。Jenkins X 旨在帮助我们做出这些决定，并帮助我们为工作选择正确的工具。它是行业最佳实践的集合。在某些情况下，是 Jenkins X 定义了这些实践，而在另一些情况下，它也帮助我们采纳其他人定义的实践。

　　如果我们即将开始一个新项目，Jenkins X 将创建项目结构和所需的文件。如果我们需要一个所有工具均已选择、安装和配置完成的 Kubernetes 集群，Jenkins X 能做到这一点。如果我们需要创建 Git 仓库、设置 Webhook⊜并创建持续交付流水线，需要做的是执行一个 jx 命令。Jenkins X 能做的事情非常多，而且每天都在增加。

　　Jenkins 与 Jenkins X　如果你熟悉 Jenkins，那可能需要从大脑中清除已经拥有的任何相关 Jenkins 的经验。当然，Jenkins 在那里，但它只是 Jenkins X 包的一部分。Jenkins X 与"传统的 Jenkins"非常不同，甚至差异巨大，以至于你接受 Jenkins X 的唯一方法就是忘记你对 Jenkins 的了解并从头开始。

　　⊖　https://www.cloudbees.com/
　　⊜　https://developer.github.com/webhooks/

10.2 探索 Prow、Jenkins X 流水线 Operator 和 Tekton

Jenkins X 的无服务器风格（也被称为 Jenkins X Next Generation）试图重新定义我们在 Kubernetes 集群中进行持续交付和 GitOps 的方式。它通过将很多工具组合成一个易于使用的包来实现这一点。因此，大多数人不需要了解各个部分如何独立工作或如何集成的复杂性。相反，许多人只需将更改推送到 Git，让系统完成其余的工作即可。但是，总有人想知道幕后发生了什么。为了满足那些渴望洞察的人，我们将探索无服务器 Jenkins X 平台中涉及的流程和组件。理解由 Git Webhook 发起的事件流会让我们深入了解方案的工作原理，并在以后深入了解每个新组件时为我们提供帮助。

一切都从推送到 Git 仓库开始，接着又向集群发送 Webhook 请求。与传统 Jenkins 设置不同的地方在于，不会有 Jenkins 来接受这些请求。相反，我们有 Prow[⊖]，它做了很多事情。但是在 Webhook 的上下文中，它的工作是接收请求并决定下一步做什么。这些请求不仅限于推送事件，还包括我们通过拉取请求评论指定的斜杠命令（例如 /approve）。

Prow 由几个不同的组件构建（Deck、Hook、Crier、Tide 等），但我们不会逐个深入探讨它们所扮演的角色。此刻，需要注意的要点是 Prow 是集群的入口点，它接收由 Git 操作（例如推送）或注解中的斜杠命令生成的 Git 请求（见图 10.1）。

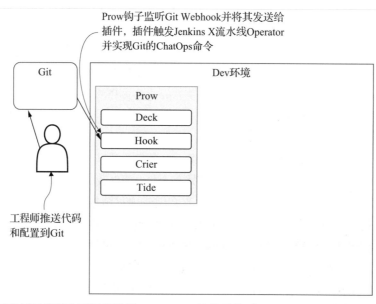

图 10.1 工程师将代码和配置推送到 Git。Prow 的钩子侦听 Git Webhook 并将它们分派给插件

Prow 在收到请求后可能会做很多事情。如果请求来自 Git 注解的命令，它可能会重新运行测试、合并拉取请求、指派人员或许多其他与 Git 相关的操作之一。如果 Webhook 通

知它有新的推送，它将向 Jenkins X 流水线 Operator 发送请求，以确保运行与定义的流水线相应的构建（见图 10.2）。最后，Prow 还会向 Git 报告构建的状态。

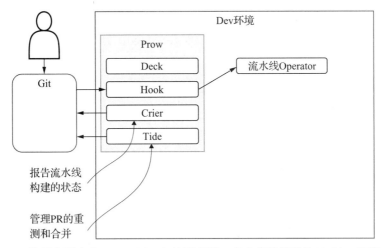

图 10.2　当 Prow 钩子收到来自 Git Webhook 的请求时，它会将其转发给 Jenkins X 流水线 Operator

以上特性不是 Prow 能执行的唯一操作类型，但此刻你可能已经明白了主要意思——Prow 负责 Git 与集群内部进程之间的通信。

Operator 的角色是从启动流程的仓库中获取 jenkins-x.yml 文件，并将其转换为 Tekton 的任务和流水线（见图 10.3）。它们依次定义了将更改推送到 Git 后应该执行的完整流水线。

Tekton　Tekton 是一个 Kubernetes 原生的开源框架 CI/CD 系统。[⊖]

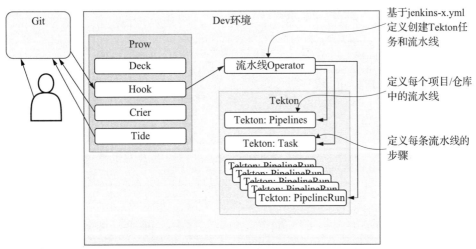

图 10.3　流水线 Operator 简化了我们对持续交付流程的定义，而 Tekton 则挑起了为
　　　　每个项目 / 仓库定义流水线的重担

⊖　https://cloud.google.com/tekton

　　Tekton 是一个非常底层的解决方案，它不能被直接使用。编写 Tekton 定义可能会非常复杂。流水线 Operator 通过易于学习和使用的 YAML 格式来定义流水线，从而简化了这一过程。代码 10.1 是基本流水线的内容示例。

　　注　正如你将在 10.3 节中发现的，项目的流水线文件被称为 jenkins-x.yml，其中包含一行"buildPack：go"以引用流水线文件（见代码 10.1）。如果你想了解更多有关流水线如何工作的信息，请参阅 Jenkins X 文档[⊖]。

代码 10.1　http://mng.bz/zx0a

```
extends:
  import: classic
  file: go/pipeline.yaml
pipelines:
  pullRequest:
    build:
      steps:
      - sh: export VERSION=$PREVIEW_VERSION && skaffold build -f
    skaffold.yaml
        name: container-build
    postBuild:
      steps:
      - sh: jx step post build --image $DOCKER_REGISTRY/$ORG/
    $APP_NAME:$PREVIEW_VERSION
        name: post-build
    promote:
      steps:
      - dir: /home/jenkins/go/src/REPLACE_ME_GIT_PROVIDER/REPLACE_ME_ORG/
    REPLACE_ME_APP_NAME/charts/preview
        steps:
        - sh: make preview
          name: make-preview
        - sh: jx preview --app $APP_NAME --dir ../..
          name: jx-preview

  release:
    build:
      steps:
      - sh: export VERSION=`cat VERSION` && skaffold build -f skaffold.yaml
        name: container-build
      - sh: jx step post build --image $DOCKER_REGISTRY/$ORG/$APP_NAME:\$(cat
    VERSION)
        name: post-build
    promote:
      steps:
      - dir: /home/jenkins/go/src/REPLACE_ME_GIT_PROVIDER/REPLACE_ME_ORG/
    REPLACE_ME_APP_NAME/charts/REPLACE_ME_APP_NAME
        steps:
```

　　⊖　https://jenkins-x.io/docs/reference/components/build-packs/

```
  - sh: jx step changelog --version v\$(cat ../../VERSION)
    name: changelog
  - comment: release the helm chart
    name: helm-release
    sh: jx step helm release
  - comment: promote through all 'Auto' promotion Environments
    sh: jx promote -b --all-auto --timeout 1h --version \$(cat ../../
VERSION)
    name: jx-promote
```

Tekton 为每个推送到相关分支（主干分支、PR）所启动的构建都创建一个 PipelineRun，它执行我们验证推送所需的所有步骤。PipelineRun 会运行测试、存储二进制文件至镜像仓库（Docker Registry、Nexus 和 ChartMuseum），并将发布部署到 PR 使用的临时环境或永久的预发（staging）环境或生产环境。完整的流程见图 10.4。

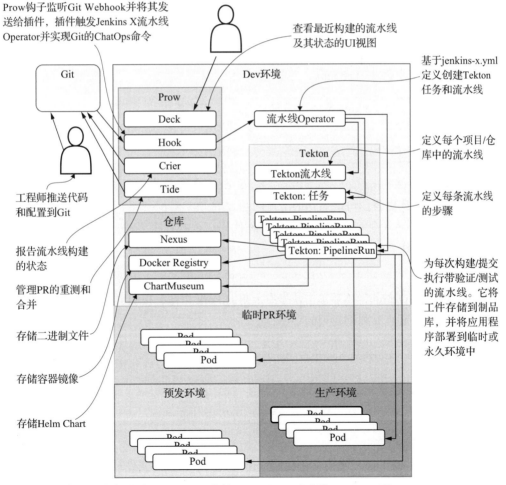

图 10.4　完整的事件流从 PR、Prow 中的 Webhook、流水线 Operator 到 Tekton。Jenkins X
　　　　将为每个构建 / 提交和部署应用程序执行流水线

练习 10.1 哪个组件会接收 Git Webhook 请求？哪个组件将编排部署？

10.3 将项目导入 Jenkins X

你会看到我们如何使用 Jenkins X 快速启动新的应用程序来加速开发和持续交付的进程。但你的公司很可能不是昨天才成立的，这意味着你已经拥有一些应用程序，希望你们想要将它们移至 Jenkins X。

从 Jenkins X 的角度来看，导入现有的项目也是相对简单的。我们所要做的就是执行 jx import，Jenkins X 会发挥它的魔力。它将创建我们需要的文件，如果我们还没有 skaffold.yml，它会为我们生成；如果我们没有创建 Helm Chart，它也会创建。没有 Dockerfile？没问题，我们也会得到它。从来没有为那个项目写过 Jenkins 流水线？这同样不是问题，我们会获得一个自动生成的 jenkins-x.yml 文件。Jenkins X 将重用我们已有的东西，并创建我们缺少的东西。

导入的过程不限于创建缺失的文件并将它们推送到 Git，该过程还可以在 Jenkins 中创建 Job，在 GitHub 中创建 Webhook，等等。

注 关于如何安装 Jenkins X 的更多信息，请参阅附录 B。

10.3.1 导入项目

我们会导入存储在 gitopsbook/sample-app 仓库中的应用程序，将它作为测试导入过程的小白鼠，找出我们可能遇到的潜在问题。

但是，在我们导入仓库之前，你必须复刻代码。否则你将无法推送更改，因为你还不是该特定仓库的协作者：

```
$ open "https://github.com/gitopsbook/sample-app"
```

确保你已登录 GitHub，然后单击位于右上角的 Fork 按钮，按照屏幕上的说明进行操作。接下来，你需要克隆刚刚复刻的仓库：

```
$ GH_USER=[...]
$ git clone https://github.com/$GH_USER/sample-app.git
$ cd sample-app
```
◁─┐ 在执行以下命令之前，将
   │ [...]替换为你的GitHub用户

现在你应该在复刻仓库的主干分支中看到预期的代码。在浏览器中打开仓库，随意查看一下里面的内容。幸运的是，使用 jx 命令也可以做到这一点：

```
$ jx repo --batch-mode
```

在将项目导入 Jenkins X 之前，让我们快速浏览一下项目的文件：

```
$ ls -1
Dockerfile
```

```
Makefile
README.md
main.go
```

你可以看到，该仓库中除了 Go[⊖]代码 (*.go) 之外（几乎）什么都没有。

该项目可能是我们希望导入到 Jenkins X 的众多项目中的一个极端例子。它只有应用程序的代码，也有一个 `Dockerfile`。但是没有 Helm Chart，甚至没有构建二进制文件的脚本，也没有运行测试的机制，明显也没有定义应用程序持续交付流水线的 jenkins-x.yml 文件。里面只有代码，（几乎）没有别的东西。

该情况有可能与你的不一样。也许你已经有用于运行测试或构建代码的脚本。或者你已是 Kubernetes 的重度用户，并且你已经有一个 Helm Chart。你也可能还有其他文件。我们稍后会讨论这些情况，此刻，我们将处理只有应用程序代码的情况。

让我们看看当我们尝试将该仓库导入 Jenkins X 时会发生什么：

```
$ jx import
intuitdep954b9:sample-app byuen$ jx import
WARNING: No username defined for the current Git server!
? github.com username: billyy                            ⟵⎯ GitHub用户名
To be able to create a repository on github.com we need an API Token
Please click this URL and generate a token
https://github.com/settings/tokens/new?scopes=repo,       ⟵⎯ 生成一个新的令牌
    read:user,read:org,user:email,write:repo_hook,delete_repo


Then COPY the token and enter it below:

? API Token: *****************************************
performing pack detection in folder /Users/byuen/git/sample-app
--> Draft detected Go (48.306595%)
selected pack: /Users/byuen/.jx/draft/packs/github.com/jenkins-x-buildpacks/
    jenkins-x-kubernetes/packs/go
replacing placeholders in directory /Users/byuen/git/sample-app
app name: sample-app, git server: github.com, org: billyy, Docker registry
    org: hazel-charter-283301
skipping directory "/Users/byuen/git/sample-app/.git"
Draft pack go added
? Would you like to define a different preview Namespace? No   ⟵⎯ 预览命名空间的
Pushed Git repository to https://github.com/billyy/sample-app.git   定义默认为"否"
Creating GitHub webhook for billyy/sample-app for url http://hook-
    jx.34.74.32.142.nip.io/hook
Created pull request: https://github.com/billyy/environment-cluster-1-dev/
    pull/1
Added label updatebot to pull request https://github.com/billyy/environment-
    cluster-1-dev/pull/1
created pull request https://github.com/billyy/environment-cluster-1-dev/
    pull/1 on the development git repository https://github.com/billyy/
    environment-cluster-1-dev.git
regenerated Prow configuration
PipelineActivity for billyy-sample-app-master-1
```

⊖　https://golang.org/

```
upserted PipelineResource meta-billyy-sample-app-master-cdxm7 for the git
    repository https://github.com/billyy/sample-app.git
upserted Task meta-billyy-sample-app-master-cdxm7-meta-pipeline-1
upserted Pipeline meta-billyy-sample-app-master-cdxm7-1
created PipelineRun meta-billyy-sample-app-master-cdxm7-1
created PipelineStructure meta-billyy-sample-app-master-cdxm7-1

Watch pipeline activity via:    jx get activity -f sample-app -w
Browse the pipeline log via:    jx get build logs billyy/sample-app/master
You can list the pipelines via: jx get pipelines
When the pipeline is complete:  jx get applications

For more help on available commands see: https://jenkins-x.io/developing/
    browsing/

Note that your first pipeline may take a few minutes to start while the
    necessary images get downloaded!
```

从输出中我们可以看到 Jenkins X 检测到项目全都是用 Go 编写的，所以选择了 Go 构建包。它将构建包应用到本地代码仓库并将更改推送到 GitHub。此外，它创建了一个 Jenkins 项目以及一个 GitHub Webhook，只要我们将变更推送到选定的分支之一，就会触发构建（见图 10.5）。这些分支默认是主干分支、develop、PR-.* 和 feature.*。我们可以通过添加 --branches 标志来改变范例。但是，就我们或许多其他人的用途而言，这些分支正是我们所需要的。

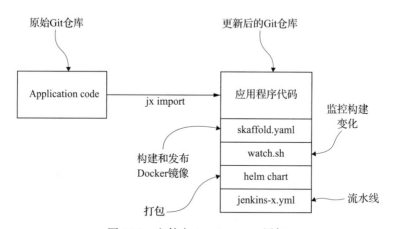

图 10.5　文件由 jx import 添加

现在让我们再看一下仓库本地副本中的文件：

```
$ ls -1
Dockerfile
Makefile
OWNERS
OWNERS_ALIASES
README.md
charts
jenkins-x.yml
```

```
main.go
skaffold.yaml
watch.sh
```

我们可以看到，经过导入过程，不少新文件被添加到项目中。我们有一个用于构建容器镜像的 `Dockerfile`，也有一个用来定义流水线中所有步骤的 jenkins-x.yml。

我们还获得了一个 Makefile，它定义了构建、测试和安装应用程序的目标。还有 Chart 目录，其中包含 Helm 格式的文件，用于打包、安装和升级我们的应用程序。我们还获得了 watch.sh，它监视构建更改并调用 skaffold.yaml。skaffold.yaml 包含构建和发布容器镜像的指令。另外还添加了一些其他的新文件（例如：OWNERS）。

现在该项目在 Jenkins X 中，我们应该将其视为流水线活动之一并观察第一个构建的运行情况。我们可以将 Jenkins X 活动的检索限制为特定项目，并且可以使用 `--watch` 来观察进度。

注　在继续本教程的其余部分之前，请等待 `jx promote` 命令和 `PullRequest` 完成。如果该过程超过 60 分钟，拉取请求将显示为"失败"状态。如果你查看 GitHub，在 `jx promote` 完成后，PR 仍会被合并。

```
$ jx get activities --filter sample-app --watch
STEP                                                      STARTED AGO DURATION
    STATUS
billyy/sample-app/master #1                               11h31m0s    1h4m20s
    Succeeded Version: 0.0.1
 meta pipeline                                            1h25m2s     31s
    Succeeded
  Credential Initializer                                  1h25m2s     0s
    Succeeded
  Working Dir Initializer                                 1h25m2s     1s
    Succeeded
  Place Tools                                             1h25m1s     1s
    Succeeded
  Git Source Meta Billyy Sample App Master R Xnfl4 Vrvtm  1h25m0s     8s
    Succeeded https://github.com/billyy/sample-app.git
  Setup Builder Home                                      1h24m52s    0s
    Succeeded
  Git Merge                                               1h24m52s    1s
    Succeeded
  Merge Pull Refs                                         1h24m51s    1s
    Succeeded
  Create Effective Pipeline                               1h24m50s    7s
    Succeeded
  Create Tekton Crds                                      1h24m43s    12s
    Succeeded
 from build pack                                          1h23m49s 1h13m39s
    Succeeded
  Credential Initializer                                  1h23m49s    2s
    Succeeded
  Working Dir Initializer                                 1h23m47s    2s
    Succeeded
  Place Tools                                             1h23m45s    4s
    Succeeded
  Git Source Billyy Sample App Master Releas 658x6 Nzdbp  1h23m41s    21s
```

```
                  Succeeded https://github.com/billyy/sample-app.git
          Setup Builder Home                          1h23m20s        2s
            Succeeded
       Git Merge                                      1h23m18s        11s
         Succeeded
       Setup Jx Git Credentials                       1h23m7s         12s
         Succeeded
       Build Make Build                               1h22m55s        1s
         Succeeded
       Build Container Build                          1h22m54s        11m56s
         Succeeded
       Build Post Build                               1h10m58s        4s
         Succeeded
       Promote Changelog                              1h10m54s        6s
         Succeeded
       Promote Helm Release                           1h10m48s        0s
         Succeeded
       Promote Jx Promote                             1h10m40s        1h0m30s
         Succeeded
   Promote: staging                                   1h10m31s
     Running
     PullRequest                                      1h10m31s  1h0m21s Failed
     PullRequest: https://github.com/billyy/environment-cluster-1-staging/pull/1
```

流水线的活动为你提供有关流水线阶段和步骤的大量详细信息。然而，最重要的细节之一是合并到预发环境中的 PR。它告诉 Jenkins X 将我们应用程序的新版本添加到 env/requirements.yaml 文件中。这正是 GitOps 在起作用！

到目前为止，Jenkins X 创建了它需要的文件，创建了一个 GitHub Webhook，创建了一条流水线，并将变更推送到 GitHub。作为结果，我们获得了第一次构建，从表面来看，它是成功的，但让我们再次检查是否一切正常。

单击活动输出中的链接，在浏览器上打开 Pull Request，结果如图 10.6 所示。

目前还不错，sample-app 作业创建了一个到 environmentcluster-1-staging 仓库的拉取请求。因此，来自该仓库的 Webhook 应该启动了一个流水线活动，最终结果在预发环境中应该有了应用程序的新版本，我们暂不讨论这部分过程。现在只关注应用程序应该正在运行，我们很快将对此进行检查。

我们需要确认的信息，是运行中的应用程序也在预发环境中运行的应用程序列表中。稍后我们会浏览环境，现在只需运行以下命令：

```
$ jx get applications
APPLICATION STAGING PODS URL
sample-app  0.0.1            http://sample-app-jx-staging.34.74.32.142.nip.io
```

我们可以在 URL 列中看到应用程序可访问的地址。复制它，并替换下面命令中的 [...]：

```
$ STAGING_ADDR=[...]                    ◁── 预发环境
$ curl "$STAGING_ADDR/demo/hello"           URL地址
Kubernetes ♡ Golang!
```

输出显示 Kubernetes ♡ Golang!，因此我们确认应用程序已启动并运行，而且我们可以访问它。

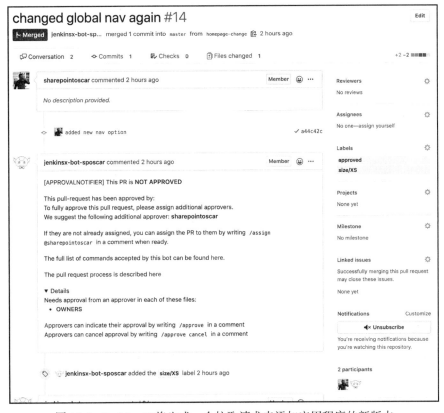

图 10.6　Jenkins X 将生成一个拉取请求来添加应用程序的新版本

在继续之前，我们即将离开 sample-app 目录。此刻我们已经到了最后的阶段，至少从应用程序生命周期的角度来看是这样。

注　有关应用程序完整生命周期的参考，请参阅图 4.6。

实际上，我们跳过了拉取请求的创建，这恰好是 Jenkins X 最重要的特性之一。然而我们没有足够的篇幅来介绍 Jenkins X 的所有特性，所以我们将留下 PR 和其他内容供你自己来发现（可以从 `jx get activities` 命令的输出中找到 PR）。现在，我们将探索晋级到生产环境来聚焦应用程序生命周期的最后阶段。我们已经介绍了如下内容：

1. 如何导入现有项目以及如何创建新项目。

2. 如何开发构建包，来简化现有构建包未涵盖或偏离的应用程序类型的流程。

3. 将应用程序添加到 Jenkins X 后，它如何通过环境（例如预发和生产环境）实现 GitOps 流程。

4. 在应用程序开发阶段，DevPods 如何帮助我们设置个人应用程序特定环境，简化"传统"设置，同时也避免了共享开发环境的陷阱。

5. 功能开发、更改或错误修复完成后，如何创建拉取请求，执行自动化的验证，并将候选的发布版本部署到特定于 PR 的预览环境，以便我们也可以手动进行检查。一旦我们对所做的变更感到满意，则将其合并到主干分支，进而部署到设置为接收自动晋级到生产环境（例如预发环境）以及另一轮测试。现在我们对所做的更改感到满意，剩下的就是将发布晋级到生产环境。

需要注意的关键是，晋级到生产环境不是一个技术决定。当到达软件开发生命周期的最后一步时，我们理应知道发布版本正在按预期工作。我们已经收集了做出上线决定所需的所有信息。因此，该选择与业务相关——我们希望用户什么时候看到新版本？我们知道通过流水线所有步骤的每个发布版本都是生产就绪的，但不知道何时将其发布给用户。但是，在讨论何时将某些东西发布到生产环境之前，我们应该先决定由谁来做。执行者将决定什么时候发布合适。是由人来批准拉取请求，还是机器？

业务、营销和管理可能是负责晋级到生产环境的决策者。在这种情况下，我们无法像预发环境那样在代码合并到主干分支时启动流程，这意味着我们需要一种机制来通过命令手动启动流程。如果执行命令过于复杂和混乱，添加一个按钮应该很简单（我们稍后将通过UI进行探索）。也有可能没有人决定将某版本晋级到生产环境。相反，我们可以自动将每个更改提升到主干分支。在这两种情况下，启动晋级的命令是相同的。唯一的区别在于它的执行者：是我们（人类）还是 Jenkins X（机器）？

此刻我们的生产环境设置为接收手动晋级。就该情况而言，我们利用持续交付的实践将整个流水线完全自动化，并要求通过一个手动操作将发布晋级到生产环境。剩下的就是点击一个按钮，或者就像我们的例子一样，执行一个命令。我们本可以在 `Jenkinsfile` 中添加晋级到生产环境的步骤，在该情况下，我们将实践的是持续部署而不是持续交付。持续部署的结果是每次合并或推送到主干分支都会触发生产部署。但是，现在我们不实践持续部署，我们紧跟着当前的设置并进入持续交付的最后阶段——将最新版本晋级到生产环境。

10.3.2 将发布晋级到生产环境

当我们觉得新的发布已经生产就绪了，就可以将其晋级到生产环境。但是在这样做之前，我们先检查在生产中是否已经运行了一些东西：

```
$ jx get applications --env production
APPLICATION
sample-app
```

预发环境是什么情况呢？我们必须在那里运行 `sample-app` 应用的发布版本，让我们仔细检查一下：

```
$ jx get applications --env staging
APPLICATION STAGING PODS URL
sample-app  0.0.1   1/1  http://sample-app-jx-staging.34.74.32.142.nip.io
```

对于我们接下来要做的，最重要的信息是 `STAGING` 列中显示的版本号。

现在我们将特定版本的 `sample-app` 晋级到生产环境：

```
$ VERSION=[...]
$ jx promote sample-app --version $VERSION --env production --batch-mode
```

在执行下面的命令之前，请确保将[...]替换为
上一个命令输出中STAGING列对应的版本

晋级过程完成需要一两分钟的时间，你可以再次使用以下命令来监控状态：

```
$ jx get activities
...
Promote: production                                          4m3s    1m36s  Succeeded
   PullRequest                                               4m3s    1m34s  Succeeded
   PullRequest: https://github.com/billyy/environment-cluster-1-production/pull/2
   Merge SHA: 33b48c58b3332d3abc2b0c4dcaba8d7ddc33c4b3
   Update                                                    2m29s   2s     Succeeded
   Promoted                                                  2m29s   2s     Succeeded
   Application is at: http://sample-app-jx-production.34.74.32.142.nip.io
```

我们刚刚执行的命令会在生产环境中创建一个新的分支（environment-pisco-sour-production）（见图 10.7）。此外，它将与我们迄今为止所做的任何其他操作一样，遵循基于拉取请求的相同实践。该命令将创建一个拉取请求并等待 Jenkins X 构建完成并成功。你可能会看到错误，指出它无法查询拉取请求。这是正常的，因为过程是异步的。jx 会周期性地向系统查询，直到收到确认拉取请求处理成功的信息。

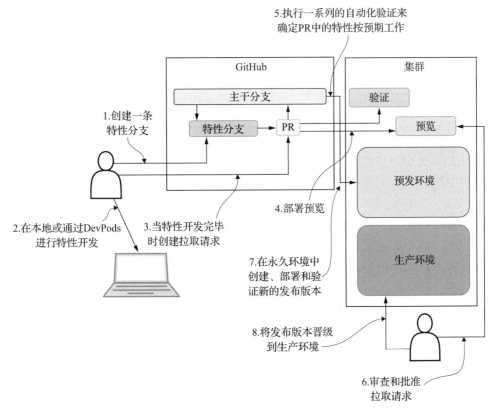

图 10.7 jx promote 命令将在生产环境中创建一个新分支并部署到预览环境。在命令执行结束时，新版本将被晋级到生产环境

一旦拉取请求被处理，它将被合并到主干分支，这将启动另一个 Jenkins X 构建。它将

运行我们在仓库中 Jenkinsfile 定义的所有步骤。默认情况下，这些步骤仅将发布的版本部署到生产中，但我们可以通过集成或其他类型测试来添加额外的验证。一旦由合并主干分支发起的构建完成，发布的版本将在生产中运行，最终输出将表明合并状态检查全部通过，因此晋级成功！

人工生产环境晋级的过程与我们通过自动化预发环境晋级所经历的过程相同。唯一的区别是由谁执行该活动。自动化晋级是由将更改推送到 Git 的应用程序流水线启动的，手动晋级是由我们（人类）触发的。

接下来，我们将通过检索该环境中所有的应用程序，来确认该版本确实已部署到生产环境中：

```
$ jx get applications --env production
APPLICATION PRODUCTION PODS URL
sample-app  0.0.1             http://sample-app-jx-production.35.185.219.24.nip.io
```

在我们的例子中，输出表明只有一个应用程序（sample-app）在生产中运行，并且版本是 0.0.1。

为了保险起见，我们将向在生产中运行的应用程序版本发送一个请求：

```
$ PROD_ADDR=[...]
$ curl "$PROD_ADDR/demo/hello"
Kubernetes ♡ Golang!
```
⟵ 在执行下面的命令之前，请确保将[...]
替换为上一个命令输出中的URL列

10.4　总结

❑ Jenkins X 定义了流程、工具的选择，以及通过黏合将所有内容封装成一个易于学习和使用的内聚单元。

❑ Prow 以策略执行和自动 PR 合并的形式提供了基于 GitHub 的自动化能力。

❑ 流水线 Operator 用于编排和简化我们持续交付流程的定义。

❑ Tekton 是 Kubernetes 原生的开源框架，用于创建持续集成和交付系统。

❑ 要将项目导入 Jenkins X，只需要执行 jx import 命令，它会将所有必要的文件添加到你的仓库，并创建流水线和环境。

❑ 要将发布晋级到生产环境，可以简单地执行 jx prompt 命令，它会生成 PR 以添加新版本、部署到预览环境以进行测试，并晋级（部署）到生产环境。

第 11 章　*Chapter 11*

Flux

在本章中，你将学习如何使用 Flux GitOps Operator 将我们的参考示例应用程序部署到 Kubernetes，以及如何将 Flux 作为多租户解决方案的一部分使用。

我们建议你在阅读本章之前先阅读第 1、2、3 和 5 章。

11.1　Flux 是什么

Flux 是一个开源项目，用于为 Kubernetes 实现 GitOps 驱动的持续部署。该项目于 2016 年在 Weaveworks[⊖]启动，三年后加入 CNCF 沙箱（Sandbox）项目[⊖]。

值得注意的是，Weaveworks 正是创造 GitOps 这一流行词的公司。与其他著名的 Kubernetes 开源项目一道，Weaveworks 制定了 GitOps 最佳实践，并为 GitOps 推广做出了很多贡献。Flux 自身的演变说明了 GitOps 这一设想是如何根据实践经验，随着时间的推移

⊖　https://www.weave.works/

⊖　每个 CNCF 项目都有一个相关的成熟度等级，从低到高依次为沙箱、孵化（Incubating）和毕业（Graduated）。截至 2021 年 12 月，Flux 已是 CNCF 孵化项目。——译者注

演进成当前的形态的。

Flux 项目创建的目的是将容器镜像自动交付到 Kubernetes，以此填补持续集成和持续部署流程之间的空白。Flux 项目介绍博客中所描述的主要工作流程是扫描 Docker 镜像仓库，计算最新的镜像版本，并将其推送到生产集群。经过多次迭代，Flux 团队认识到了以 Git 为中心的方法带来的所有好处。在发布 v1.0 版本之前，他们重新设计了项目架构以使用 Git 作为可信来源，并制订了 GitOps 工作流程的主要阶段。

11.1.1 Flux 能做些什么

Flux 专注于配置清单到 Kubernetes 集群的自动化交付。该项目可能是本书所描述的 GitOps Opertor 中最不浮夸的，它不会在 Kubernetes 之上引入任何附加层，例如应用程序或自己的访问控制系统。只需要用户维护一个代表集群状态的 Git 仓库，单个 Flux 实例就可以管理一个 Kubernetes 集群。Flux 没有引入用户管理、SSO 集成和它自身的访问控制，它通常在托管集群内部运行并依赖于 Kubernetes 的 RBAC。这种方法显著简化了 Flux 的配置，并有助于平滑学习曲线。

RBAC　Kubernetes 支持基于角色的访问控制（RBAC），它允许将容器绑定到授予它们操作各种资源权限的角色。

Flux 简单得几乎无须维护，并且可以轻松地集成到集群的引导过程中，因为它不需要新的组件或管理员权限。使用 Flux 命令行交互，Flux 的部署可以轻松地整合到集群置备脚本中，以开启集群的自动化创建。

Flux 不仅可用于集群的引导，将它用作应用程序的持续部署工具也是成功的。在多租户环境中，每个团队都可以安装一个具有有限访问权限的 Flux 实例，并使用它来管理单个命名空间。这样就可以充分授权团队管理应用程序所属命名空间中的资源，并且还具备 100% 的安全性，因为 Flux 的访问是由 Kubernetes 的 RBAC 来管理的。

Flux 项目的简单性有好有坏，不同的团队有不同的看法。最重要的考量因素之一是，Flux 必须由 Kubernetes 的最终使用者来配置和维护。这意味着团队获得了更多的权利，但也承担了更多的责任。Argo CD 则采用了另一条路径——将 GitOps 功能作为服务提供。

11.1.2 Docker 镜像仓库扫描

除了 GitOps 的核心功能外，Flux 项目还提供了一项更值得注意的功能。它能够扫描 Docker 镜像仓库，并在新标签被推送到镜像仓库时自动更新部署仓库中的镜像配置。尽管此功能不是 GitOps 的核心功能，但它简化了开发人员的日常工作并提高了生产力。让我们探讨一下没有部署仓库自动化更新的开发者工作流（见图 11.1）。

开发团队经常抱怨第二步，因为它需要手动工作，因此他们试图将其自动化。通常的解决方案是使用 CI 流水线自动更新清单。CI 的方式能够解决这个问题，但需要编写脚本，而且该过程可能是脆弱的。

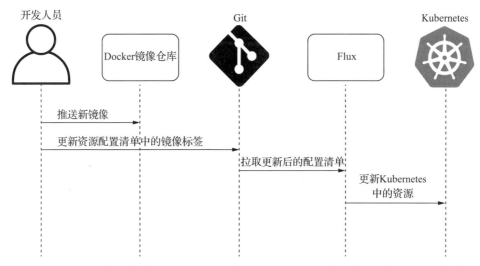

图 11.1　开发人员使用持续集成工具手动推送新镜像，然后使用新镜像的标签更新部署
　　　　　Git 仓库。Flux 注意到 Git 中的清单更改并将其传递到 Kubernetes 集群

　　Flux 往前多走了一步，它自动化了部署仓库的更新。你可以将 Flux 配置为"每次将新镜像推送到 Docker 镜像仓库时自动更新部署仓库"，而不是使用 CI 系统和脚本。图 11.2 展示了开发人员使用自动 Docker 镜像仓库扫描的工作流程。

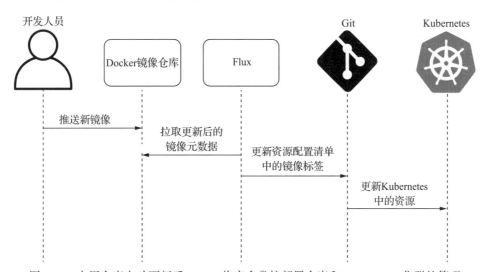

图 11.2　启用仓库自动更新后，Flux 将完全掌控部署仓库和 Kubernetes 集群的管理

　　开发人员的唯一职责是更改代码，并让 CI 系统将更新后的 Docker 镜像推送到镜像仓库。如果镜像标签遵循语义版本控制的约定，则部署仓库自动化管理会特别有用。

　　语义化版本　语义化版本[⊖]是使用三部分版本号指定兼容性的正式约定：主要版本（Major）、

⊖　https://semver.org/

次要版本（Minor）和补丁（Patch）。

Flux 支持利用约定的语义化版本来配置镜像标签的过滤器。典型的场景是，次要和补丁的镜像版本可以自动化部署，因为这些版本理应是安全的和向后兼容的，而对于主要版本则采用手动部署。

与使用持续集成流水线相比，Docker 镜像仓库扫描功能明显的好处是，你不必花时间在流水线中实现仓库的更新步骤。然而，便利意味着更多的责任。将部署仓库的更新结合到持续集成流水线中可以提供全面的控制，并支持我们在将镜像推送到 Docker 镜像仓库后运行更多的测试。但如果启用了 Flux 的 Docker 镜像仓库扫描，则必须确保在将镜像推送到 Docker 镜像仓库之前对它开展了良好的测试，以避免意外部署到生产环境。

练习 11.1 思考 Docker 镜像仓库监控功能的优缺点，并尝试判断它是否适合你的团队。

11.1.3　架构

Flux 仅包含两个组件：Flux 守护进程和键值对存储 Memcached[⊖]。

Memcached　Memcached 是一个开源、高性能、分布式内存对象缓存系统。

Flux 架构如图 11.3 所示。

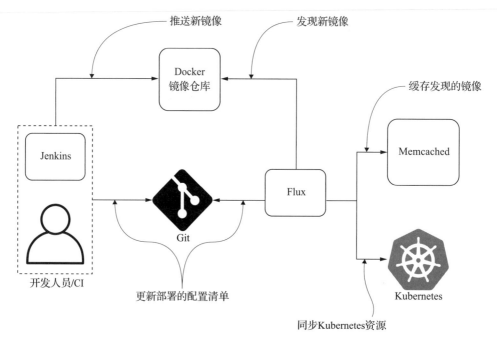

图 11.3　Flux 守护进程是负责大部分 Flux 功能的主要组件。它克隆 Git 仓库，生成清单，将变更传递到 Kubernetes 集群，并扫描 Docker 镜像仓库

⊖ https://memcached.org/

在任何时候都必须只有一个 Flux 守护进程的副本在运行。然而，这不是问题，因为即使守护进程在部署过程中崩溃，它也会快速重启并幂等地恢复部署过程。

Memcached 的主要目的是支持 Docker 镜像仓库扫描。Flux 使用它来存储每个 Docker 镜像的可用镜像版本列表。Memcached 是可选组件，不是必需的，除非你想使用 Docker 镜像仓库扫描功能。要删除它，只需在安装步骤中使用 `--registry-disable-scanning` 标记即可。

练习 11.2　*你应该检查哪个组件的日志来排查部署问题?*

11.2　简单的应用部署

我们已经学习了很多关于 Flux 的知识，现在是时候看看它的实际效果了。首先，我们需要让它运行起来。Flux 安装包括两个步骤: 安装 Flux CLI 和在集群中配置进程。参见附录 B 了解如何安装 `fluxctl` 并准备好部署你的第一个应用程序。

11.2.1　部署第一个应用程序

只需要 `fluxctl` 和 `minikube` 两个组件，我们就可以开始使用 Flux 管理 Kubernetes 资源了。下一步是准备 Kubernetes 清单的 Git 仓库。我们示例应用程序的清单可从以下链接获得:

https://github.com/gitopsbook/sample-app-deployment

继续并创建一个仓库复刻 (fork) [⊖]。Flux 需要具备部署仓库的写入权限才能自动更新清单中的镜像标签。

重置你的复刻　在学习前几章时，你是否已经复刻了部署仓库? 请确保还原更改以获得最佳的体验，最简单的方法是删除之前复刻的仓库并再次进行复刻。

使用 `fluxctl` 来安装和配置 Flux 守护进程:

```
$ kubectl create ns flux
$ export GHUSER="YOURUSER"
$ fluxctl install \
--git-user=${GHUSER} \
--git-email=${GHUSER}@users.noreply.github.com \
--git-url=git@github.com:${GHUSER}/sample-app-deployment.git \
--git-path=. \
--namespace=flux | kubectl apply -f -
```

此命令创建 Flux 守护程序，并将其配置为从你的 Git 仓库中的清单进行部署。使用以下命令确保 Flux 守护进程正在运行:

```
$ kubectl rollout status deploy flux -n flux
```

作为本教程的一部分，我们将尝试仓库自动更新功能，因此我们需要授予 Flux 对仓库

⊖　https://help.github.com/en/github/getting-started-with-github/fork-a-repo

的写入权限。提供对 GitHub 仓库写权限方便且安全的方法是使用部署密钥（Deploy Key）。

部署密钥 部署密钥是一个 SSH 密钥，它存储在你的服务器上并授予对单个 GitHub 仓库的访问权限。

无须手动生成新的 SSH 密钥。Flux 在第一次启动时会生成一个密钥，并使用它来访问部署仓库。运行以下命令以获取生成的 SSH 密钥：

```
$ fluxctl identity --k8s-fwd-ns flux
```

导航到 https://github.com/<username>/sample-app-deployment/settings/keys/new，并使用 `fluxctl identity` 命令中的输出创建新的部署密钥。确保选中"Allow write access"复选框以提供对仓库的写访问。

配置完成！当你阅读到这里时，Flux 应该正在克隆仓库并部署清单。让我们继续检查 Flux 守护进程的日志来确认。

你看到了日志中的 `kubectl apply` 命令了吗？

```
$ kubectl logs deploy/flux -n flux -f
caller=sync.go:73 component=daemon info="trying to sync git changes to the
    cluster" old=6df71c4af912e2fc6f5fec5d911ac6ad0cd4529a
    new=1c51492fb70d9bdd2381ff2f4f4dc51240dfe118
caller=sync.go:539 method=Sync cmd=apply args= count=2
caller=sync.go:605 method=Sync cmd="kubectl apply -f -" took=1.224619981s
    err=null output="service/sample-app configured\ndeployment.apps/sample-
    app configured"
caller=daemon.go:701 component=daemon event="Sync: 1c51492, default:service/
    sample-app" logupstream=false
```

太棒了，这意味着 Flux 成功地执行了部署。接下来，运行以下命令来确认示例应用部署资源已创建：

```
$ kubectl get deploy sample-app -n default
```

恭喜！你成功地使用 Flux 部署了你的第一个应用程序。

11.2.2　观测应用状态

查看 Flux 守护进程的日志并不是获取 Flux 管理的相关资源的信息的唯一方法。`fluxctl` CLI 提供了一组命令，允许我们获取有关集群资源的详细信息。我们应该尝试的第一个命令是 `fluxctl list-workloads`。该命令打印管理集群中 Pod 所有相关的 Kubernetes 资源的信息。运行以下命令输出 `sample-app` 部署信息：

```
$ fluxctl list-workloads --k8s-fwd-ns flux
WORKLOAD                  CONTAINER    IMAGE                      RELEASE
deployment/sample-app     sample-app   gitopsbook/sample-app:v0.1 ready
```

从输出中可以看到，Flux 正在管理一个 Deployment，该 Deployment 使用 `gitopsbook/sample-app` 镜像的 `v0.1` 版本创建一个示例应用容器。

除了当前镜像的信息外，Flux 还扫描了 Docker 镜像仓库并收集了所有可用的镜像标签。运行以下命令打印发现的镜像标签列表：

```
$ fluxctl list-images --k8s-fwd-ns flux -w default:deployment/sample-app
WORKLOAD                CONTAINER  IMAGE                    CREATED
deployment/sample-app sample-app gitopsbook/sample-app
                                      |   v0.2     27 Jan 20 05:46 UTC
                                      '-> v0.1     27 Jan 20 05:35 UTC
```

从命令输出中，我们可以看到 Flux 正确地发现了两个可用的镜像版本。此外，Flux 将 v0.2 确定为较新版本，如果配置了自动升级，那么 Flux 会为升级我们的部署做好准备。让我们继续并就这样做。

11.2.3　升级部署镜像

默认情况下，Flux 不会升级资源镜像版本，除非资源具有 `fluxcd.io/automated:` `'true'` 注解。这个注解告诉 Flux 资源镜像是自动管理的，一旦有新版本推送到 Docker 镜像仓库，那么就该使用这个镜像进行升级。代码 11.1 包含带有应用注解的示例应用部署清单。

代码 11.1　deployment.yaml

```
apiVersion: apps/v1
kind: Deployment
metadata:
  name: sample-app
  annotations:
    fluxcd.io/automated: 'true'        ◁──┐  启用自动化管理的注解
spec:
  replicas: 1
  revisionHistoryLimit: 3
  selector:
    matchLabels:
      app: sample-app
  template:
    metadata:
      labels:
        app: sample-app
    spec:
      containers:
      - command:
        - /app/sample-app
        image: gitopsbook/sample-app:v0.1    ◁──┐  部署的镜像标签
        name: sample-app
        ports:
        - containerPort: 8080
```

添加注解的一种方法是手动编辑 deployment.yaml 文件并将其提交到部署仓库。在下一个协商周期中，Flux 检测注解并启用自动化管理。`fluxctl` 也提供了方便的 `automate` 和 `deautomate` 命令，它们可以为你添加或删除注解。运行以下命令以自动化示例应用程序部署管理：

```
$ fluxctl automate --k8s-fwd-ns flux -w default:deployment/sample-app
WORKLOAD                          STATUS  UPDATES
default:deployment/sample-app     success
Commit pushed:      <commit-sha>
```

该命令更新清单并将更改推送到 Git 仓库中。如果使用 GitHub 检查仓库历史记录，你将看到两次提交：第一次提交更新部署注解，第二次提交更新镜像版本。

最后，让我们使用 `fluxctl list-workloads` 命令验证部署状态：

```
$ fluxctl list-workloads --k8s-fwd-ns flux
WORKLOAD                  CONTAINER    IMAGE                        RELEASE
deployment/sample-app     sample-app   gitopsbook/sample-app:v0.2   ready
```

部署镜像已成功更新为 `gitopsbook/sample-app` 镜像的 `v0.2` 版本。不要忘记将 Flux 执行的更改拉入本地 Git 存储库：

```
$ git pull
```

11.2.4 使用 Kustomize 生成清单

在部署仓库中管理普通的 YAML 文件并不是一项非常困难的任务，但在现实生活中也不是很实用。正如我们在前几章中学到的，通常的做法是维护应用程序的基础清单集，并使用 Kustomize 或 Helm 等工具生成环境特定的清单。与配置管理工具的集成解决了这个问题，Flux 使用生成器（Generator）开启了该功能。让我们学习什么是生成器以及如何使用它们。

Flux 不为选定的一系列配置管理工具提供头等的支持，而是提供清单生成的过程配置并与任意配置管理工具集成的能力。生成器是一个命令，它调用 Flux 守护进程中的配置管理工具，生成最终的 YAML。生成器的配置在部署清单仓库中保存为名为 .flux.yaml 的文件。

让我们深入研究该功能并学习一个真实示例的配置细节。首先，我们需要在 Flux 部署中启用清单生成器。这是使用 Flux 守护程序的 `--manifest-generation` CLI 标记完成的。运行以下命令以使用 JSON Patch 将标记注入 Flux 部署：

```
kubectl patch deploy flux --type json -n flux -p \
'[{ "op": "add", "path": "/spec/template/spec/containers/0/args/-", "value":
    "--manifest-generation"}]'
```

JSON Patch　JSON Patch[一]是一种用于描述 JSON 文档变更的格式。Patch 文档是应用到 JSON 对象操作的有序列表，它支持添加、删除和替换等更改。

一旦 Flux 配置更新，就可以将 Kustomize 引入我们的部署仓库并开始使用它的功能。使用代码 11.2 添加 kustomization.yaml 文件。

代码 11.2　kustomization.yaml

```
apiVersion: kustomize.config.k8s.io/v1beta1
kind: Kustomization
```

⊖ http://jsonpatch.com/

```
resources:
- deployment.yaml          ◁── 包含资源清单的列表
- service.yaml

images:
- name: gitopsbook/sample-app          ◁── 待转换的镜像标签
  newTag: v0.1
```

下一步是配置一个使用 Kustomize 的生成器。将代码 11.3 所示的 flux.yaml 文件添加到 sample-app-deployment 仓库。

代码 11.3　flux.yaml

```
version: 1
patchUpdated:                      ◁── 生成器列表
  generators:                            利用Kustomize生成
  - command: kustomize build .      ◁── 清单的生成器命令
  patchFile: flux-patch.yaml     ◁── 存储清单修改的文件名,
                                     用于镜像自动更新
```

配置完成。继续并将更改推送到部署仓库：

```
$ git add -A
$ git commit -am "Introduce kustomize" && git push
```

让我们再看一次 .flux.yaml 并了解详细配置的内容。generators 部分将 Flux 配置为使用 Kustomize 来生成清单。你可以在本地运行完全相同的命令来验证 Kustomize 是否能够生成预期的 YAML 清单。

但是 patchFile 属性是什么？这是更新程序配置。为了演示它是如何工作的，让我们使用以下命令触发 Flux 发布：

```
$ kubectl patch deploy sample-app -p '[{ "op": "add", "path": "/spec/
    template/spec/containers/0/image", "value": "gitopsbook/sample-
    app:v0.1"}]' --type json -n default

$ fluxctl sync --k8s-fwd-ns flux
```

我们已经将 sample-app 部署降级回 v0.1 版本并要求 Flux 修复它。sync 命令启动协商循环，一旦完成，应该更新镜像标签并将更改推送回 Git 仓库。由于清单现在是使用 Kustomize 生成的，Flux 不再知道要更新哪个文件。patchFile 属性指定部署仓库中必须存储镜像标签更新的文件路径，该文件包含自动应用于生成器输出的 JSON 合并补丁。

JSON Merge Patch　JSON Merge Patch 是一个 JSON 文档，描述要对目标 JSON 进行的更改，并包含目标文档的节点，这些节点在 Patch 应用后应该变得不同。

生成的 Merge Patch 包括托管资源的镜像更改。在同步过程中，Flux 生成带有 Merge Patch 的文件并将其推送到 Git 仓库，并即时将其应用到生成的 YAML 清单。

不要忘记将 Flux 执行的更改拉入本地 Git 仓库：

```
$ git pull
```

11.2.5 使用 GPG 确保部署安全

Flux 是一个非常实用的工具,聚焦于真实的用例。部署变更验证就是这样一个用例。正如我们在第 6 章中了解到的,应该使用 GPG 密钥对部署仓库中的提交进行签名和验证,以确保提交者的身份,防止将未经授权的变更推送到集群。

典型的方法是将 GPG 验证合并到持续集成流水线中。Flux 提供了这种开箱即用的集成,在节省时间的同时提供了更健壮的实现。了解该功能如何运作的最佳方式就是尝试一下。

首先,我们需要一个有效的 GPG 密钥,可用于签署和验证 Git 提交。如果你已完成了第 6 章的教程,那么你已经拥有了 GPG 密钥并且可以对提交进行签名。否则,使用附录 C 中描述的步骤创建 GPG 密钥。在配置 GPG 密钥后,我们需要使其可用于 Flux 并启用提交验证。

为了验证提交,Flux 需要访问我们信任的 GPG 密钥。可以使用 ConfigMap 来配置密钥。使用以下命令创建 ConfigMap 并将你的公钥存储在其中:

```
$ kubectl create configmap flux-gpg-public-keys -n flux --from-
    literal=author.asc="$(gpg --export --armor <ID>)"
```

下一步是更新 Flux 部署以启用提交验证。记得更新代码 11.4 所展示的 flux-deployment-patch.yaml 文件中的 USERNAME。

代码 11.4   flux-deployment-patch.yaml

```
spec:
  template:
    spec:
      volumes:
      - name: gpg-public-keys          ◁─┐ Kubernetes卷,使用
        configMap:                          ConfigMap作为数据源
          name: flux-gpg-public-keys
          defaultMode: 0400
      containers:
      - name: flux                     ◁─┐ 卷挂载,将ConfigMap密钥存储在
        volumeMounts:                       /root/gpg-public-keys目录下
        - name: gpg-public-keys
          mountPath: /root/gpg-public-keys
          readOnly: true
        args:
        - --memcached-service=
        - --ssh-keygen-dir=/var/fluxd/keygen
        - --git-url=git@github.com:<USERNAME>/sample-app-deployment.git
        - --git-branch=master
        - --git-path=.
        - --git-label=flux
        - --git-email=<USERNAME>@users.noreply.github.com
        - --manifest-generation=true
        - --listen-metrics=:3031
        - --git-gpg-key-import=/root/gpg-public-keys  ◁─┐ --git-verify-signatures
        - --git-verify-signatures               ◁────────  参数启用提交验证
        - --git-verify-signatures-mode=first-parent ◁──┐ --git-verify-signatures-mode=
                                                          first-parent参数允许在仓库历
--git-gpg-key-import参数指定                              史记录中含有未签名的提交
可信的GPG密钥的位置
```

使用以下命令应用 Flux 部署的修改：

```
$ kubectl patch deploy flux -n flux -p "$(cat ./flux-deployment-patch.yaml)"
```

提交验证现已启用。为了证明它是有效的，尝试使用 `fluxctl sync` 命令触发同步：

```
$ fluxctl sync --k8s-fwd-ns flux
Synchronizing with ssh://git@github.com/<USERNAME>/sample-app-deployment.git
Failed to complete sync job
Error: verifying tag flux: no signature found, full output:
 error: no signature found

Run 'fluxctl sync --help' for usage.
```

该命令按预期失败，因为部署仓库中最新的提交未签名。让我们继续以修复它。首先使用此命令创建一个空的签名 Git 提交，然后再次同步：

```
$ git commit --allow-empty -S -m "verified commit"
$ git push
```

下一步是对 Flux 维护的同步标签进行签名：

```
$ git tag --force --local-user=<GPG-KEY_ID> -a -m "Sync pointer" flux HEAD
$ git push --tags --force
```

仓库已成功同步。最后，使用 `fluxctl sync` 命令确认验证配置正确：

```
fluxctl sync --k8s-fwd-ns flux
Synchronizing with ssh://git@github.com/<USERNAME>/sample-app-deployment.git
Revision of master to apply is f20ac6e
Waiting for f20ac6e to be applied ...
Done.
```

11.3　Flux 多租户管理

Flux 是一个强大而灵活的工具，但没有专门为多租户构建的功能。那么问题来了，我们可以在拥有多个团队的大型组织中使用它吗？答案是肯定的。Flux 采用"Git PUSH all"理念，并依靠 GitOps 来管理部署在多租户集群中的多个 Flux 实例。

对于多租户集群，集群用户只具备有限的命名空间访问权限，无法创建新的命名空间或任何其他集群级资源。每个团队都拥有自己的命名空间资源，并相互独立地对其进行操作。在这种情况下，强制每个团队都使用同一个 Git 仓库并依靠基础设施团队来审查每个配置的更改是没有意义的。另外，基础设施团队负责整体集群健康，需要工具来管理集群服务。而应用程序团队仍然可以依靠 Flux 来管理应用程序资源，基础设施团队则使用 Flux 来配置命名空间以及配置有适当命名空间级别访问权限的多个 Flux 实例。图 11.4 展示了这个想法。

```
├── infra
│   └── flux              ◁── 提供团队特定命名空间
├── cluster                     的集中式Flux部署
│   ├── team1
│   │   ├── ...                 团队特定的命名
│   │   ├── namespace.yaml ◁── 空间清单
```

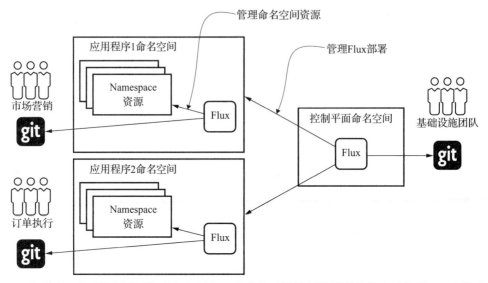

图 11.4 集群有一个"控制平面"命名空间和一个由基础设施团队管理的集中式集群 Git 存储库。集中式存储库包含代表集中式 Flux 部署和团队特定的命名空间以及 Flux 配置的清单

应用程序团队可以通过向集中仓库创建拉取请求并添加命名空间和 Flux 清单来自助加入。一旦拉取请求被合并，中央 Flux 就会创建命名空间和置备团队特定的 Flux 实例，并确保正确的 RBAC 设置。

团队特定的 Flux 实例被配置为从应用程序团队管理的单独 Git 仓库中拉取清单。这意味着应用程序团队是完全独立的，无须让基础设施团队参与以更新其命名空间中的资源。

11.4 总结

❑ Flux 易于安装和维护，因为它不需要新组件并使用 Kubernetes RBAC 进行访问控制。
❑ Flux 可以配置仓库自动更新以自动部署新镜像。
❑ 因为 Flux 直接与 Git 或 Docker 镜像仓库交互，它消除了在 CI 流水线中进行自定义集成来进行部署的需要。Flux 带有 CLI 工具 fluxctl，用于安装和部署应用程序。
❑ Flux 不自带清单生成工具，但可以通过简单的配置轻松地与 Kustomize 等工具集成。
❑ Flux 可以轻松地与 GPG 集成，通过简单的配置实现安全部署。
❑ Flux 可以通过集中式置备具有访问控制的命名空间和命名空间特定的 Flux 实例来实现多租户的配置。

搭建 Kubernetes 测试集群

具有完备生产能力的 Kubernetes 集群是一个非常复杂的系统，它由多个组件组成，必须根据你的特定需求进行安装和配置。如何在生产中部署和维护 Kubernetes 远远超出了本书的重点讨论范围，因此将不对其进行介绍。

幸运的是，有几个项目可以处理配置的复杂性，并允许用一个 CLI 命令在本地运行 Kubernetes。在你的笔记本电脑上本地运行 Kubernetes，对于你接触 Kubernetes 以及为完成本书的练习做准备是很有用的。在可能的范围内，所有的练习都将利用你的笔记本电脑上运行的集群，使用一个叫作 minikube 的应用程序。然而，如果你喜欢使用你自己运行在云服务提供商（甚至是自建）的集群，练习也可以在那里进行。

minikube minikube 是一个由 Kubernetes 社区维护的官方工具，可以在你的笔记本电脑上的虚拟机内创建一个单节点的 Kubernetes 集群。它支持 MacOS、Linux 和 Windows。除了实际运行集群外，minikube 还提供了简化访问 Kubernetes 内部服务、卷管理等功能。

你也可以考虑使用以下项目：

❑ Docker for desktop：如果你在笔记本上使用 Docker，你可能已经安装了 Kubernetes！从 18.6.0 版本开始，Windows 和 Docker Desktop for Mac 都带有捆绑安装 Kubernetes 二进制文件和开发者生产力功能。

❑ K3s：顾名思义，K3s 是一个轻量级的 Kubernetes 部署。根据其作者的说法，K3s 比 Kubernetes 少 5 个字母，所以用 K8s 减去 5 个字母就是 K3s。除了这个有趣的名字，K3s 确实非常轻量级、速度快，如果你需要作为 CI 工作的一部分或在资源有限的硬件上运行 Kubernetes，它是一个不错的选择。安装说明可在 https://k3s.io 查看。

❑ kind：另一个由 Kubernetes 社区开发的工具，kind 由维护者开发，用于 Kubernetes

v1.11+ 一致性测试。安装说明可在 https://kind.sigs.k8s.io/ 查看。

虽然这些工具将 Kubernetes 部署简化为一个 CLI 命令，并提供了很好的体验，但 minikube 仍然是开始使用 Kubernetes 的最安全的选择。借助全平台的支持，得益于虚拟化和一系列优秀的开发者生产力功能，它对初学者和专家来说是一个很好的工具。本书中的所有练习和示例都依赖于 minikube。

A.1 使用 Kubernetes 的先决条件

使用 Kubernetes 需要以下工具和实用程序。

除了 Kubernetes 本身之外，你还需要安装 kubectl。kubectl 是一个命令行工具，它允许与 Kubernetes 控制平面进行交互，几乎可以做任何用到 Kubernetes 的事情。

配置 kubectl

一开始请按照 https://kubernetes.io/docs/tasks/tools/install-kubectl/ 中的描述安装 minikube。如果你是 macOS 或 Linux 用户，你可以使用 Homebrew 软件包管理器和以下命令，一步完成安装过程：

```
$ brew install kubectl
```

Homebrew Homebrew 是一个免费和开源的软件包管理系统，它简化了在苹果的 macOS 操作系统和 Linux 上的软件安装。更多信息可在 https://brew.sh/ 查看。

A.2 安装 minikube 并创建一个集群

minikube 是一个应用程序，允许你在台式机或笔记本电脑上运行一个单节点的 Kubernetes 集群。安装说明可在 https://kubernetes.io/docs/tasks/tools/install-minikube/ 查看。

本书中的大多数的练习都可以使用本地的 minikube 集群完成。

配置 minikube

下一步是安装和启动 minikube 集群。安装过程的描述见 https://minikube.sigs.k8s.io/docs/start/。minikube 软件包也可以通过 Homebrew 获得：

```
$ brew install minikube
```

如果到目前为止一切顺利，我们就可以启动 minikube 并配置我们的第一个部署：

```
$ minikube start
minikube/default
😄  minikube v1.1.1 on darwin (amd64)
🔥  Creating virtualbox VM (CPUs=2, Memory=2048MB, Disk=20000MB) ...
```

```
Configuring environment for Kubernetes v1.14.3 on Docker 18.09.6
Pulling images ...
Launching Kubernetes ...
Verifying: apiserver proxy etcd scheduler controller dns
Done! kubectl is now configured to use "minikube"
```

A.3　在 GCP 中创建一个 GKE 集群

谷歌云平台（GCP）提供谷歌 Kubernetes 引擎（GKE）作为其免费版的一部分：

https://cloud.google.com/free/

你可以创建一个 Kubernetes GKE 集群来运行本书的练习：

https://cloud.google.com/kubernetes-engine/

请记住，虽然 GKE 本身是免费的，但你可能要为 Kubernetes 创建的其他 GCP 资源付费。建议你在完成每个练习后删除你的测试集群，以避免意外的费用。

A.4　在 AWS 中创建一个 EKS 集群

亚马逊网络服务（AWS）提供了一个托管 Kubernetes 服务，称为弹性 Kubernetes 服务（EKS）。你可以创建一个免费的 AWS 账户并创建一个 EKS 集群来运行本书的练习。然而，虽然价格相对便宜，但 EKS 并不是一项免费的服务（在撰写本书时，它的费用为 0.20 美元/时），而且你还可能因 Kubernetes 创建的其他资源而被收费。建议你在完成每个练习后删除你的测试集群，以避免意外被收取费用。

Weaveworks 有一个叫 `eksctl` 的工具，可以让你在 AWS 账户中轻松创建一个 EKS Kubernetes 集群：

https://github.com/weaveworks/eksctl/blob/master/README.md

Appendix B 附录 B

设置 GitOps 工具

本附录将逐步说明如何设置第三部分中所需的工具。

B.1 安装 Argo CD

Argo CD 支持几种安装方法。你可以使用官方基于 Kustomize 的安装方式、社区维护的 Helm Chart⊖，甚至是 Argo CD Operator⊖来管理你的 Argo CD 部署。最简单的安装方法只需要使用一个 YAML 文件，然后使用以下命令将 Argo CD 安装到你的 minikube 集群中：

```
$ kubectl create namespace argocd
$ kubectl apply -n argocd -f https://raw.githubusercontent.com/argoproj/
    argo-cd/stable/manifests/install.yaml
```

该命令以默认设置安装所有 Argo CD 组件，对大多数用户来说开箱即用。出于安全考虑，Argo CD 的用户界面和 API 默认不暴露在集群之外。但在 minikube 里打开全部访问是完全安全的。

在另一个终端中运行以下命令，以便在你的 minikube 集群中启用负载均衡访问⊜：

```
$ minikube tunnel
```

使用以下命令开启对 `argocd-server` 服务的访问并获得访问 URL：

```
$ kubectl patch svc argocd-server -n argocd -p '{"spec": {"type":
    "LoadBalancer"}}'
```

⊖ https://github.com/argoproj/argo-helm/tree/master/charts/argo-cd
⊖ https://github.com/argoproj-labs/argocd-operator
⊜ https://minikube.sigs.k8s.io/docs/handbook/accessing/#loadbalancer-access

Argo CD 同时提供了一个基于网页的用户界面和一个命令行界面（CLI）。为了简化说明，我们将在本教程中使用 CLI 工具。让我们继续安装 CLI 工具，你可以使用下面的命令在 Mac 上安装 Argo CD CLI，或者按照官方的入门说明[⊖]在你的平台上安装 CLI：

```
$ brew tap argoproj/tap
$ brew install argoproj/tap/argocd
```

Argo CD 一经安装，就有一个预先配置好的管理员用户。最初的管理员密码是自动生成的，它是 Argo CD API 服务器的 Pod 名称，可以用这个命令来检索：

```
$ kubectl get pods -n argocd -l app.kubernetes.io/name=argocd-server -o name |
    cut -d'/' -f 2
```

使用以下命令获得 Argo CD 服务器 URL，并使用 Argo CD CLI 更新生成的密码：

```
$ argocd login <ARGOCD_SERVER-HOSTNAME>:<PORT>
$ argocd account update-password
```

<ARGOCD_SERVER-HOSTNAME>:<PORT> 是 minikube 的 API 和服务端口，需要从 Argo CD 的 URL 中获得。这个 URL 可以用下面的命令来获取：

```
minikube service argocd-server -n argocd --url
```

该命令返回 HTTP 服务的 URL。请确保删除 http://，只使用主机名和端口来使用 Argo CD CLI 登录。

最后，登录 Argo CD 的用户界面。请在浏览器中打开 Argo CD 网址，用管理员的用户名和密码登录。你已准备好开始新旅程了！

B.2　安装 Jenkins X

Jenkins X CLI 依赖 kubectl[⊖]和 Helm[⊜]，并且会自动安装这些工具。然而，我们的笔记本电脑上可能的排列组合的数量接近于无限，所以你最好自己安装这些工具。

注　在撰写本书的时候（2021 年 2 月），Jenkins X 还不支持 Helm v3+。请确保你使用的是 Helm CLI v2+。

B.2.1　先决条件

你可以使用（几乎）任何 Kubernetes 集群，但它需要公开访问。主要原因在于 GitHub 的触发器。Jenkins X 在很大程度上依赖于 GitOps 原则——大多数事件将由 GitHub 的网络钩子（Webhook）触发。如果你的集群不能从 GitHub 访问，你将无法触发这些事件，因此

⊖　https://argoproj.github.io/argo-cd/cli_installation/#download-with-curl
⊖　https://kubernetes.io/docs/tasks/tools/install-kubectl/
⊜　https://docs.helm.sh/using_helm/#installing-helm

你将很难按照示例进行操作。

现在带来了两个重要的问题。你可能更喜欢在本地使用 minikube 或 Docker for Desktop 进行练习,但这两者都无法从你的笔记本电脑之外访问。你也可能有一个企业集群,但同样无法从外部访问。在这些情况下,我们建议你使用来自 AWS、GCP 或其他地方的服务。最后,我们将使用 hub 命令执行一些 GitHub 操作。如果你还没有安装,请先安装它。

注 关于配置 AWS 或 GCP Kubernetes 集群的更多信息,请参考附录 A。

为方便起见,我们将使用的所有工具的清单如下:

❏ Git

❏ kubectl

❏ Helm[一]

❏ AWS CLI

❏ eksctl[二](如果使用 AWS EKS)

❏ gcloud(如果使用谷歌 GKE)

❏ hub[三]

现在我们来安装 Jenkins X CLI:

```
$ brew tap jenkins-x/jx
$ brew install jx
```

B.2.2 在 Kubernetes 集群中安装 Jenkins X

我们如何才能以更好的方式来安装 Jenkins X 呢? Jenkins X 的配置应该被定义为代码并驻留在 Git 仓库中,这就是社区为我们创建的。它维护着一个 GitHub 仓库,其中包含 Jenkins X 平台的定义结构,连同安装它的流水线,以及一个需求文件,我们可以用它来调整自己的具体需求。

注 你也可以参考 Jenkins X 网站[四],在你的 Kubernetes 集群中设置 Jenkins X。

让我们来看看这个仓库:

```
$ open "https://github.com/jenkins-x/jenkins-x-boot-config.git"
```

一旦你在浏览器中看到这个代码仓库,就可以首先在你的 GitHub 账户下创建一个复刻。我们将在稍后探索仓库中的文件。

接下来,我们将定义一个变量 CLUSTER_NAME,你可以猜到,它将保存我们不久前创

[一] https://docs.helm.sh/using_helm/#installing-helm

[二] https://github.com/weaveworks/eksctl

[三] https://hub.github.com/

[四] https://jenkins-x.io/docs/

建的集群的名称。在接下来的命令中，请将第一次出现的 [...] 替换为集群的名称，第二次替换为你的 GitHub 用户名：

```
$ export CLUSTER_NAME=[...]
$ export GH_USER=[...]
```

在我们复刻了 boot 仓库并且知道我们的集群是如何调用的之后，可以用一个合适的名字克隆仓库，这将反映我们即将安装的 Jenkins X 的命名方案：

```
$ git clone \
    https://github.com/$GH_USER/jenkins-x-boot-config.git \
    environment-$CLUSTER_NAME-dev
```

关键文件 jx-requirements.yml 包含（几乎）所有可用于定制设置的参数，让我们来看看它：

```
$ cd environment-$CLUSTER_NAME-dev
$ cat jx-requirements.yml
cluster:
  clusterName: ""
  environmentGitOwner: ""
  project: ""
  provider: gke
  zone: ""
gitops: true
environments:
- key: dev
- key: staging
- key: production
ingress:
  domain: ""
  externalDNS: false
  tls:
    email: ""
    enabled: false
    production: false
kaniko: true
secretStorage: local
storage:
  logs:
    enabled: false
    url: ""
  reports:
    enabled: false
    url: ""
  repository:
    enabled: false
    url: ""
versionStream:
  ref: "master"
  url: https://github.com/jenkins-x/jenkins-x-versions.git
webhook: prow
```

正如你所看到的，该文件包含的值的格式类似于 Helm 图表使用的 requirements.yaml 文件。它被分成几个部分。

首先，有一组值定义了我们的集群。通过观察里面的变量，你应该能够弄清楚它代表什么。你可能不用花多少时间就能看出我们至少要改变其中的一些值，所以这就是我们接下来要做的。

在编辑器中打开 jx-requirements.yml，修改以下值：

- 将 cluster.clusterName 设为你的集群的名称。它应该与环境变量 CLUSTER_NAME 的名称相同。如果你已经忘记了，执行 echo $CLUSTER_NAME。
- 将 cluster.environmentalGitOwner 设置为你的 GitHub 用户。它应该与我们之前声明的环境变量 $GH_USER 相同。
- 将 cluster.project 设为你的 GKE 项目名称，只有当你的 Kubernetes 集群在那里运行时才设置。否则，让该值保持不变（空）。
- 将 cluster.provider 设置为 gke 或 eks 或任何其他提供商（如果你确定已足够勇敢想去尝试目前不支持的平台）。也许与撰写本书时相比，事情发生了变化，你的服务提供商现在确实被支持了。
- 将 cluster.zone 设置你的集群运行在哪个区（zone）。如果你正在运行一个区域性的集群（应该如此），那么这个值应该是区域（region），而不是区。例如，如果你使用我们的 Gist 来创建一个 GKE 集群，那么这个值应该是 us-east1-b。同样，EKS 的值是 us-east-1。

我们已经完成了 cluster 部分，接下来是 gitops 值，它说明系统如何处理启动过程。把它改为 false 没有意义，所以我们保持原样（true）。

下一部分包含了我们已经熟悉的环境列表。键是后缀，最后的名称将是 environment-与集群名称的组合再加上键。我们使它们保持原样。

ingress 部分定义了与外部访问集群有关的参数（域名、TLS 等）。

kaniko 值应该是不言自明的。当设置为 true 时，系统将使用 kaniko 而不是 Docker 来构建容器镜像。这是一个更好的选择，因为 Docker 不能在容器中运行，所以有很大的安全风险（挂载的套接字是邪恶的），而且它绕过了 Kubernetes 的 API，会扰乱 Kubernetes 的调度程序。无论如何，kaniko 是使用 Tekton 构建容器镜像的唯一支持方式，所以我们将保持原样（true）。

接下来，secretStorage 当前设置为 local。除了 Secret（如密码）外，整个平台将被定义在这个存储库中。把它们推送到 Git 会很幼稚，所以 Jenkins X 可以把 Secret 存储在不同的位置。如果你把它改成 local，这个位置就是你的笔记本电脑。虽然这比 Git 仓库好，但你可能可以想象为什么这不是正确的解决方案。将 Secret 保存在本地会使合作复杂化（它们只存在于你的笔记本上），不稳定，而且只比 Git 安全一点。HashiCorp Vault 是存放 Secret 的一个更好的地方。它是 Kubernetes（及其他平台）中最常用的机密管理解决方案，而且 Jenkins X 开箱就支持它。如果你有一个 vault 设置，你可以把 secretStorage 的值设置为 vault。否则，你可以保留默认值 local。

在 secretStorage 值下面的整个部分是定义日志、报告和代码仓库的存储。如果启用，这些制品将被存储在一个网络驱动器上。正如你已经知道的，容器和节点具有较短的生命周期，如果我们想保留任何容器和节点，我们需要把它们存储在别的地方。这并不一定意味着网络驱动器是最好的地方，但是少这是开箱即用的东西。之后，你可能会选择改变这一点，比方说，将日志发送到一个中央数据库，如 Elasticsearch、Papertrail、Cloudwatch、Stackdriver 等。

现在，我们为所有三种类型的制品启用网络存储：

❑ 将 storage.logs.enabled 的值设为 true。

❑ 将 storage.reports.enabled 的值设置为 true。

❑ 将 storage.repository.enabled 的值设为 true。

versionStream 部分定义了包含 Jenkins X 使用的所有包（图表）版本的代码仓库。你可以选择复刻该仓库，自己控制版本。在你开始这样做之前，请注意 Jenkins X 的版本管理是相当复杂的，因为涉及许多包。除非你有很好的理由接管 Jenkins X 的版本控制，并准备好维护它，否则不要管它。

正如你已经知道的，Prow 只支持 GitHub。如果这不是你的 Git 提供商，就不能使用 Prow。作为替代方案，你可以在 Jenkins 中进行设置，但这也不是正确的解决方案。鉴于未来在 Tekton 中，Jenkins（没有 X）不会被长期支持。在第一代 Jenkins X 中使用它，只是因为它是一个很好的起点，而且它几乎支持我们所能想象的一切。但社区已经接受了 Tekton 作为唯一的流水线引擎，这意味着静态的 Jenkins 正在逐渐消失，它主要被用作习惯于"传统"Jenkins 的人的过渡方案。

那么，如果你不使用 GitHub，就不能选择 Prow，而 Jenkins 的日子也不多了，你能做什么呢？让事情变得更加复杂的是，即使是 Prow 也会在未来的某个时候（或过去，取决于你何时读到这本书）被废弃。它将被 Lighthouse 取代，至少在开始阶段，它将提供与 Prow 类似的功能。与 Prow 相比，Lighthouse 的主要优势在于它将（或已经）支持所有主要的 Git 提供商（如 GitHub、GitHub Enterprise、Bitbucket Server、Bitbucket Cloud、GitLab 等）。在某个时刻，webhook 的默认值将是 lighthouse。但是，在撰写本书的时候（2021 年 2 月），情况并非如此，因为 Lighthouse 还没有稳定且为生产环境就绪。它很快就会实现。在任何情况下，我们都将保留 Prow 作为我们的 Webhook（目前）。

只有在使用 EKS 的情况下才需执行以下命令。它们将添加与 Vault 相关的额外信息，即有足够权限与之互动的 IAM 用户。请确保将 [...] 替换为你的有足够权限的 IAM 用户（使用管理员总是有效）：

```
$ export IAM_USER=[...] # such as jx-boot
echo "vault:
  aws:
    autoCreate: true
    iamUserName: \"$IAM_USER\"" \
    | tee -a jx-requirements.yml
```

只有在使用 EKS 的情况下才需执行以下命令。jx-requirements.yml 文件包含一个 zone 条目，对于 AWS 我们需要一个 region，该命令将进行替换：

```
$ cat jx-requirements.yml \
    | sed -e \
    's@zone@region@g' \
    | tee jx-requirements.yml
```

让我们看一下 jx-requirements.yml 现在的样子：

```
$ cat jx-requirements.yml
cluster:
  clusterName: "jx-boot"
  environmentGitOwner: "vfarcic"
  project: "devops-26"
  provider: gke
  zone: "us-east1"
gitops: true
environments:
- key: dev
- key: staging
- key: production
ingress:
  domain: ""
  externalDNS: false
  tls:
    email: ""
   enabled: false
    production: false
kaniko: true
secretStorage: vault
storage:
  logs:
    enabled: true
    url: ""
  reports:
    enabled: true
    url: ""
  repository:
    enabled: true
    url: ""
versionStream:
  ref: "master"
  url: https://github.com/jenkins-x/jenkins-x-versions.git
webhook: prow
```

现在，你可能会担心我们错过了一些配置值。例如，我们没有指定一个域名。这是否意味着我们的集群将不能从外部访问？我们也没有指定存储的 URL。在这种情况下，Jenkins X 会忽略它吗？

实际上我们只指定了我们知道的东西。例如，如果你使用我们的 Gist 创建了一个集群，那么集群里没有 Ingress，所以没有它应该创建的外部负载均衡器。因此，我们还不知道可以通过什么 IP 来访问集群，我们也不能生成一个 .nip.io 域名。同样，我们也没有创建存储。如果我们创建了，就可以在 URL 字段中输入地址。

这些只是未知的几个例子。我们指定了我们所知道的，再让 Jenkins X boot 找出未知的东西。更准确地说，我们将让 boot 创建缺少的资源，从而将未知转换成已知。

让我们来安装 Jenkins X：

```
$ jx boot
```

现在我们需要回答相当多的问题。过去，我们试图通过将所有答案作为执行命令的参数来避免回答问题。这样一来，我们就有了一个有据可查的方法来做一些不会在 Git 仓库中出现的事情。别人可以通过运行相同的命令来重现我们所做的事情。但这次，我们没有必要回避问题，因为我们所做的一切都将储存在 Git 仓库里。

第一个输入是要求提供一个以逗号分隔的开发环境代码库审批者的 Git 服务用户名列表。这将创建可以批准拉取请求到 Jenkins X boot 管理的开发仓库的用户列表。现在，输入你的 GitHub 用户并按下回车键。

过了一会儿，我们可以看到有两个警告，说明 Vault 和 Webhook 没有启用 TLS。如果我们指定了一个"真正的"域名，boot 会安装 Let's Encrypt 并生成证书。但是，由于我们无法确定你手头是否有一个域名，所以我们没有指定，结果，我们不会得到证书。虽然这在生产中是不可接受的，但可以作为一个练习。

由于这些警告，boot 正在询问我们是否希望继续。输入 y 并按回车键继续。

鉴于 Jenkins X 每天创建多个版本，你有可能没有最新版本的 jx。如果是这种情况，boot 会问你是否愿意升级 jx 版本。按回车键使用默认答案 Y。结果，boot 将升级 CLI，但这将中止流水线。这是可以的，它没有坏处。我们要做的是重复这个过程，但这次要用最新版本的 jx：

```
$ jx boot
```

这个过程又开始了。我们将跳过对 jx boot 的前几个问题的评论，在没有 TLS 的情况下继续。答案和以前一样（两种情况都是 y）。

下一组问题与日志、报告和存储库的长期存储有关。对所有三个问题按回车键，boot 将创建具有自动生成的唯一名称的 bucket。

从现在开始，该过程将创建 secret 并安装 CRD（CustomResourceDefinition），提供特定于 Jenkins X 的定制资源。然后，它将安装 NGINX Ingress Controller（除非你的集群已经有一个了），并将域名设置为 .nip.io，因为我们没有指定。接着，它将安装 cert-manager 用来提供 Let's Encrypt 证书。或者，更准确地说，如果我们指定了一个域名，它将提供证书。尽管如此，它的安装是为了防止我们改变主意，选择通过改变域名和启用 TLS 来更新平台。

接下来是 Vault。boot 将安装它，并试图用 Secret 来填充它。但是，由于它还不知道这些 secret，这个过程会问我们另一轮问题。这一组中的第一个问题是管理员的用户名。请按回车键，接受默认值，即 admin。之后是管理员密码，输入你想使用的任何密码（我们今天不需要它）。

这个过程需要知道如何访问我们的 GitHub 仓库，所以它会要求我们提供 Git 用户名、电子邮件地址和令牌。前两个问题可以使用你的 GitHub 用户名和电子邮件。至于令牌[1]，你需要在 GitHub 中创建一个新的令牌，并授予完整的仓库访问权。最后，下一个与 Secret 有关的问题是 HMAC token。请按下回车键，程序将为你创建。

最后一个问题。你想配置一个外部 Docker 镜像仓库吗？按回车键使用默认答案（N），boot 将在集群内部创建它，或者像大多数云提供商一样，使用作为服务提供的镜像仓库。如果是 GKE，那就是 GCR；如果是 EKS，那就是 ECR。在任何情况下，通过不配置外部 Docker 镜像仓库，boot 将使用对指定供应商来说最合理的选项。

```
? Jenkins X Admin Username admin
? Jenkins X Admin Password [? for help] ********
? The Git user that will perform git operations inside a pipeline. It should
    be a user within the Git organisation/own? Pipeline bot Git username
    vfarcic
? Pipeline bot Git email address vfarcic@gmail.com
? A token for the Git user that will perform git operations inside a pipeline.
    This includes environment repository creation, and so this token should
    have full repository permissions. To create a token go to https://
    github.com/settings/tokens/new?scopes=repo,read:user,read:org,
    user:email,write:repo_hook,delete_repo then enter a name, click Generate
    token, and copy and paste the token into this prompt.
? Pipeline bot Git token *****************************************
Generated token bb65edc3f137e598c55a17f90bac549b80fefbcaf, to use it press
    enter.
This is the only time you will be shown it so remember to save it
? HMAC token, used to validate incoming webhooks. Press enter to use the
    generated token [? for help]
? Do you want to configure non default Docker Registry? No
```

剩下的过程将安装和配置该平台的所有组件。我们不会去讨论所有这些，因为它们与我们之前使用的相同。重要的是，该系统将在一段时间后完全运转。

最后一步将验证安装。在这个过程的最后一步，你可能会看到一些警告。不要惊慌，boot 很可能是不耐烦了。随着时间的推移，你会看到正在运行的 Pod 数量在增加，而那些正在等待的 Pod 在减少，直到所有的 Pod 都在运行。

这就好了。Jenkins X 现在已经启动并运行了。整个平台的定义和完整的配置（除了 Secret）都存储在 Git 仓库里。

```
verifying the Jenkins X installation in namespace jx
verifying pods
Checking pod statuses
POD                                             STATUS
jenkins-x-chartmuseum-774f8b95b-bdxfh           Running
```

---

[1] https://docs.github.com/en/github/authenticating-to-github/creating-a-personal-access-token

```
jenkins-x-controllerbuild-66cbf7b74-twkbp    Running
jenkins-x-controllerrole-7d76b8f449-5f5xx     Running
jenkins-x-gcactivities-1594872000-w6gns       Succeeded
jenkins-x-gcpods-1594872000-m7kgq             Succeeded
jenkins-x-heapster-679ff46bf4-94w5f           Running
jenkins-x-nexus-555999cf9c-s8hnn              Running
lighthouse-foghorn-599b6c9c87-bvpct           Running
lighthouse-gc-jobs-1594872000-wllsp           Succeeded
lighthouse-keeper-7c47467555-c87bz            Running
lighthouse-webhooks-679cc6bbbd-fxw7z          Running
lighthouse-webhooks-679cc6bbbd-zl4bw          Running
tekton-pipelines-controller-5c4d79bb75-75hvj  Running
Verifying the git config
Verifying username billyy at git server github at https://github.com
Found 2 organisations in git server https://github.com: IntuitDeveloper,
    intuit
Validated pipeline user billyy on git server https://github.com
Git tokens seem to be setup correctly
Installation is currently looking: GOOD
Using namespace 'jx' from context named 'gke_hazel-charter-283301_us-east1-
    b_cluster-1' on server 'https://34.73.66.41'.
```

B.3 安装 Flux

Flux 由命令行客户端和在被管理 Kubernetes 集群中运行的守护程序组成。本节只解释如何安装 Flux 命令行。守护程序的安装需要你指定带有访问凭证的 Git 仓库，这在第 11 章中介绍过。

安装命令行客户端

Flux 发行版包括名为 fluxctl 的命令行客户端。fluxctl 可以自动安装 Flux 守护程序，并允许你获得由 Flux 守护程序控制的 Kubernetes 资源的信息。

使用下列命令之一来在 Mac、Linux 和 Windows 上安装 fluxctl。

macOS：

```
brew install fluxctl
```

Linux：

```
sudo snap install fluxctl
```

Windows：

```
choco install fluxctl
```

可以在官方安装说明中找到更多关于 fluxctl 安装细节的信息：https://docs.fluxcd.io/en/latest/references/fluxctl/。

Appendix C 附录 C

配置 GPG 密钥

GPG（GNU Privacy Guard）是一个公钥密码学的实现。GPG 允许各方之间安全地传输信息，并可用于验证信息的来源是否真实。以下是设置 GPG 密钥的步骤：

1. 首先，我们需要安装 GPG 命令行工具。无论你使用哪个操作系统，这个过程可能需要一些时间。macOS 用户可以使用 brew 软件包管理器通过以下命令安装 GPG：

```
brew install gpg
```

2. 下一步是生成一个 GPG 密钥，用于签名和验证提交。使用下面的命令来生成一个密钥。在提示符下，按回车键接受默认的密钥设置。在输入用户身份信息时，确保使用 GitHub 账户的验证邮件：

```
gpg --full-generate-key
```

3. 找到生成的密钥的 ID，并使用该 ID 来访问 GPG 密钥体。

```
gpg --list-secret-keys --keyid-format LONG
gpg --armor --export <ID>
```

在这个例子中，GPG 密钥的 ID 是 3AA5C34371567BD2：

```
gpg --list-secret-keys --keyid-format LONG
/Users/hubot/.gnupg/secring.gpg
------------------------------------
sec   4096R/3AA5C34371567BD2 2016-03-10 [expires: 2017-03-10]
uid                          Hubot
ssb   4096R/42B317FD4BA89E7A 2016-03-10
```

4. 使用 gpg --export 的输出，并按照 http://mng.bz/0mlx 描述的步骤，将密钥添加到你的 GitHub 账户。

5. 配置 Git 以使用生成的 GPG 密钥：

```
git config --global user.signingkey <ID>
```